AF453428

BIBLIOTHÈQUE SCIENTIFIQUE CONTEMPORAINE

Les Cavernes

ET LEURS HABITANTS

LIBRAIRIE J.-B. BAILLIÈRE ET FILS

Hommes fossiles et hommes sauvages. Études d'anthropologie, par A. de QUATREFAGES, membre de l'Institut, professeur au Muséum. 1884, 1 vol. gr. in-8 de 644 pages, avec 209 figures . . . . . 15 fr.

Crania ethnica. Les crânes des races humaines, par A de QUATREFAGES et Ernest HAMY, professeur au Muséum, 1882, 1 vol. in-4 de 528 pages avec 483 figures et 1 atlas de 100 planches lithographiées, ensemble 2 volumes cartonnés. . . . . 160 fr.

La Terre, les mers et les continents, géographie physique, géologie et minéralogie, par F. PRIEM. agrégé des sciences naturelles, 1 vol. gr. in-8 de 708 p. à 2 col., 757 fig. . . . . 12 fr.

La Terre avant l'apparition de l'homme; périodes géologiques, faunes et flores fossiles, géologie régionale de la France, par F. PRIEM. 1894, 1 vol. gr. in-8 de 700 p. à 2 col. avec 700 fig. . . . 12 fr.

L'ancienneté de l'homme prouvée par la géologie, par Ch. LYELL, 3e *édition.* 1 vol. in-8 de XVI-592 p., avec 68 fig. . . . . . . 9 fr.

Le Préhistorique en Europe, par G. COTTEAU, correspondant de l'Institut. 1 vol. in-16, avec 87 figures (*Bibl. scient. contemp.*) . 3 fr. 50.

L'homme avant l'histoire, par Ch. DEBIERRE, professeur à la Faculté de Lille. 1 vol. in-16, avec 84 fig. (*Bibl. scient. contemp.*) 3 fr. 50.

L'archéologie préhistorique, par J. de BAYE. 1 vol. in-16 avec 50 fig. (*Bibliot. scientifique contemporaine*). . . . . . . 3 fr. 50

Paléoethnologie. De l'antiquité de l'homme dans les Alpes-Maritimes. par Émile RIVIÈRE. 1 vol. in-4 avec 24 pl. chromolith. . 65 fr.

La Tène, un oppidum helvète. par Vict. GROSS, 1885, 1 vol. in-4, avec 13 planches en phototypie, figurant 260 objets, cart. . . . 8 fr.

L'Egypte au temps des Pharaons. la vie, la science et l'art, par V. LORET, maître de conférences à la Faculté de Lyon. 1 vol. in-16. avec 18 photogravures (*Bibliothèque scientifique contemporaine*). 3 fr. 50.

Les ancêtres de nos animaux dans les temps géologiques par Albert GAUDRY. membre de l'Institut. professeur au Muséum, 1 vol. in-16 de 296 p. avec 49 fig. (*Bibl. scient. contemp.*). . . . . 3 fr. 50.

Les races humaines, par le Dr R. VERNEAU, assistant d'anthropologie au Muséum, lauréat de l'Institut. 1. vol. gr. in-8, 800 p., avec 531 fig. . . . . 12 fr.

L'évolution des formes animales, avant l'apparition de l'homme, par F. PRIEM, 1 vol. in-16, 175 fig. (*Bibl. scient. contemp*). 3 fr. 50.

Éléments de paléontologie, par Felix BERNARD, assistant au Muséum, docteur ès sciences. agrégé des sciences naturelles. 1895, 1 vol. in-8 de 1108 pages, avec 612 figures. Cartonné. . . . . 25 fr.

Les problèmes de la géologie et de la paléontologie, par HUXLEY. 1892, 1 vol. in-16 de 312 p., avec 34 fig (*Bibl. scientifique contemporaine*). . . . . 3 fr. 50

Traité de paléontologie, par F.-J. PICTET, professeur à l'Académie de Genève. 2e *édition.* 1853-1857, 4 vol. in-8, avec un atlas de 110 pl. gr. in-4, cart. 80 fr.

Les Cavernes

ET LEURS HABITANTS

PAR

Julien FRAIPONT

PROFESSEUR DE PALÉONTOLOGIE A L'UNIVERSITÉ DE LIÈGE

Avec 89 figures intercalées dans le texte

PARIS

LIBRAIRIE J.-B. BAILLIÈRE et FILS

RUE HAUTEFEUILLE, 19, PRÈS DU BOULEVARD SAINT-GERMAIN

1896

PRÉFACE

Le sujet du livre que je présente aujourd'hui au public a déjà été traité, à différents points de vue, par plusieurs auteurs.

Le premier qui s'est occupé de la question des cavernes, dans toute sa généralité, fut Desnoyers, en 1849. Badin, en 1865, les étudia, au point de vue pittoresque. Puis ce fut Boyd Dawkins qui envisagea le sujet dans sa plus large acception, comme le fit Desnoyers, tout en prenant la plupart de ses exemples parmi les cavernes de l'Angleterre. Enfin, tout récemment, en 1894, M. Martel a rendu compte de ses explorations dans les cavernes, abîmes, puisards et fissures, au point de vue topographique.

Les escarpements calcaires de la vallée de la Meuse et de ses affluents : la Lesse, l'Orneau, le Hoyoux, la Molignée et la Mehaigne, de la vallée de l'Ourthe et de la Vesdre, sont remplis de cavernes, qui depuis plus d'un demi-siècle ont été l'objet d'explorations scientifiques.

Je rappellerai les mémorables recherches de Schmerling exécutées dès 1833 dans les grottes de la province

de Liége et les importantes fouilles d'Edouard Dupont dans la vallée de la Lesse, de la Molignée et de la Meuse. Spring, Malaise, Arnould, Soreil, G. de Looz, A. de Loë, de Pauw, Rucquoy, de Puydt, Lohest, Braconier, Destinez et Bayet ont tour à tour fouillé avec succès l'une ou l'autre des cavernes de la province de Liège e de Namur. J'ai pour ma part exploré une trentaine de cavernes à ossements, soit seul, soit en collaboration avec Lohest, de Puydt. Destinez, Braconier et le Dr Tihon. J'ai visité et étudié à nouveau la plupart des grottes illustrées par les travaux de Schmerling et de Dupont. C'est ainsi que je me suis trouvé mêlé de très près et que j'ai été même acteur dans les princi- pales découvertes faites dans ces dix dernières années, dans les cavernes de Belgique. Quelques-unes de ces trouvailles ont été d'une importance capitale. Je citerai notamment celle des deux squelettes humains de l'époque du mammouth découverts à Spy (Namur) en 1885 par Lohest et de Puydt, qui m'ont permis de compléter sin- gulièrement nos connaissances sur la plus ancienne race humaine fossile.

Pendant dix années de fouilles continues, j'ai pu recueillir un nombre considérable d'observations per- sonnelles et contrôler celles des autres sur les cavernes, leur constitution et leur mode de remplissage, sur les mœurs, l'ethnographie et l'anthropologie des troglo- dytes de l'époque du mammouth, du renne et de la période néolithique, sur les repaires des animaux féroces. Je me suis aussi occupé activement de réunir

des matériaux pour l'histoire des légendes et traditions
populaires sur les cavernes notamment celle du nain
métallurgiste, si répandue en Belgique et en Allemagne.

Les régions que j'ai explorées sont très pauvres en
données sur l'habitation des cavernes pendant la période
de l'introduction des métaux et pendant les premiers
temps de l'histoire.

J'ai tenté dans le livre qu'on va lire de résumer suc-
cinctement l'état actuel de nos connaissances sur les
cavernes naturelles et artificielles, aux multiples points
de vue de la géologie, de la paléontologie, de l'anthropologie, de l'ethnographie, de l'archéologie, de l'histoire et du folklore.

J'ai circonscrit autant que possible à l'Europe l'étude
des cavernes. Je n'en suis sorti qu'exceptionnellement,
lorsque j'y étais contraint par la matière traitée, par
exemple les temples souterrains.

D'un autre côté, j'ai dû élargir le cadre de mon sujet
en ce qui concerne les Néolithiques et leurs successeurs
de la période de l'introduction des métaux. J'ai retracé
à grands traits l'histoire des hommes de ces deux
périodes, en partie à l'aide de matériaux puisés en
dehors des cavernes, parce que les documents qu'elles
nous fournissent, tout en étant précieux, sont insuffi-
sants pour arriver à ce but. En me limitant exclusivement aux données fournies par les cavernes, j'aurais
risqué de fausser les idées d'une partie de mes lecteurs
insuffisamment versés dans ces études.

D'autre part, j'ai voulu, en écrivant ces lignes, faire

un résumé sur les cavernes et leurs habitants qui puisse être consulté utilement par les hommes de science. C'est dans cet ordre d'idées que j'ai indiqué en notes les principales sources bibliographiques auxquelles j'ai eu recours.

Dans la partie générale de mon livre j'ai étudié les cavernes creusées par les eaux et celles d'origine éruptive; puis j'ai examiné successivement le mode de remplissage des grottes; l'âge de leurs dépôts, la signification des ossements et des débris de l'industrie humaine que l'on y trouve; enfin j'ai dit un mot de la faune actuelle de ces antres souterrains.

Dans la partie spéciale du livre, j'ai traité de l'habitation des cavernes depuis le début de l'ère quaternaire jusqu'à nos jours.

J'ai consacré successivement un chapitre à l'habitation des cavernes pendant l'époque de l'*Elephas antiquus* et du *Rhinoceros Merckii*, pendant l'époque du mammouth et à la fin de celle-ci, pendant l'époque du renne, pendant la période néolithique, pendant celle de l'introduction des métaux dans nos régions et pendant les temps historiques.

Un chapitre spécial traite du rôle des cavernes au point de vue des religions.

Enfin un dernier chapitre est consacré aux légendes et traditions populaires qui se rapportent aux cavernes.

JULIEN FRAIPONT.

Liège, 15 août 1895.

LES CAVERNES

ET

LEURS HABITANTS A TRAVERS LES AGES

PARTIE GÉNÉRALE

ORIGINE DES CAVERNES NATURELLES

Les cavernes, au point de vue de leur origine, peuvent se ranger en deux catégories :

a) *Les grottes creusées par les eaux;*
b) *Les grottes d'origine éruptive.*

CHAPITRE PREMIER

Cavernes creusées par les eaux souterraines.

I. *Action mécanique des eaux.* — Les grottes façonnées par l'action de l'eau sont de très loin les plus nombreuses. Elles ne se rencontrent pas dans toutes les roches. Elles sont les plus abondantes dans les roches calcaires et dolomitiques siluriennes, dévoniennes et carbonifères dans les calcaires **crétacés** et tertiaires. Elles sont assez communes dans le gypse (grottes de Kostritz en Saxe, d'Inderski en Russie, etc.); elles sont beaucoup plus rares dans les autres roches, dans les grès (caverne de Corbeil), dans les phyllades (grottes de Port-Vendres, dans les Pyrénées-Orientales, etc.).

Comme Phillips l'avait déjà dit, il y a longtemps, les cavernes sont produites la plupart du temps par l'action mécanique et chimique de l'eau.

L'eau de pluie s'infiltre à travers les fissures, suit les bancs de stratification des roches. Elle se fraye une route en pénétrant même à l'intérieur des masses minérales. « Toutes les roches sont percées de pores microscopiques et traversées par un réseau de fentes capillaires dans lesquelles l'eau s'infiltre d'autant plus facilement qu'elles sont plus larges et que la pression due à la colonne d'eau est plus forte. On peut se rendre compte de la grande quantité d'eau qui circule à l'intérieur des roches, en observant les parois ruisselantes des galeries et des puits de beaucoup d'exploitations[1]. » Comme Desnoyers[2] l'avait déjà fort bien dit, l'action érosive de l'eau augmente progressivement les fissures et les crevasses. Elle se creuse de véritables canaux à travers les zones de moindre résistance. Il se fait ainsi une véritable circulation d'eaux courantes souterraines.

---

[1] Credner, *Traité de géologie*, trad. Monniez, p. 179, Paris, 1878.

[2] Desnoyers, art. GROTTES, dans le *Dictionnaire universel d'histoire naturelle*, dirigé par d'Orbigny, t. VI, p. 405, Paris, 1849.

Elle excave de plus en plus profondément les conduits par lesquels elle s'est frayé une route, du plateau vers la vallée. Les galets et les fragments de roches qu'elle entraîne avec elle augmentent cette érosion mécanique. Elle finit par s'accumuler en certain point, pour sourdre à la surface, soit sur le flanc, soit au pied de la montagne sous forme de ruisseau, ou même de véritables rivières. Telles la fontaine de Vaucluse, les sources de la Lone, du Dessoubre, du Lisson dans la Franche-Comté, celle de Sassenage dans le Dauphiné.

« Si c'est bien le phénomène général de l'infiltration qui préside à la naissance des grottes, du moins le travail de leur creusement nous ramène à l'action torrentielle, dont il n'est qu'un cas particulier. De plus, les résultats de ce travail, tels qu'il nous est donné de les constater dans les grottes aujourd'hui accessibles, dépassent de beaucoup la portée du régime hydrographique qui prévaut actuellement dans les mêmes régions. Non seulement nombre de grottes sont étagées sur les flancs des vallées calcaires à des hauteurs considérables au-dess usdes thalwegs, et en des points où il ne se produit même plus de suintements, mais que parcourent encore des rivières souterraines, laissant clairement apercevoir les traces d'un régime tout différent. Leur creusement, dans les proportions qu'il a prises, a certainement exigé une beaucoup plus grande énergie de la part de l'agent liquide employé à ce travail[1]. »

[1] De Lapparent, *Traité de géologie*, 2ᵉ éd., p. 253, Paris, 1885.

On connaît un grand nombre de cavernes, dans lesquelles, actuellement encore, prennent naissance des ruisseaux ou des rivières, ou bien qui sont traversées par des cours d'eau, ou encore qui contiennent de véritables lacs.

« La célèbre caverne d'Adelsberg, qu'on présume être longue de près de 2 lieues, paraît être parcourue dans une grande partie de sa longueur par la rivière Payk ou Pinka qui s'y précipite à travers des bancs calcaires disloqués et présente, dans son cours souterrain, plusieurs ponts naturels suspendus à de grandes hauteurs au-dessus de ses eaux.

Elle reprend momentanément un cours superficiel pour redevenir bientôt souterraine, puis reparaître ensuite au jour pour former la Laybach, qui s'engloutit près de la ville du même nom dans la caverne de Reifnitz. La rivière d'Untz sort de la caverne de Kleinhausel, près d'Adelsberg ; l'Iesero, qui sort du lac de Cirknitz ou Zirchnitz, traverse aussi une caverne où elle serait pendant quelque temps navigable, sans les cascades de son cours irrégulier à travers les anfractuosités des roches calcaires.

« Ce même lac de Zirchnitz est alternativement plein et vide par suite de l'engouffrement de ses eaux dans des canaux qu'on reconnaît distinctement, et qui vont alimenter les rivières et les lacs souterrains ; son bassin peut même, comme ceux des lacs de Morée, être cultivé pendant la saison sèche... C'est dans ces eaux souterraines que vit le *Proteus anguineus* et l'on y pêche aussi du poisson qui s'y introduit avec les eaux du lac supérieur [1] ».

« Dans le département du Jura, plusieurs des nombreuses cavernes au pied de la montagne servent de débouché aux eaux courantes qui circulent dans ses cavités intérieures, et leurs bords sont profondément ravinés par le mouvement longtemps répété des eaux.

« La Cuisance sort ainsi de la grotte de Planche-sur-Arbois ; la Sène a l'une de ses sources les plus fortes dans les fentes de la montagne qui domine Foncine-le-Haut ; la Seille (fig. 1) sort des grottes de Baume-les-Messieurs, dans lesquelles existe un lac, comme dans la caverne des Foules, près Saint-Claude ; un ruisseau s'échappe de la Balme-d'Epy, et sa source, jadis vénérée des Gaulois, est encore aujourd'hui l'objet d'un culte religieux. Un village des environs de Saint-Claude rappelle la source de Vaucluse, dont il porte le nom, donnant ainsi naissance à une petite rivière qui s'échappe d'un abîme, comme la Sorgue en Provence. Dans la montagne de Chatagna, un canal vomit de l'eau en hiver et de l'air frais en été.

« Dans le département de la Dordogne, où l'on compte plus de 600 ruisseaux, les sources de Salisbourne, de Bourdeilles, du Toulgou, et surtout celle de Sourzac, sont de véritables ruisseaux sortant de plusieurs des nombreuses cavernes creusées dans des calcaires ; quelques autres sont intermittentes (celles de Marsac, de Trémolat).

[1] Desnoyers, *loc. cit.*, p. 363.

« La Meuse, qui s'engouffre à Bazoilles, se remontre encore après avoir circulé sous terre pendant un myriamètre. Les pentes des Ardennes, du côté de la France, montrent dans le terrain jurassique plusieurs entonnoirs et conduits intérieurs de ruisseaux qui se perdent et reparaissent plusieurs fois dans leurs cours. L'un des cours d'eau qui s'engouffrent aux environs d'Ecogne doit suivre un long trajet souterrain, puisque les objets qu'on y jette ne reparaissent au jour qu'après douze heures et à 3 kilomètres du point de départ [1]. »

En Belgique, « nous avons un exemple dans les remarquables grottes de Han, encore parcourues par la rivière la Lesse. On peut suivre, au plafond des galeries, des fentes alignées suivant la longueur des grottes et le long desquelles le calcaire, malgré sa dureté habituelle, se débite plus facilement en blocs. Dans toutes les grandes chambres, dont l'une a plus de 70 mètres de hauteur, on voit clairement que la voûte est formée par l'élargissement progressif de la fente médiane dont les parois se sont écroulées peu à peu, accumulant sur le plancher de gigantesques cônes d'éboulis. Quant à la cause de ces écroulements, le torrent souterrain, qui mine encore le pied des voûtes, est là pour l'indiquer. La formation des grottes apparaît donc bien comme l'œuvre d'une érosion souterraine grandement facilitée par l'état de la roche, mais imputable en définitive à l'action de l'eau courante [2] ».

---

[1] Desnoyers, *loc. cit.*, p. 366 et 367.
[2] De Lapparent, *loc. cit.*, p. 251.

On connaît aussi un grand nombre de rivières, de ruisseaux et de lacs souterrains dans diverses parties de la Grande-Bretagne, surtout dans les comtés de Strafford, de Derby, dans le Northumberland. Plusieurs cavernes dans ces régions sont parcourues par des eaux souterraines. Telle est la « Wookey-Hole » près de Wells, dans le Grafsc haft, la grotte de Goatchurch, celle de Peak près de Castleton dans le Derbyshire, et celle de Pooles près de Buxton, etc.

Les trous en forme d'entonnoir ou de pot dans lesquels l'eau se précipite en certains endroits ont la même origine. Ils sont connus sous le nom de : *abîmes, puisards, marmites des géants, chaudrons du diable*, etc. Ces formations sont souvent en rapport intime avec des grottes. Tel est le « Helln-Pot » des Anglais, fissure profonde et verticale dans laquelle se précipite l'eau. Citons celui de la caverne de « Long-Churn » près de Bach, qui a 30 mètres de haut.

Enfin, citons, en dehors de l'Europe, la célèbre caverne du Mammouth dans le Kentucky (Etats-Unis d'Amérique) dont le développement total dépasse 350 kilomètres et qui contient à divers étages des lacs et des rivières.

II. *Action chimique des eaux.* — Ce n'est pas seulement l'action mécanique des eaux sauvages s'infiltrant dans les crevasses des roches qui a déterminé la formation des cavernes. Les eaux d'infiltration ont de plus une action dissolvante puissante sur les éléments calcaires, la dolomie, le gypse, grâce à l'anhydride carbonique qu'elles contiennent. L'eau de pluie ne renferme

Fig. 1. — Source

... Seille (Jura).

guère d'anhydride carbonique, mais elle s'en sature presque en traversant les couches superficielles du sol renfermant de nombreux débris végétaux en voie de décomposition. Les couches de stalagmites et de stalactites dont la puissance peut être très considérable nous donnent une idée de la capacité de dissolution des eaux d'infiltration. Ce n'est en effet que du calcaire dissous par l'eau qui réapparaît à l'état solide, lorsque l'anhydride carbonique s'échappe de l'eau. D'autres exemples vont nous montrer combien est puissante l'act ionchimique des eaux d'infiltration dans le creusement des cavernes.

Preswich nous apprend que la Tamise charrie à la mer plus de 400.000 tonnes de calcaire dissous par année enlevé aux roches de craies et de calcaires oolithiques de son bassin, c'est-à-dire plus de 1000 tonnes par jour [1].

D'après Credner, les cours d'eau qui prennent naissance sur le Teutoburgerward et le Haar enlèvent annuellement à ces montagnes une quantité de calcaire correspondant à un cube de 33 mètres de côté. Le même géologue nous dit que des fleuves comme le Rhin, le Danube, le Rhône et l'Elbe, contiennent au moins 1/8000 de substances minérales en solution. Sur un espace de huit mille ans, ces fleuves conduiraient donc à la mer une masse minérale égale à celle des eaux qu'ils y déversent en un an [2].

---

[1] Preswich, *Geol. Society*, 1871, *Presidential Address*, p. 67.
[2] Credner, *loc. cit.* p. 182 et 201.

III. *Action des eaux thermales*. — Dans des cas exceptionnels, des eaux d'origine interne, des eaux thermales peuvent déterminer par leur action mécanique et chimique la formation des cavernes.

IV. *Epoque du creusement des cavernes*. — A quelle époque remonte le creusement des cavernes?

Boyd Dawkins répond : dès l'immergence des roches qui les contiennent, ainsi que Dana l'a démontré pour les calcaires coralliens modernes. Les grottes *actuellement existantes* doivent, dans cette théorie, avoir pris naissance postérieurement au creusement des vallées, c'est à-dire vers le début de la période quaternaire. C'est d'ailleurs là l'opinion du plus grand nombre des géologues. S'il y a eu des cavernes *ouvertes* aux différentes périodes géologiques, notamment pendant la période jurassique et crétacée, pendant les temps tertiaires elles ont été dénudées, rasées par dénudation, et il n'y en a plus de trace aujourd'hui.

Cependant, on aurait trouvé dans des cavernes des Mendip, d'après Charles Moore, des fossiles rhétiques; des restes de requins : *Acrodus minimus*, *Hybodus reticulatus*, de ganoïdes *(Gyrolepis)*, de marsupiaux *(Microlestes)* [1]. Cette association de restes d'animaux marins et terrestres, rhétiques et triasiques, démontre qu'ils n'étaient pas dans leur gisement original. Ils n'étaient pas contemporains de la couche qui les ren-

---

[1] Boyd Dawkins, *Die Höhlen und die Ureinwohner Europas*, Aus dem Englischen Ubertragen von J. W. Spengel, p. 46, Leipzig, 1876.

fermait, ou bien ils avaient été entraînés accidentellement dans les crevasses et dans les grottes par les eaux,
ou bien ils y avaient été introduits postérieurement par
l'homme à titre de curiosité ou d'amulettes, comme cela
s'est fait souvent pendant l'âge néolithique.

On peut dire que, dans l'état actuel de nos connaissances, les dépôts meubles des cavernes ne contiennent

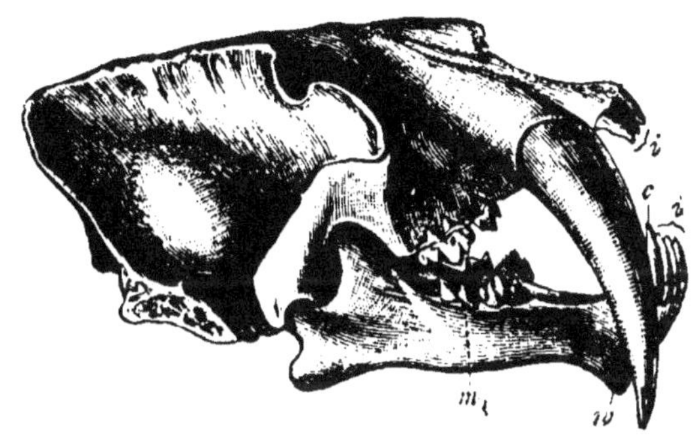

Fig. 2. — *Machairodus negæus.*

pas de restes d'animaux plus anciens que ceux de la
faune quaternaire. Parmi ces restes, la seule forme que
l'on pourrait considérer comme tertiaire, mais qui a dû
se maintenir dans les commencements du quaternaire,
c'est le *Machairodus* (fig. 2). Des débris de ce grand
carnassier ont été recueillis dans la grotte de Kent,
dans plusieurs cavernes d'Italie et du midi de la
France. [1]

Boyd Dawkins a conclu de ces faits que les cavernes

---

[1] Bernard, *Eléments de paléontologie*, 1894, p. 909, fig. 500.

actuelles n'existaient pas avant le quaternaire, ou bien étaient inaccessibles. M. Dupont[1] admet que les cavernes existaient pour la plupart avant le creusement des vallées sous forme de cavités internes, de poches. « Les courants fluviaux, ouvrant un vaste et profond sillon dans les mêmes rochers, ont naturellement rencontré bon nombre de ces poches qui sont fort nombreuses ; mais quand ils n'entamaient pas assez profondément le roc pour enlever toute la poche, il en résultait une ouverture béante sur le flanc de la vallée[2]. »

Avec Desnoyers, Boyd Dawkins, Credner, de Lapparent, Lohest, Boule et la plupart des géologues nous croyons que les cavernes ont apparu après le creusement des vallées. Nous voyons dans les cavernes naturelles, un cas particulier de l'action corrosive et érosive des eaux pluviales et courantes. Le plus souvent les cavernes sont disposées dans les roches calcaires sur les versants des vallées à des hauteurs diverses et sont rangées à l'entour de l'axe principal d'érosion. Les cavernes se ramifient irrégulièrement comme les vallées; l'eau ayant suivi dans la roche les fissures, les crevasses, les couches de moindre résistance, tout comme dans la vallée. Avec Dawkins, nous dirons que les cavernes sont les capillaires du système général de la vallée. On trouve d'ailleurs toutes les transitions, en certains endroits,

---

[1] Ed. Dupont, *Bul. Soc. belge de géol., pal. et hydr.*, t. VIII, Bruxelles, mai 1894.

[2] Ed. Dupont, *l'Homme pendant les âges de la pierre, dans les environs de Dinant-sur-Meuse*, p. 8, Paris, 1871.

entre la vallée et la gorge étroite, entre celle-ci et la crevasse, entre cette dernière et la caverne.

V. *Disposition intérieure des cavernes.* — Les cavernes se présentent souvent comme une succession de chambres larges et hautes, voûtées et obscures, communiquant entre elles par d'étroits couloirs. Ces salles et couloirs sont quelquefois distribués dans un plan horizontal, plus souvent disposés en *pentes*, ou même étagés à plusieurs niveaux. Des parois latérales et quelquefois de la voûte des salles et des couloirs partent des boyaux étroits à directions très variées. Plusieurs d'entre eux, quelquefois un seul, mettent les chambres en communication avec le plateau de l'escarpement, indépendamment de l'entrée principale ou des entrées ouvertes dans le flanc de la montagne. Celle-ci se présente ordinairement sous forme d'une ouverture cintrée, quelquefois très vaste, d'autres fois très étroite. Les issues qui mettaient en communication le plateau avec l'intérieur des chambres forment souvent de véritables cheminées. Elles sont le plus souvent obstruées par de l'argile, des cailloux et d'autres matériaux provenant du plateau ou du flanc des escarpements. Quelquefois la grotte n'est représentée que par un ou plusieurs couloirs étroits, sombres et tortueux. D'autres fois ce n'est qu'une chambre plus ou moins vaste s'ouvrant directement à l'extérieur et dans laquelle la lumière du jour pénètre presque jusqu'au fond. Enfin il en est qui sont réduites à un simple surplomb de la voûte du rocher et qui sont complètement éclairées. Celles-là sont appelées *abri sous roche*. Certains auteurs appellent *grottes* les salles en communication directe avec l'extérieur et réservent le nom de *cavernes* aux cavités obscures formées par plusieurs chambres reliées par des couloirs. Le nom de *grotte* vient de l'italien *grotta*, qui dériverait lui-même de *crypta* (χρυπτη), chapelle souterraine dans laquelle on plaçait les corps des saints et des martyrs. Cet usage s'est conservé jusqu'aujourd'hui dans un certain nombre d'églises catholiques. A partir de la basse latinité, ce mot a servi à désigner des lieux souterrains naturels ou artificiels.

Dans le cours de ce livre nous employons comme synonymes les noms de *grottes* et de *cavernes*.

VI. *Failles et voussures*. — Certaines grottes, ordinairement d'une faible étendue, ont une autre origine que l'action érosive et dissolvante des eaux. Il en est qui ont apparu sous forme d'une cassure des couches de stratification de la roche, puis suivie d'une pression latérale qui a déterminé l'apparition d'une fente ou crevasse subtriangulaire. D'autres fois une brisure ou faille se produit dans les couches de roches, suivie d'un écartement des lèvres de la faille; d'où formation d'une fente. (grotte de Laroque (Hérault); entrée de la grotte de Tilff (Belgique). D'autres fois encore une pression latérale puissante peut avoir déterminé une voussure dans les couches horizontales, déterminant un vide en dessous. Ainsi se sont formées la grotte de l'Herm (Ariège), la grotte de Tilff (Belgique), qui d'après M. Gosselet a été produite par un plissement anticlinal où **les couches** n'ont pu toutes se rejoindre. L'homme n'a guère utilisé comme habitation que l'entrée des cavernes, les grottes suffisamment éclairées et les abris sous roches. Les chambres des cavernes profondes et obscures n'ont guère servi que d'abris ou de refuges temporaires et non d'habitations permanentes. Elles ont, au contraire, été très souvent utilisées comme sépulture, pendant la période néolithique. Elles ont surtout servi de repaires aux ours et aux hyènes.

VII. *Stalactites et stalagmites.* — Les eaux souterraines, qui s'infiltrent dans les roches, dissolvent, avons-nous vu, certains éléments, notamment le carbonate de calcium, constituant les roches calcaires. Lorsque ces eaux sourdent dans des cavités, sur les parois des cavernes, elles perdent une partie de leur anhydride carbonique et s'évaporent partiellement; le sel calcaire qu'elles tenaient en solution est précipité sous forme d'incrustations plus ou moins épaisses. Lorsque l'eau saute et coule le long des parois des cavités, en suivant les dépressions et les aspérités de la roche, l'incrustation prend l'apparence de draperies élégamment plissées et découpées de mille façons. En se répandant sur le sol des salles et des couloirs, et en s'évaporant ensuite, l'eau y dépose le sel calcaire qui peut y former des couches horizontales pouvant atteindre jusqu'à 1 mètre et $1^m,50$ d'épaisseur. Sur les joints de la voûte où les gouttes d'eau séjournent assez pour qu'une partie s'évapore et que l'anhydride carbonique s'échappe, une certaine quantité de carbonate de calcium se fixe et donne naissance à de petits tubes, creux à l'intérieur, du diamètre d'une plume. Nous avons tous vu de telles concrétions en forme d'aiguilles sous les tabliers des ponts en pierre et en maçonnerie. A la longue, ces dépôts peuvent atteindre de grandes dimensions dans les cavernes : il en est qui ont plusieurs mètres de longueur et plusieurs mètres de diamètre. Ce sont les *stalactites*. Quand les gouttes d'eau tombent toujours à la même place de la voûte sur le sol, elles abandonnent en ce point le carbonate de calcium resté en solution. Celui-ci en s'accumulant donne naissance à des cônes mamelonnés de différentes formes. Ce sont les *stalagmites*. Les stalactites et les stalagmites, s'accroissant peu à peu, peuvent se rejoindre et former de véritables colonnes. Entre les dépôts meubles qui forment le sol des cavernes on peut rencontrer un certain nombre de couches de stalagmites. Chacune de ces couches répond à une période plus ou moins longue pendant laquelle il n'y a eu que peu ou point d'apport de matériaux de l'extérieur et des infiltrations plus ou moins abondantes (fig. 3).

Ces concrétions qui tapissent la plupart des cavernes naturelles, creusées dans le calcaire et la dolomie, contribuent beaucoup à rendre ces lieux pittoresques et grandioses. Leur disposition en draperie, cascade, tronc et pseudo-statues a toujours attiré l'attention des visiteurs. Chaque salle dans les grandes grottes a reçu un nom rappelant une particularité de forme de ces concrétions : *salle de la Fontaine, de la Cascade, du Tronc, des Draperies, des Statues, de Proserpine, de Pluton*

La structure de ces concrétions varie d'après le mode de dépôt du carbonate de calcium, d'après la plus ou moins grande pureté de la solution, d'après la rapidité d'évaporation de l'eau. Le plus souvent stalagmites et stalactites présentent des couches concentriques d'accroissement très nettes, opaques, ordinairement jaunâtres, quelquefois d'une blancheur éblouissante. Quelquefois aussi ces concrétions sont franchement cristallines, à grains plus ou moins fins. C'est fréquemment le cas des couches horizontales et des parois. D'autres fois la cristallisation est confuse et peut même faire défaut.

Les concrétions qui tapissent les cavernes ne sont pas toujours formées par du carbonate de calcium rhomboédrique, le dépôt calcaire peut être de l'aragonite (grotte d'Antiparos).

Ces formations démontrent, à l'évidence, l'action dissolvante de l'eau d'infiltration chargée d'acide carbonique.

La rapidité de formation des stalactites et des stalagmites est très variable. Elle dépend de différentes causes, notamment du degré de concentration de l'eau d'infiltration et de la rapidité d'évaporation de celle-ci. Boyd Dawkins[1] cite différents exemples. Il a été constaté que certaines stalagmites avaient augmenté d'1 centimètre en trente-cinq ans, tandis que d'autres, dans le même laps de temps, ne s'étaient accrues que de 2 millimètres.

[1] Boyd Dawkins, *loc. cit.*, p. 30 et 31.

Fig. 3. — Stalactites et stalagmites.

Le professeur Phillips a observé une grosse stalagmite mesurant 3^m599 d'épaisseur en 1839, puis 3^m660 en 1845, et 3^m9046 en 1873. En trente-quatre ans l'augmentation annuelle avait été de 0^m009.

D'autres substances telles que la pyrite, la blende et la galène, peuvent incruster les parois des cavernes, mais c'est beaucoup plus rare.

Ces minerais se déposent dans certaines grottes dans les mêmes conditions qu'on les rencontre dans les fentes des calcaires dolomitiques siluriens de la région plom-bifère du haut Mississipi. « Là, non seulement la paroi des grottes est recouverte d'une croûte épaisse de plu-sieurs pieds formée par ce minéral, mais des stalactites régulières en présentent aussi, alternant concentrique-ment avec le carbonate de calcium[1]. » Nous allons passer en revue quelques-unes des plus belles grottes creusées par les eaux souterraines.

VIII. *Caverne de Han-sur-Lesse (Belgique).* — C'est une des plus vastes et des plus belles du monde. Elle est située à une lieue de la petite ville de Rochefort, province de Namur. La rivière la Lesse, arrivée au vil-lage de Belvaux, abandonne son ancien lit qui tournait autour du rocher de Han pour se précipiter dans le gouffre de Belvaux. Elle reparaît près de Han. Son cours souterrain ignoré n'est que de 1100 mètres en ligne droite, mais il doit être beaucoup plus long, car lorsqu'à l'entrée les eaux ont été troublées par un orage,

---

[1] Desnoyers, *loc. cit.*, p. 369

FIG. 4. — Les grottes de Han, où s'engouffre la Lesse, en Belgique (salle du Dôme).

il faut un jour pour qu'elles apparaissent jaunes à la sortie. La Lesse traverse çà et là les parties de la grotte explorées par l'homme.

Le total de la longueur des galeries connues jusqu'ici dépasse 3000 mètres. Elle communique avec l'extérieur par plusieurs ouvertures.

Elle a été explorée méthodiquement dès 1822 par Kickx et Quetelet[1]. Il en existe de nombreuses descriptions. [2]

Il faut plus d'une journée pour visiter toutes les galeries et salles de cette caverne. Mais la plupart des touristes qui la visitent, chaque année, par milliers, se contentent d'y faire un séjour d'une couple d'heures. Ils pénètrent par le *Trou au salpêtre*, pour sortir en s'embarquant à la *salle du Dôme* (fig. 4) et gagner la

---

[1] Kickx et Quetelet, *Nouveaux mémoires de l'Acad. roy. des sciences et belles-lettres de Bruxelles*, t. II, p. 314, 1822.

[2] Indépendamment du mémoire de Kickx et Quetelet un grand nombre d'auteurs se sont occupés de la grotte de Han. Tous les guides en Belgique lui consacrent quelques pages. Voir notamment une ancienne description d'Alphonse Wauters : *Guide pittoresque du voyageur à la grotte de Han-sur-Lesse*, avec un plan et douze vues, Bruxelles, 1841. — Vanderhecht et Pochet, *Guide à la grotte de Han*, 1876. — Thelos, *la Lesse de Rochefort à Dinant, la Meuse de Givet à Namur*, Liège, 1885.

M. Martel a consacré quelques pages à cette grotte célèbre dans son grand ouvrage, *les Abimes*, p. 429-431, Paris, 1894. Enfin M. Ed. Dupont vient tout récemment de faire une longue étude géologique de la caverne de Han sous le titre : *Les Phénomènes généraux des cavernes en terrains calcareux et la circulation souterraine des eaux dans la région de Han-Rochefort (Bul. Soc. belge de géol., pal. et hydr.*, t. VIII, 24 mai, 1894. Bruxelles).

surface en suivant le cours de la Lesse. Ce trajet est peu fatigant et la gradation des effets bien ménagée. La sortie par eau est absolument féerique.

IX. *Grotte d'Antiparos.* — La grotte d'Antiparos est aussi fort célèbre. Elle est située dans l'île d'Anti-paros, dans l'Archipel, à un mille et demi de la mer. Elle constitue une des merveilles naturelles de la Grèce, aux mêmes titres que la grotte de Han pour la Belgique. Le comte Choiseul Gouffier[1] en a donné une bonne description dès 1782.

En 1673, le marquis de Nointel, ambassadeur de France à Constantinople, se rendit à cette caverne accompagné d'une nombreuse suite. Il y fit célébrer la messe de Noël, comme l'indique une inscription gravée sur l'autel :

Hic ipse Christus adfuit, ejus natali die, media nocte, celebrato MDCLXXIII.

X. *Grottes des Demoiselles (Hérault).* — Une des plus belles grottes de France est celle des Demoiselles ou des Fées (Baoumas de las Doumaïsallas) dans le canton de Ganges, département de l'Hérault. Elle a été décrite pour la première fois par Marsollier, qui en fit l'exploration en 1780.

XI. *Autres grottes de France.* — Quelques autres grottes sont célèbres en France par leur grandeur et la beauté de leurs stalactites et stalagmites.

---

[1] Comte Choiseul Gouffier, *Voyage pittoresque de la Grèce,* 3 vol. in folio, Paris, 1782.

Les grottes d'Arcy-sur-Cure[1], canton de Vermenton, en Bourgogne, ont plus de 800 mètres d'étendue.

Fig. 5. — Entrée de la [...]

<hr>

[1] Voir, pour la description de ces grottes, l'*Encyclopédie de Diderot et d'Alembert*, ainsi que les *Œuvres de Buffon*.

Comme les précédentes, elles se composent d'une série
de salles hautes et spacieuses, réunies par des couloirs

Adelsberg en Carniole.

étroits et plus ou moins longs. Chacune de ces parties
a reçu un nom.

Fig. 7. — Stalactites et stalagmites de la grotte d'Adelsberg.

Les grottes d'Osselles, commune de Roset-Fluans, à 5 lieues de Besançon (Franche-Comté), sont aussi étendues que celles d'Arcy et plus pittoresques, plus fantastiques encore par leurs dimensions et leurs admirables décors de stalactites et de stalagmites.

Citons encore en France la grotte de Notre-Dame de la Balme (Isère), à 9 lieues de Lyon.

XII. *Caverne d'Adelsberg.* — La région du Karst, entre Laibach et Fiume en Carniole et en Istrie (Autriche), est très riche en cavernes, entonnoirs, abîmes, dolines. Les cavernes sont souvent parcourues par des rivières et contiennent des lacs.

La plus importante de ces grottes est celle d'Adelsberg. Elle rivalise en grandiose et en beauté avec celle de Han-sur-Lesse. Sa longueur est d'environ 2 lieues. Une petite rivière le Poyk ou Pinka la traverse (fig. 5). L'abondance et la beauté des concrétions calcaires rendent cette caverne absolument merveilleuse. Ce ne sont que draperies calcaires ornant le plafond et les parois. Les stalactites et stalagmites, d'un blanc quelquefois éblouissant, sont presque transparentes et forment des clochetons, des obélisques, des colonnes (fig. 6 et 7). On y a ménagé de larges chemins, des rampes, des escaliers, des ponts, qui facilitent singulièrement la visite de ces merveilles.

On trouve dans les cavernes du Karst une faune spéciale adaptée à la vie souterraine.

La rivière Pinka, après avoir traversé une grande partie de la caverne, revient au jour; puis de nouveau

Fig. 8. — Grotte du Mammouth, près de Cave-City, dans le Kentucky (États-Unis d'Amérique).

reprend son cours souterrain. Quand elle réapparaît au jour, elle forme le Laibach pour disparaître dans la grotte de Reitniz, près de la ville de Laibach.

XIII. *Grotte du Mammouth.* — Les plus vastes et les plus célèbres cavernes du monde se trouvent dans le Kentucky près de Louisville, aux Etats-Unis, non loin de la vallée parcourue par la rivière Verte (Greenriver). Ce sont les grottes du Mammouth (fig. 8). L'entrée et la sortie sont distantes de 3 lieues l'une de l'autre; mais la superficie totale est beaucoup plus considérable. On en connaît 57 salles, 126 couloirs, 7 rivières, 8 cataractes, 11 lacs, 32 abîmes, le tout d'une étendue de 240 kilomètres. L'ensemble des cavités mesure 11 milliards de mètres cubes[1]. Il faut cinq à six jours pour les visiter[2].

CHAPITRE II

Cavernes creusées par la mer.

I. *Mode de formation.* — L'action érosive des vagues de l'Océan sur les rivages se manifeste de diverses manières et dépend de causes multiples. Elle se manifeste de façons très diverses d'après la nature

---

[1] Owen, *Geology of Kentucky.*

[2] Poussielgue, Visite aux grottes du Mammouth dans le Kentucky (États-Unis) *(Tour du monde,* 2e semestre, p. 87). — L. Deville, *ibidem,* p. 94, Paris, 1863.

de la roche qui forme la côte, la forme de celle-ci, sa stabilité ou sa tendance à s'élever ou à s'affaisser. Elle varie aussi d'après la hauteur des marées, la direction et l'intensité des vents dominants.

Certaines falaises subissent une action à peine appréciable. D'autres malgré leur dureté sont fortement attaquées par les vagues. Ce sont surtout celles dont les roches sont fissurées ou découpées en blocs. Certaines parties restent en place tandis que d'autres s'éboulent. Ici ce sont des aiguilles, des cônes, là des arcades, plus loin de véritables grottes qui se forment sous l'action érosive des lames.

Il y a des oursins qui creusent dans tous les sens de nombreuses galeries au pied des falaises les plus dures. Ils ont contribué, pour une certaine part, à la formation de plusieurs de ces cavités. Il faut encore ajouter un autre facteur qui vient singulièrement aider l'action érosive des eaux de la mer : ce sont les eaux d'infiltration.

A titre d'exemple, nous allons passer en revue quelques-unes de ces grottes creusées par la mer parmi les plus célèbres en Europe.

II. *Grottes de Crozon.* — Elles sont situées sur les côtes de Bretagne, dans la baie de Douarnenez, au nombre de plus de cinquante. Il y a quinze ans, étant l'hôte de mon savant collègue, M. de Lacaze-Duthiers, au laboratoire de zoologie expérimentale de Roscoff, je visitai plusieurs de ces grottes, notamment celle de Morgatte. J'en ai conservé un souvenir profond. On ne peut y pénétrer qu'en bateau et en profitant de la marée basse. L'entrée est très étroite; mais, ce passage franchi, on se trouve dans une vaste caverne longue d'environ 50 mètres, large de 20 à 25 mètres et haute d'une vingtaine de mètres. Au centre s'élève un énorme bloc de granit, qu'on appelle l'*Autel*. Il règne dans la grotte une demi-obscurité ; mais les yeux s'y habituent petit à petit. Alors on peut voir depuis le fond jusqu'au sommet de la caverne les parois tapissées de larges plaques roses, lilas, vert émeraude, formant des marbrures d'un effet admirable. C'est un fouillis d'algues, de colonies de botrilles et d'anémones de mer, qui donnent à la roche ces superbes teintes. Souvent les mouettes et les goélands viennent chasser ou chercher un refuge dans cette grotte.

IV. *Grottes d'Etretat*. — Les grottes d'Etretat, bien connues des touristes qui visitent cette station balnéaire, ont la même origine. Il y en a trois : le *Trou à l'Homme*, qui est très grande, mais dangereux à visiter jusqu'au fond ; la *Chambre aux Demoiselles*, située au-dessus de la première, et une petite excavation nichée à 300 pieds au-dessus dela mer : le *Trou à Romain*.

III. *Grottes de Bonifacio*. — Plus célèbres encore sont les grottes de Bonifacio, sur la côte méridionale de la Corse.

« La ville de Bonifacio est bâtie au sommet d'une falaise, sur un rocher long et étroit qui s'avance comme une haute muraille, plongeant à pic de toute part sur la mer. Celle-ci, en frappant incessamment la partie inférieure de la falaise, qui est composée d'un calcaire blanchâtre et facile à désagréger, a miné sous la ville jusqu'à une assez grande distance, et a produit un certain nombre de cavernes et de grottes de dimensions souvent énormes, dont l'entrée s'ouvre directement sur la mer, et dont le fond est entièrement recouvert par des eaux fraîches et limpides.

« Une de ces grottes traverse de part en part le mont Pertuisato, comme ferait une galerie droite et régulière, taillée à main d'homme ; ses deux ouvertures sont fort larges et donnent un libre accès à la lumière, qui parcourt toute l'étendue de la voûte. La montagne est presqu'entièrement séparée du rivage et s'élève en forme de pyramide, avec deux portes à la base.

« Sous la citadelle, il y a une autre grotte, à l'entrée de laquelle la mer a accumulé tant de galets, qu'elle l'a presque entièrement bouchée et qu'on n'y peut guère pénétrer qu'en se résignant à ramper sur le ventre. Celle-ci est plus longue que les autres, mais en général moins élevée et, comme on le pense bien, on y est dans une obscurité complète. Elle se compose d'une série de grandes salles couvertes d'incrustations et de stalactites et liées les unes aux autres par de petits corridors bas et étroits.....

« Il y a encore une autre grotte à l'entrée du port, peu profonde, mais étonnante par l'énormité de son ouverture qui a plus de 100 pieds de hauteur : elle est surmontée par les ruines d'un vieux couvent et par les murs et les batteries de la citadelle. »

2*

« La grotte la plus remarquable s'ouvre sur la mer, à l'entrée du détroit, par une grande arcade, percée dans une falaise blanche et unie comme un mur. L'eau y est profonde et les vagues s'y promènent librement. On rencontre d'abord un grand corridor, qui peu à peu s'enfonce dans les ténèbres et se termine brusquement contre la paroi du rocher. Puis, on prend à gauche un embranchement qui mène à la grande salle ; ce passage est le plus difficile dans les instants où la mer n'est pas très calme. »

« Cette salle est occupée par une eau bleue comme le ciel, et transparente comme l'air, jetant de bas en haut et de tous côtés ses reflets azurés contre chaque saillie d'une voûte immense toute hérissée de pointes et de dentelures, et prenant le soleil à plus de 100 pieds de haut dans la campagne au milieu des myrtes et des lauriers en fleurs. Les Grecs auraient fait de cette retraite mystérieuse et profonde le palais d'Amphitrite ou de Neptune et auraient placé au péristyle et dans les corridors le cortège sacré des tritons et des nymphes [1]. »

V. *Grotte de Torghatten*. — La grotte de Torghatten sur les côtes de la Norvège septentrionale est aussi fort intéressante. C'est un vaste tunnel de 300 mètres de long sur 30 à 40 mètres de large et 40 à 70 mètres de haut et située aujourd'hui à 123 mètres au-dessus du niveau de la mer. Le sol de la galerie

---

[1] Ad. Badin, *Grottes et cavernes (Bibl. des Merveilles,* Paris, 1867), p. 198 et suiv.

est recouvert par un sable fin. C'est un couloir ancien-
nement creusé par les eaux de la mer et qui aujour-
d'hui est à cette hauteur à cause du soulèvement général de la contrée [1].

VI. *Grotte d'Azur.* — Enfin, terminons par la grotte
d'Azur le bijou de la merveilleuse île de Capri (golfe
de Naples), que je visitai en 1882. Cette caverne est
creusée dans une masse de roches plongeant à pic dans
la mer. L'entrée est si étroite et si peu élevée que, pour
y pénétrer, il faut se coucher dans le canot et saisir
le moment propice, entre deux vagues, si le golfe
est un peu agité. Dès qu'on a franchi ce passage, on se
trouve dans la grotte. Celle-ci forme une voûte ellipti-
que de 53 mètres sur 40, reposant sur l'eau. Sa hauteur,
au-dessus du niveau moyen de l'eau, au milieu, est de
23 mètres. La lumière ne pénètre guère directement
par l'orifice ; mais après avoir traversé l'eau d'une trans-
parence de cristal, elle est réfléchie dans la grotte. Les
parois et tout ce qui se trouve à la surface prennent une
teinte azurée très vive, passant au bleu foncé et au noir
au contact de l'eau, tandis que tous les corps plongés
dans l'eau, la partie des rames qui immerge la crête des
petites vagues provoquées par le mouvement du canot,
son sillage, tout cela devient d'un blanc d'argent éblouissant. Un des matelots se jette à l'eau et tout son corps
paraît être d'argent. Ce spectacle est absolument merveilleux. On se croirait l'objet d'un rêve des *Mille et
une Nuits*.

[1] E. Reclus, *la Terre*, t. II, p. 191.

CHAPITRE III

Cavernes d'origine éruptive.

I. *Mode de formation des cavernes dans les laves.* — On rencontre dans la plupart des régions volcaniques des crevasses, des cavités, des tunnels d'étendue quelquefois considérable. Ces formations se remarquent surtout dans les laves basaltiques. Les laves, dit M. Vélain [1], ont une tendance à se couvrir d'une gaine de scorie qui forme des canaux, sous lesquels, pendant de longs mois, la matière en fusion conservant sa fluidité continue à circuler. Quand la coulée cesse, le niveau de la lave baisse et le canal se vide en laissant un tunnel. Ces excavations ont parfois plusieurs centaines de mètres de longueur sur 7 à 10 mètres de largeur et le double de hauteur.

Il existe de très beaux exemples de ces grottes dans la lave, à l'île de la Réunion (fig. 9).

Il s'en trouve aussi, mais dans des dimensions moindres, sur les flancs du Vésuve et de l'Etna.

En Islande, il y en a de grandes dimensions.

La grotte Noire (Surtshellir), près de Kalmanstunga, a une étendue de 1600 mètres sur une largeur de 16 à

[1] Vélain, *Cours élémentaire de géologie*, p. 113, Paris, 1885.

18 mètres et une hauteur de 11 à 12 mètres. Elle comporte plusieurs chambres ornées de stalactites de lave d'une grande beauté.

II. *Caverne de Petchabury*. — Près de la ville de Petchabury, qui est à trois jours de navigation de Bangkok (golfe de Siam), se trouve une montagne au sommet de laquelle s'élève un palais royal. Un volcan éteint se trouve à quelques milles de là. Il est creusé de quatre ou cinq cavernes dont Henri Mouhot a donné la description dans la relation de son voyage au Siam [1].

Deux de ces grottes sont d'une grande profondeur et d'une admirable architecture. Les formes tourmentées de la lave rétractée se sont recouvertes par infiltration de superbes stalactites et stalagmites qui constituent de hautes et blanches colonnades. Le sol a été nivelé en certains points, et, en d'autres points, de grands et beaux escaliers ont été aménagés de façon à rendre commode l'accès de ces souterrains. La plus belle de ces cavernes est dédiée à Bouddha et convertie en un véritable temple. Une double rangée d'idoles est placée dans la galerie principale. La plus grande, qui est toute dorée, représente Bouddha endormi.

III. *Grotte de Rosemont*. — Quelquefois les gaz qui sont entraînés avec les laves soulèvent par leur pression la croûte superficielle et forment des monticules coniques dont le centre reste creux.

---

[1] Henri Mouhot, Voyage dans les royaumes de Siam, de Cambodge, de Laos, et autres parties centrales de l'Indo-Chine, 1858-1861 *(Tour du monde*, t. IV, p. 314, Paris, 1863).

Fig. 9. — Grotte sous les laves au vol...

...éunion (communiquée par M. Vélain).

La grotte de Rosemont est une de ces ampoules,
ainsi formées, au milieu d'une coulée qui descend du

FIG. 10. — Grotte de Rosemont, île de la Réunion.

piton Bory, aujourd'hui éteint (fig. 10), tandis que, dans
la grande plaine de laves, se dresse à l'est le piton
Fournaise en activité [1]. Cette petite caverne a 40 mètres

[1] Vélain, *Mission à l'île Saint-Paul*, p. 149.

de long sur 18 à 20 mètres de large, et 5 mètres de haut.

IV. *Grotte des Fromages.* — Les laves, en se rétractant, ne donnent pas toujours naissance à des cavités à parois arrondies, contournées et tortueuses. Les laves basaltiques, notamment, se divisent souvent après leur refroidissement en prismes hexagonaux, plus ou moins réguliers qui se subdivisent à leur tour en articles par des fentes transversales. « La densité, dit M. Gosselet, et la dureté augmentent vers le centre, de sorte que, si la roche s'altère sous l'influence des agents atmosphériques, chaque article perd ses angles et se désagrège suivant des zones concentriques. Finalement, lorsque l'altération est assez avancée, la colonne primitivement prismatique offre l'apparence d'une masse de fromages de Hollande empilés les uns sur les autres [1]. » Tel est le cas de la grotte bien connue des géologues et des touristes *(grotte des Fromages)*, située près de Bertrich, sur la Moselle, entre Trêves et Coblenz.

V. *Grotte de Staffa.* — Le plus souvent les colonnes de basalte ont conservé admirablement intacte leur forme prismatique. Telles sont : la chaussée des Géants en Islande ; les orgues d'Espaly, près du Puy-en-Velay (Haute-Loire) ; les colonnes trachytiques de Motu-Roa en Nouvelle-Zélande.

---

[1] Gosselet, *Cours élémentaire de géologie*, p. 53, 15ᵉ édition, 1892.

Il s'est formé de cette façon de véritables grottes.

La plus célèbre de ces cavernes basaltiques est située dans l'îlot de Staffa, l'une des Hébrides au nord de l'Ecosse (fig. 11). Staffa n'est qu'un bloc de basalte resté debout au milieu d'une masse éruptive qui forme à 15 milles plus loin l'île de Mull. La grotte constitue un vaste tunnel à travers lequel la mer passe d'outre en outre. Haute de 20 mètres sur 12 de large, elle présente une double rangée de colonnes prismatiques et verticales formant parois et une voûte constituée aussi de basalte. Les vastes proportions de cette caverne, son élégante architecture en font une véritable merveille naturelle.

VI. *Grotte des Colombes*. — Citons encore la *grotte des Colombes*, produite avec les Cyclopes par une ancienne coulée de dolérite sortie de l'Etna.

VII. *Grotte du Chien*. — Des excavations plus ou moins profondes se sont formées dans des tufs d'origine volcanique.

Une des plus célèbres de ces cavités est la grotte du Chien *(grotta del Cane)*. Elle se trouve au pied de la *Solfatara*, près du Monte Espina et du lac Agnano, entre Naples et Pouzzoles. Je l'ai visitée il y a quinze ans. Ce ne sont ni ses dimensions ni sa beauté qui lui ont valu sa célébrité. Elle ne mesure guère qu'1^m50 de haut, sur 1 mètre de large et 3 mètres de profondeur. Dans ce trou, il se dégage continuellement dès fissures du sol, des vapeurs d'anhydride carbonique. Comme ce gaz est plus lourd que l'air, il forme

Fig. 11. — Grotte de Fingal (île de Staffa).

au-dessus du sol une couche épaisse d'1 mètre environ.
On sait que ce gaz est irrespirable ; voilà pourquoi un
homme debout n'est nullement incommodé, tandis
qu'un animal de petite taille ne tarde pas à manifester
tous les symptômes de l'asphyxie. Les guides amènent
avec eux un chien, pour donner ce spectacle aux touristes. On peut faire une autre expérience moins cruelle
et tout aussi démonstrative pour reconnaître la présence
d'une couche d'anhydride carbonique à la surface du
sol. Il suffit d'approcher du sol un corps en combus-
tion, tel qu'une allumette ou une bougie. Ce corps
s'éteindra presque instantanément. Il règne dans la
grotte une température moyenne de 18 degrés.

CHAPITRE IV

Mode de remplissage des cavernes naturelles et détermination de l'âge de leurs dépôts.

Parmi les cavernes qui doivent leur origine à l'action
érosive des eaux d'infiltration, il n'y a guère que celles
encore parcourues aujourd'hui par une rivière ou un
ruisseau (grotte de Han, grotte du Mammouth), dont
les excavations soient libres. Les autres, au moment de
leur découverte sont obstruées par des dépôts meubles,
alternant souvent avec des couches stalagmitiques plus
ou moins épaisses. Ces dépôts consistent en sable, cailloux, galets, blocs anguleux, limon ; le tout mêlé sou

vent à des ossements d'animaux éteints et à des restes de l'industrie humaine.

Les dépôts inférieurs de beaucoup de cavernes sont du sable ou des cailloux roulés, tandis que les couches sus-jacentes sont formées d'argile contenant des cailloux roulés, mêlés à des blocaux de la roche encaissante. Dans certains cas le limon présente une stratification bien nette ; dans d'autres il n'y en a pas trace. Ici les couches de dépôts sont séparées les unes des autres par des bancs de stalagmites plus ou moins épais ; là il n'y en a pas. Dans telle grotte chaque couche présente des colorations différentes ; dans d'autres elles ont toutes le même aspect.

Les dépôts meubles qui remplissent les cavernes ont une origine multiple. L'argile rouge et jaune du fond de certaines grottes est le résultat de l'altération sur place de la roche calcaire encaissante. Le fond d'un certain nombre de cavernes contient des couches formées de sable ou de cailloux roulés et de graviers. Ces dépôts correspondent ordinairement au creusement de la vallée ou à un ancien cours d'eau souterrain. Ils manquent dans un grand nombre de grottes. Les autres dépôts formés de limon avec ou sans cailloux roulés proviennent presque toujours des plateaux sus-jacents. Ils ont été entraînés avec l'eau de ruissellement par des fissures, des crevasses, des cheminées. De plus la roche encaissante intervient dans une certaine mesure par son délitement. Dans certains cas la caverne, après avoir été creusée, n'a pas reçu d'apport d'éléments meubles venus de l'extérieur. Les dépôts qui remplissent les anfractuosités proviennent totalement du délitement de la roche encaissante (grotte de la Carrière à Moha, Belgique). Ce sont alors des blocs de toutes dimensions non roulés, mêlés à un sable calcareux ou cimentés par des incrustations calcaires. Exceptionnellement certains dépôts ou tous les dépôts d'une grotte sont des alluvions fluviales.

Dès 1849, Desnoyers avait expliqué de cette façon le remplissage des cavernes. La plupart des géologues qui se sont occupés de cette question ont confirmé pleinement par leurs observations celles de Desnoyers [1] en France, en Allemagne, en Angleterre, en Belgique.

M. Dupont a jadis émis des idées toutes différentes, mais il n'a guère été suivi. Aujourd'hui d'ailleurs il les a singulièrement atténuées [2].

On a cru pouvoir déterminer l'âge géologique des dépôts des cavernes d'après la hauteur des entrées de

[1] Voir sur ce sujet: Desnoyers, *Grottes*, *loc. cit.*, p. 371. — Boyd Dawkins et Rames, *Quarterly Journal of geology*, p. 115, année 1862, Londres. — Fraas, *Sur le remplissage des cavernes (Cong. int. d'anthropologie et d'arch. préh.*, à *Bruxelles*, p. 151, 1872).— Dr Noulet, *Caverne de l'Ombrive (Ariège)*, Lyon, 1882. — Fraipont et Lohest, *Arch. de biologie*, t. VI, Gand, 1886. — Marcelin Boule, *Matériaux*, 3e sér., t. V, p. 456, 1888. — Boule et Cartailhac, *la Grotte de Reinhach*, Lyon, 1889. — Fraipont et Tihon, *Mém. Acad. roy. Belgique*, in 8o, t. XLIII, 1889. — Lohest, *Cong. int. d'ant. et d'arch. préh.*, à *Paris*, 1889. — Boule, *Bull. Soc. phil. de Paris*, 8e sér., t. I, p. 83, 1889, *l'Anthropologie*, t. II, Paris, 1892.

[2] Dupont, *Cong. int. d'ant. et d'arch. préh.*, 6e session, à Bruxelles, comptes rendus, p. 111, 1872. — *Explication de la planchette de Dinant*, Bruxelles, 1883. *Bull. Soc. belge de géol., de pal. et d'hydr.*, t. VIII, mai 1894.

celles ci au-dessus du fond des vallées. Ils auraient été d'autant plus anciens qu'ils se trouvaient dans des cavernes plus élevées[1]. Il n'en est rien, nos régions avaient, dès le quaternaire inférieur, très sensiblement la même configuration qu'aujourd'hui, et les vallées étaient déjà creusées avant l'apparition des grottes. On trouve des cavernes contenant des dépôts du même âge à des hauteurs très différentes, tantôt presque au niveau de la ligne d'étiage actuelle de nos rivières, tantôt à 60 mètres de hauteur et même plus haut encore. Tandis que M. Dupont[1] prétend que les cavernes des roches calcaires sont antérieures au creusement des vallées et que leur communication spacieuse avec l'extérieur correspond au creusement de celles-ci, nous pensons avec Lyell, Desnoyers, Hughe, Geikie, Lapparent, Lohest et beaucoup d'autres géologues, qu'elles ont pris naissance postérieurement à ce creusement. C'est là une conséquence de leur mode de formation,

[1] Dupont, *loc. cit*, 1872.

CHAPITRE V

Signification des ossements d'animaux, des débris humains et des restes de l'industrie humaine, enfouis dans les dépôts des cavernes. — Age de ces dépôts.

Les dépôts meubles d'un grand nombre de grottes et abris sous roches contiennent des ossements d'animaux, des restes humains et des débris de l'industrie de l'homme. Ces reliques sont d'âges très différents, mais ne remontent jamais à une plus haute antiquité que le début de la période quaternaire.

Le mode d'introduction de ces débris organiques et industriels dans les couches des cavernes n'a pas été moins discuté que l'origine de ces dépôts eux-mêmes.

La plupart des auteurs anciens admettaient que tous ces restes avaient été introduits dans les cavernes par les eaux, en même temps que les dépôts, qui les contiennent. Il y a évidemment des cas où les choses se sont passées ainsi, mais c'est l'exception. Cependant Buckland déjà, frappé de l'extrême abondance d'ossements intacts d'hyènes, recueillis dans la grotte de Kirkdale (Angleterre), de fœtus et de fèces de ces animaux, d'ossements de ruminants rongés, admit que certaines grottes furent jadis habitées par des hyènes.

Buckland avait raison ; des cavernes ont servi de

repaires pendant de longs siècles aux hyènes et aux ours de la période quaternaire.

Un grand nombre de grottes ont servi d'habitation à l'homme, à diverses époques, à partir du commencement de la période quaternaire. On retrouve, dans les dépôts de telles grottes, de nombreuses traces de l'industrie de l'homme : restes de foyers, charbon, instruments de travail, parures, armes, poteries, mêlés à des quantités d'ossements d'animaux ordinairement brisés. Ces ossements d'animaux sont les débris de cuisine, les reliefs des repas de ces troglodytes. D'autres cavernes ont servi seulement de refuge temporaire aux hommes. D'autres ont été utilisées comme sépultures.

L'examen méthodique des couches superposées d'une même caverne nous permet souvent de reconnaître qu'elle a successivement été un repaire d'ours, une antre d'hyène, une habitation de l'homme fossile, une nécropole de l'homme de la pierre polie, un refuge à l'âge du bronze, du fer ou même dans les temps modernes.

L'âge relatif des dépôts des cavernes nous sera donné par l'étude des restes de la faune et de l'industrie humaine qu'ils contiennent, lorsqu'il aura bien été constaté qu'il n'y a pas eu de remaniements.

Telles sont en résumé les conclusions admises par la plupart des observateurs qui se sont occupés de ces questions dans les trente dernières années, en France, en Angleterre, en Allemagne, en Italie et en Belgique.

Nous allons étudier successivement dans les chapitres

suivants l'histoire de l'habitation des cavernes à travers les âges depuis la période quaternaire jusqu'à nos jours.

CHAPITRE VI

Faune actuelle des cavernes.

Un grand nombre d'Insectes, d'Arachnides et de Myriapodes ont été rencontrés dans les cavernes.

Parmi les Insectes il faut citer les Carabes du genre *Trechus*, auxquels on a donné le nom d'*Anophthalmus*, parce que les individus trouvés dans la profondeur des grottes étaient aveugles.

On a recueilli aussi dans les cavernes de nombreuses espèces du genre *Adelops*.

Un Orthoptère, le *Dolichopoda palpalis*, caractérisé par des antennes et des palpes très longs, habite les grottes.

La rivière souterraine de la grotte du Mammouth dans le Kentucky contient un Poisson aveugle, l'*Amblyopsis spelæus*, voisin des Cyprinodontes et des Umbrides. Il porte sur la tête des papilles tactiles.

Un autre Poisson aveugle des eaux souterraines de Cuba est le *Lucifuga dentata*, voisin de l'*Aphyonus* des grandes profondeurs du Pacifique.

Les eaux souterraines des cavernes de la Carniole et de la Dalmatie (grotte d'Adelsberg, de Kermpolje, etc.)

contiennent un Amphibien d'un haut intérêt, le Protée *(Proteus anguineus)* (fig. 12). Il a le corps long de 15 à 50 centimètres, d'un blanc quelquefois très pur, demi-transparent, deux paires de membres grêles, les pattes antérieures pourvues de trois courts orteils ; les postérieures placées très en

F ɪɢ. 12. — Protée aveugle des lacs souterrains de la Carniole.

arrière, plus petites encore et n'ayant que deux orteils. Des branchies externes permanentes, sous forme de trois paires de houppes, colorées en rouge carmin par le sang, se trouvent placées à droite et à gauche de la tête. Les yeux sont rudimentaires et cachés sous la peau. En fait, l'animal est aveugle.

Il faut citer un Rat *(Neotoma)* des cavernes du Kentucky. Cet animal, quoiqu'ayant des yeux grands et bien conformés, ne distingue pas les objets.

Ces mêmes cavernes contiennent le *Siredon pisci-formis*, Batracien urodèle de la famille des Amblys-tomides.

Les Chauves-Souris se réfugient dans les grottes quelquefois à de grandes distances de l'entrée, pour hiverner [1].

Les Ours, les Blaireaux, les Loups, les Renards, les Fouines, les Putois, les Lapins choisissent volontiers comme repaires les couloirs étroits des cavernes.

[1] Voyez *La grotte des Chauves-Souris* (Brehm, **Mammifères** t. 1, p. 153).

PARTIE SPÉCIALE

LES HABITANTS DES CAVERNES A TRAVERS LES AGES

CHAPITRE PREMIER

Chronologie préhistorique.

I. *Ère tertiaire.* — Nous ne connaissons aucune caverne contenant des restes fossiles de la période tertiaire. Comme nous l'avons dit plus haut, aucune caverne d'alors n'a persisté jusqu'à nous.

L'existence de l'homme tertiaire est encore très discutée aujourd'hui. Des restes authentiques de celui-ci sont encore à trouver. Mais certains indices, tels que des silex qui paraissent intentionnellement taillés, nous portent à penser que l'homme existait déjà à la surface du globe, notamment en Europe, vers la fin de l'ère tertiaire.

II. *Ère quaternaire.* — Au contraire, on est unanime aujourd'hui pour reconnaître la coexistence de l'homme en Europe avec les grands mammifères éteints de l'ère quaternaire.

Il est fort difficile d'établir une chronologie générale des temps quaternaires en Europe, au point de vue tant géologique, que paléontologique et archéologique.

Je n'entreprendrai pas ici de donner toutes les classifications géologiques, paléontologiques et archéologiques qui ont vu le jour depuis cinquante ans, d'autant plus que l'histoire de l'habitation des cavernes n'intéresse pas les premiers temps du quaternaire.

La plupart des géologues font commencer le quaternaire à l'extension glaciaire correspondant au dépôt erratique supérieur du Cantal, en France ; au dépôt erratique inférieur des environs de Berlin, en Allemagne ; au *Lower boulder clay* de l'ouest de l'Angleterre, au *Boulder clay* du Norfolk.

III. *Classification du Quaternaire de M. Boule.* — M. Boule [1] a fait rentrer dans le Quaternaire des dépôts que beaucoup de géologues considèrent comme représentant le niveau supérieur du pliocène supérieur, c'est-à-dire les graviers de Saint-Prest, au nord de la France, le *Forest bed* des Anglais, etc., à faune à *Elephas meridionalis*, *Rhinoceros leptorhinus*, *Rhinoceros etruscus* et *Machairodus*, inaugurant l'ère quaternaire par la première extension glaciaire constatée dans l'erratique de Perrier.

---

[1] M. Boule, Essai de paléontologie stratigraphique de l'homme (*Revue d'anthropologie*, Paris, 1889).

Dans cet ordre d'idées, M. Boule considère comme quaternaire inférieur les dépôts à *Elephas meridionalis*; comme quaternaire moyen, les dépôts d'alluvions interglaciaires caractérisés par une faune mixte : *Elephas antiquus* et *Elephas primigenius*, *Rhinoceros Merckii* et *Rhinoceros tichorhinus*, *Hippopotamus*, *Corbicula fluminalis*, *Buthynia marginata* et *Paludina diluviana* (Chelléen de G. de Mortillet). Il considère comme quaternaire supérieur les dépôts postérieurs à la grande extension glaciaire qui correspond aux couches contournées de Chelles, aux moraines des vallées de la Cère, à l'*Upper boulder clay* de l'ouest de l'Angleterre, etc. Il y distingue toutefois deux niveaux : l'inférieur à *Elephas primigenius* et à *Rhinoceros tichorhinus* (Moustérien et Solutréen de G. de Mortillet); le supérieur, à *Cervus tarandus* (Magdalénien de G. de Mortillet).

Le quaternaire moyen et supérieur de M. Boule correspond, au point de vue archéologique, à la *période paléolithique* des auteurs.

Puis viennent les temsps actuels, que M. Boule divise en *époque néolithique* et *époque des métaux*.

Dans son important mémoire, M. Boule a le grand mérite d'avoir cherché à concilier les opinions, très discordantes en apparence, qui furent émises sur le Quaternaire en France, en Allemagne, en Suisse, en Angleterre et en Belgique au point de vue géologique, paléontologique et archéologique.

IV. *Classifications archéologiques de M. G. de*

Mortillet. — M. G. de Mortillet[1] a établi des subdivisions du Quaternaire basées non sur des données fauniques, mais archéologiques, en rapport, en général, avec la stratigraphie et la faune, et caractérisées par l'industrie, surtout par certains instruments. Il distingue chronologiquement quatre époques archéologiques :

Le *Chelléen*, représentant le quaternaire inférieur des auteurs ;

Le *Moustérien*, représentant le quaternaire moyen ;

Le *Solutréen*, qui fut de courte durée et qui n'eut pas l'importance des trois autres, étant plus localisé ;

Le *Magdalénien* représentant le quaternaire supérieur[2].

Dans un travail récent, M. G. de Mortillet atténua ce qu'il y avait de trop rigoureux dans cette classification. Celle-ci, claire et simple, répond en général aux faits dans leurs grandes lignes, dans toute l'Europe, avec la même valeur et la même signification pour le préhistorique que les époques romaines et franques pour la période historique.

Dans la classification de M. G. de Mortillet[3] le Moustérien correspond à l'âge du mammouth des auteurs

---

[1] G. de Mortillet, *le Préhistorique*, précieux livre auquel nous aurons bien souvent recours.

[2] Ces noms proviennent de quatre stations célèbres en France : Chelles (Seine-et-Marne), le Moustier (Dordogne), Solutré (Saône-et-Loire), la Madeleine (Dordogne).

[3] G. de Mortillet, *VIᵉ Congrès de la Fédération arch. et hist. de Belgique*, p. 23, Liège, 1890.

le Magdalénien à l'âge du renne. Nous employons ces termes comme synonymes dans le cours de ce livre.

V. *Divisions adoptées dans ce livre.* — Aucune classification n'est absolument bonne et ne répond à tous les faits, dans toutes les régions. Il faut cependant prendre des points de repaire pour fixer les idées.

Nous diviserons l'histoire de l'habitation des cavernes en quatre périodes :

1° La période paléolithique ;

2° La période néolithique ;

3° La période de l'introduction des métaux ;

4° La période actuelle.

Nous ferons trois coupures dans la période paléolithique ;

a) L'époque de l'*Elephas antiquus* et du *Rhinoceros Merckii*, correspondant à l'époque chelléenne de M. G. de Mortillet ;

b) L'époque du mammouth et du *Rhinoceros tichorhinus*, correspondant à l'époque moustérienne de M. G. de Mortillet ;

c) L'époque du renne, correspondant à l'époque Magdalénienne de M. G. de Mortillet.

Il ne sera pas nécessaire pour notre sujet de faire des divisions dans les autres périodes.

Chaque division constituera un chapitre spécial.

CHAPITRE II

Habitation des cavernes pendant l'époque de l'*Elephas antiquus* et du *Rhinoceros Merckii*. — Chelléen.

I. *Climat*. — Après l'extension glaciaire correspondant au dépôt de l'erratique supérieur du Cantal, et le *Boulder-clay* ancien de l'ouest de l'Angleterre, le climat redevint doux et humide en Europe comme pendant l'époque précédente.

II. *Faune*. — Alors vivaient dans nos régions d'énormes éléphants : l'*Elephas antiquus*, descendant de l'*Elephas meridionalis*, associé en certains points, surtout dans les niveaux supérieurs, c'est-à-dire à la fin de cette époque, au mammouth *(Elephas primigenius*, fig. 13).

Le *Rhinoceros Merckii* (faune pliocène) était associé au *Rhinoceros tichorhinus* (faune froide quaternaire) (fig. 14).

Nos fleuves, ceux du Midi tout au moins, et surtout ceux d'Italie, étaient fréquentés par notre hippopotame actuel *(Hippopotamus amphibius)*. Plusieurs cavernes d'Italie en contiennent des restes.

Parmi les carnassiers de cette époque, nous retrouvons encore une forme tertiaire mais très rare : le *Machairodus latidens* (fig. 2), grand félin à canines supérieures tranchantes et cultriformes et à molaires à crêtes den-

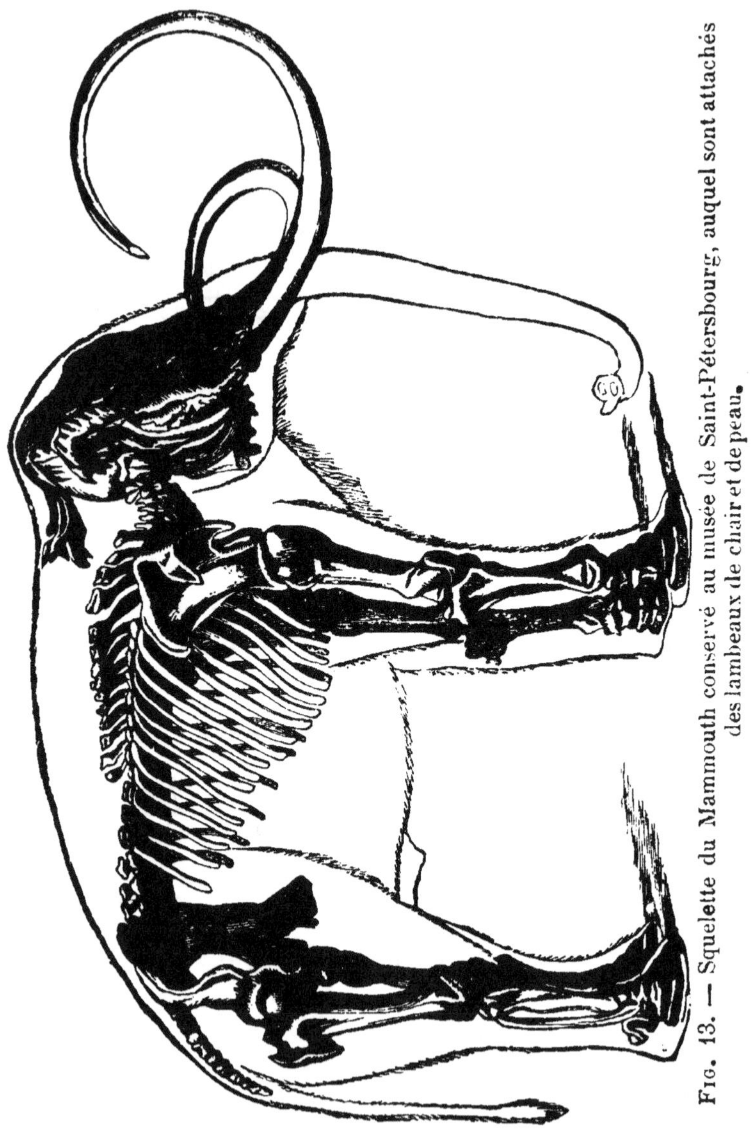

Fig. 13. — Squelette du Mammouth conservé au musée de Saint-Pétersbourg, auquel sont attachés des lambeaux de chair et de peau.

telées. On en a recueilli des restes dans la caverne de

Kent près de Torquay (Devonshire), dans le dépôt infé-

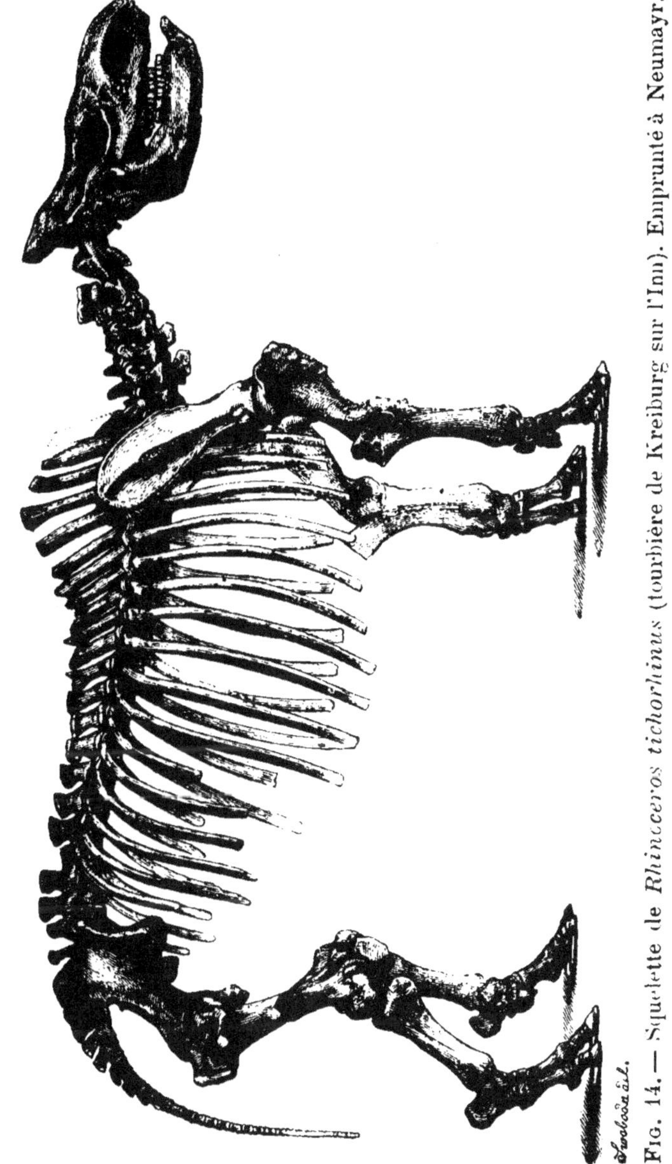

Fig. 14. — Squelette de *Rhinceros tichorhinus* (tourbière de Kreiburg sur l'Inn). Emprunté à Neumayr.

rieur de sable et de cailloux de la grotte de Baume-les-

Messieurs (Jura), dans plusieurs grottes aux environs de Syracuse, dans la caverne Delle Fate (Ligurie).

Le grand ours des cavernes *(Ursus spelæus)* (fig. 15) était très abondant à cette époque. Aussi Edouard Lartet la désigna sous le nom d'*Epoque de l'Ours des cavernes*. Alors il régnait en maître dans la plu-

Fig. 15. — Crâne d'*Ursus spelæus*.

part des cavernes de cette époque où il établissait sa demeure. Sa taille avait plus de deux fois celle de notre ours brun *(Ursus arctos)*. Nous en possédons à l'Université de Liège une belle série, dont plusieurs crânes mesurent 55 centimètres de longueur. C'est lui le véritable habitant des cavernes du Chelléen.

La faune était encore représentée par une espèce particulière de grand bœuf *(Bison priscus)*, par le cheval, par le chevreuil.

4.

Quelques mollusques terrestres et d'eau douce carac-
térisent aussi cette époque. Ce sont
surtout les petites coquilles de *Bythinia
marginata* (fig. 16), de *Corbicula
fluminalis*, de *Paludina diluviana*.

Fig. 16.
*Bythinia mar-
ginata*.

III. *L'homme et son industrie.* —
Nous avons tout lieu de croire que l'on
ne connaît aucun reste certain de l'homme
contemporain de cette faune. On a voulu
lui rapporter les ossements de Neanderthal, le crâne
de Cannstadt, le crâne d'Eguisheim (Colmar), celui de
Brux (Bohême), de la Denise, la mâchoire de la Naulette
et quelques autres. Plusieurs de ces ossements n'ont
pas de date sûre; les autres sont plus récents et correspondent à la période suivante.

L'homme cependant a sûrement existé alors dans la
plus grande partie de l'Europe, mais d'une façon très
clairsemée. Il paraît très vraisemblable que, vu la
douceur du climat, il habitait le plus souvent à ciel
ouvert et ne fréquentait qu'accidentellement les grottes.
On rencontre de nombreux débris de son industrie dans
les alluvions fluviales et sur les plateaux. Il taillait des
pierres dures, surtout le silex, le quartzite et le grès
pour en faire des instruments de travail et des armes.
La forme la plus typique et la plus caractéristique de
ces instruments est le « coup de poing » en amande.
On a recueilli des coups de poing chelléens dans toute
l'Europe, en Asie, en Afrique, en Amérique. C'est un
rognon de silex dégrossi, à grands éclats, taillé sur les

deux faces et ressemblant le plus souvent à une amande
(fig. 17 et 18). Les dimensions sont très différentes. On
en a trouvé qui mesuraient près de 30 centimètres de

Fig. 17. — Pointe chelléenne.   Fig. 18. — Pointe chelléenne.

long et pesaient 500 grammes, d'autres de quelques
millimètres de hauteur.

Cet instrument si caractéristique se tenait à la main
et n'était pas emmanché. C'était surtout un outil à tout

faire, servant à la fois de hache, de pic, de marteau, de scie, de tranchet, de coup de poing, d'arme offensive et défensive. Il n'y a pas que cette forme que l'on rencontre dans les gisements de cette époque, mais c'est de loin le plus caractéristique. Son nom lui vient de l'un des gisements les plus célèbres où il fut rencontré en abondance (balastière de Chelles, dans la vallée de la Marne).

On a recueilli des coups de poing chelléens dans des alluvions quaternaires anciennes ou à la surface du sol, dans un grand nombre de localités en France : Chelles, Abbeville, Amiens, Saint-Acheul, Thennes, etc.; en Belgique aux environs de Mons et de Liège; en Allemagne dans le bassin du Rhin; en Angleterre, en Italie, en Grèce, en Russie.

IV. *Vestiges de l'homme et de la faune de cette époque dans les cavernes.* — Les instruments chelléens typiques sont très rares dans les dépôts des cavernes. Ce qui prouve que l'homme d'alors n'habitait pas ces lieux et qu'il ne faisait qu'y passer. Il a laissé cependant des traces de ce passage dans un certain nombre de cavernes, c'est presque toujours dans les niveaux les plus profonds, c'est-à-dire les plus anciens. D'autres fois ce sont des vestiges de la faune contemporaine qui se rencontrent dans certaines grottes. J'ai déjà cité comme exemple, pour la France, la grotte de Baume-les-Messieurs. En Belgique, on a recueilli plusieurs coups de poing chelléens dans les niveaux inférieurs de la grotte de Spy (Namur) et du trou

Sandron (Liège). On en a rencontré également dans les cavernes de Kent et de Wookey en Angleterre. On a trouvé un coup de poing chelléen dans la grotte de Furnimha dans la presqu'île de Peniche, à 15 lieues au nord de Lisbonne, associé au seul reste de rhinocéros découvert en Portugal. D'après Falconer, la caverne de Windmill-Hill, à Gibraltar, contenait des restes de *Rhinoceros leptorhinus* ou *Merckii* et de *Rhinoceros etruscus*, etc.

V. *L'homme interglaciaire en Angleterre.* — Dans ces derniers temps de vives discussions se sont élevées en Angleterre au sujet de l'existence de l'homme et de sa présence dans les cavernes pendant la période (chelléenne) interglaciaire. Les cavernes de Pfymon Beuno et de Cae Gwyn, explorées par le Dr Hick [1] dans la vallée de la Clwyd, auraient été visitées par l'homme avant la grande extension glaciaire. Une des entrées, en effet, s'ouvrant vers le nord-ouest, était obstruée par des dépôts glaciaires et par conséquent les restes d'animaux et les silex de l'intérieur devaient être plus anciens ou tout au moins interglaciaires [2].

Mais des géologues, parmi lesquels M. Hughes, considèrent ce dépôt glaciaire comme remanié et entraîné par les eaux de pluie, dans la caverne, ou comme provenant d'un éboulement [3].

[1] *Assoc. britannique pour l'avanc. des sciences*, section anth., 6 sept. 1886.

[2] *Geological Magazine*, 1886, p. 569.

[3] Hughes, *Geol. Mag.* nov. 1886, *Quart. Journal of Geology*, fév. 1883.

On a prétendu d'autre part, ce qui confirmerait l'opinion de M. Hughes, que les débris de la faune qu'on rencontre dans la caverne de Pfymon Beuno ne sont nullement interglaciaires [1].

VI. *L'homme interglaciaire en Allemagne.* — Les stations allemandes de Thielde, Weimar, Gera, Schussenried et Thyngen correspondraient à la dernière période interglaciaire ou à la dernière extension glaciaire. L'homme aurait vécu à Weimar pendant la dernière période interglaciaire, et à Schussenried pendant la dernière période glaciaire [2].

VII. *L'homme mesvinien en Belgique.* — En Belgique, sous les couches caillouteuses que l'on considérait jadis comme la base du quaternaire, correspondant aux anciens niveaux de Chelles, des couches complexes contenaient une zone de silex taillés à grands éclats, plus grossièrement encore que les silex chelléens. Les géologues belges Delvaux, Cels, de Paux, de Munck, Mourlon et Rutot, regardent ces dépôts avec leur industrie comme antérieurs à ceux de Chelles [3]. Malheureusement aucune faune n'accompagne ces restes. M. G. de Mortillet [4] compare plutôt le gisement de Mesvin à celui d'Imola en Italie qui est moustérien.

---

[1] Newton, *Geol. Mag.*, fév. 1887.

[2] Dr Alb. Pench, *Arch. für Anthropologie*, t. XV, 1834.

[3] Rutot, *Congrès arch. et hist. de Belgique*, 6e session, Liège, 1890, p. 3.

[4] G. de Mortillet, *Congrès arch. et hist. de Belgique*, 6e session, Liège, 1890, p. 7.

VIII. *Le véritable habitant des cavernes à l'époque Chelléenne.* — Quoi qu'il en soit, l'homme chelléen ne s'abritait pas dans les grottes. Il vivait très vraisemblablement à ciel ouvert, au voisinage des fleuves. Il était contemporain en Europe de l'*Elephas antiquus* et du Mammouth, du *Rhinoceros Merckii* et du Rhinocéros à narines cloisonnées, de l'Hippopotame, du grand Ours *(Ursus spelæus)*, qui, lui, était le véritable habitant des cavernes d'alors, enfin des derniers *Machairodus* aux puissantes canines.

Nous ne connaissons aucun reste authentique de l'homme chelléen. C'est à tort que M. G. de Mortillet[1] lui a rapporté les ossements découverts à Neanderthal, à Cannstadt, à Brüx (Autriche), à Eguisheim (Allemagne), à la Denise (France), à la Naulette (Belgique). L'authenticité du gisement des deux premiers est très contestée en Allemagne. Quant aux autres, ils sont moustériens.

L'homme chelléen appartenait peut-être à la même race, mais ses restes sont encore à découvrir.

[1] G. de Mortillet, *le Préhistorique*, 2e édition, p. 233 et suiv.. Paris, 1885.

CHAPITRE III

Habitation des cavernes pendant l'époque du Mammouth et
du Rhinoceros à narines cloisonnées *(R. tichorhinus)*. —
Moustérien.

I. *Climat*. — La période précédente fut caractérisée
par un climat doux accompagné de précipitations
atmosphériques abondantes. Puis de nouveau les glaciers se seraient étendus sur une partie de l'Europe pour
laisser ensuite nos régions sous l'influence d'un climat
froid et humide. C'est alors que nous voyons l'homme
prendre possession des cavernes pour en faire sa demeure.

II. *La race humaine fossile dite de Neanderthal
ou de Cannstadt. Authenticité des ossements attribués à cette race.* — Cet homme était-il le descendant des tailleurs de silex de Mesvin et de Chelles?
Nous l'ignorons. Mais il a été recueilli, en différents
points de l'Europe, des ossements appartenant à celui-
ci. De Quatrefages et Hamy [1] ont cru pouvoir rapporter
ces restes à une même race humaine fossile, qu'ils ont
appelée la *race de Cannstadt* ou *de Neanderthal*.

Les restes humains rapportés à cette race et découverts en Europe sont la calotte cranienne de Cannstadt (Stuttgard), les ossements de Feldhofen près de
Düsseldorf, plus connus sous le nom de *Neanderthal*,

---

[1] Quatrefages et Hamy, *Crania ethnica. Les crânes des Races
humaines*, Paris, 1882.

la calotte crânienne d'Eguisheim (Colmar), les ossements de Lahr (Bade), la calotte cranienne de Brux
(Bohême), le crâne de Podbaba (Prague), la mâchoire
de la Schipka (Moravie), la mâchoire de Moulin Qui-
gnon (?) (France), les ossements de la Denise (France),
de Clichy (France), le fragment de crâne de Marcilly-
sur-Eure (France), la mâchoire d'Arcy (France), la
mâchoire de Gourdan (France), de Malsmaud (France),
la mâchoire de la Naulette (Belgique), les deux squelettes de Spy (Belgique), le crâne des docks de Tilbury
sur la Tamise (Angleterre), la calotte cranienne de
Brünn (Autriche), le crâne de l'Olmo (?) (Italie), les
ossements de Stœgeneuss (?) (Suède) [1].

A diverses reprises, plusieurs anthropologistes et
géologues allemands, notamment MM. Virchow, Fraas,
et von Holder, ont prétendu que le crâne de Cannstadt
n'avait pas de date.

Quant aux ossements de Neanderthal, tandis que le
Dr Fulroth et le Dr Schaafhaus en en faisaient le type de
la race humaine la plus ancienne du quaternaire, MM.
Virchow, Fraas et von Holdner leur ont dénié cette
antiquité, à diverses reprises [2].

Qu'il faille abandonner ces restes humains de Cann-

---

[1] Il faudra probablement ajouter à cette liste les 11 squelettes
découverts en 1894 par M. Maschka dans le lehm de Premöst en
Moravie, et la calotte cranienne trouvée à Java, en 1893, par le
Dr Dubois.

[2] Notamment au XXIII° *Congrès des anthropologistes allemands à Ulm,* 1892 (voir *Correspondenz Blatt der deut. Gesel.
für Ant , Etn. und Urg.,* n° 9, sept. 1892, p. 88.

stadt et de Neanderthal comme documents de l'homme fossile quaternaire, nous sommes disposés à l'accepter en présence des documents fournis. Que d'autres trouvailles parmi celles que nous venons de citer soient discutables et discutées au point de vue de l'authenticité de leur gisement, nous le reconnaissons volontiers. Il n'en reste pas moins établi aujourd'hui sur des documents géologiques, paléontologiques et anthropologiques positifs et irréfutables, que l'homme a habité notre vieille Europe pendant cette période du quaternaire que nous appelons la *période du Mammouth*.

Nous connaissons cet homme non seulement, comme c'est le cas pour la période précédente, par des restes de son industrie, ses instruments de travail, ses armes, ses reliefs de cuisine, mais encore par des débris de son squelette suffisamment complets pour que l'on ait pu en reconstituer le type. La race fossile établie par de Quatrefages et Hamy restera comme la plus caractéristique du quaternaire. Il n'y aura que son nom à changer.

III. *Les troglodytes de Spy.* — Les deux squelettes découverts, en 1886, par MM. Marcel de Puydt et Max Lohest, dans la grotte de Spy (Namur), se trouvaient enfouis sous une triple couche de dépôts non remaniés, contenant la faune de la période du mammouth. La contemporanéité des ossements humains avec les restes de cette faune est ici incontestable. De plus, ce sont les restes les plus complets que l'on possède jusqu'ici de l'homme de cette période. Ils vont nous servir à caractériser ce type ethnique,

Ces hommes étaient de taille relativement petite :
(1^m,60), mais trapus et robustes. Ils avaient la tête allongée, déprimée et étroite (fig. 19). Ils avaient le front bas
et fuyant et des saillies sourcilières très proéminentes,
en rapport avec des sinus frontaux très développés.
Les pariétaux étaient aplatis en avant et en arrière et

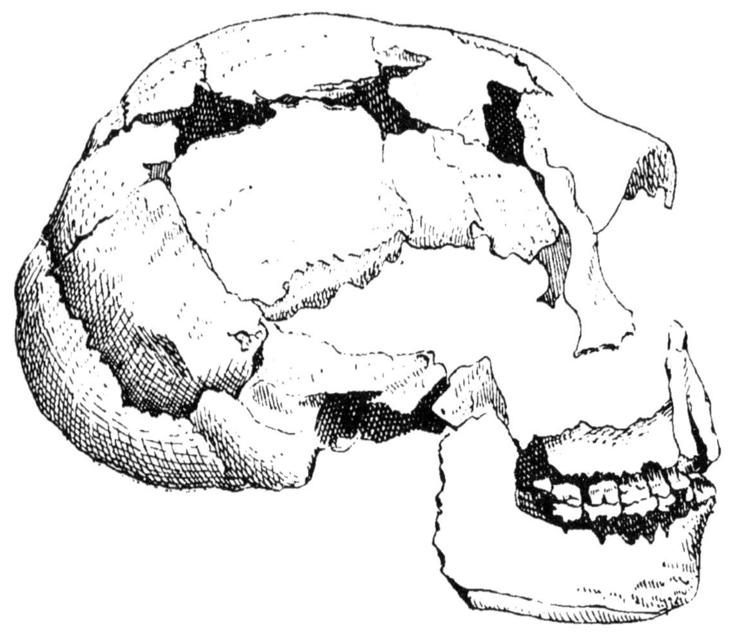

Fig. 19. — Crâne de Spy.

déprimés sur les côtés. L'arrière de la tête était très
développé. Ce caractère était exagéré par la projection
en arrière de l'écaille de l'occipital. Celle-ci était aplatie
de haut en bas et d'avant en arrière dans sa région antérieure qui faisait encore partie de la voûte du crâne. La
région cérébelleuse était également très développée,

aplatie et fuyant obliquement de haut en bas et d'arrière en avant. Elle était riche en crêtes et dépressions pour de puissantes insertions musculaires, et limitée en haut par une ligne ou saillie allongée de l'occipital, le *torus occipitalis transversus*, large, rectiligne, non interrompue sur la ligne médiane et sans protubérance occipitale externe.

Les fosses temporales étaient peu déprimées et les arcades zygomatiques puissantes. Les os malaires étaient larges et peu saillants. Les orbites très caractéristiques étaient énormes et presque *circulaires*. L'orifice externe nasal peu haut et peu large. La région alvéo-nasale du maxillaire supérieur, au contraire, très haute. La zone alvéolaire ne présentait qu'un léger prognathisme.

La mandibule inférieure était au moins aussi remarquable que le crâne lui-même. Robuste, haute, épaisse, elle était légèrement récurrente à la face antérieure et *dépourvue d'éminence mentonnière*. Les apophyses geni inférieures *(spina mentonis inferior)* étaient confondues en une crête médiane et les supérieures doubles en forme de cupule limitée ou non par une crête interne. L'arcade alvéolaire parabolique et remontant dans la région antérieure présentait un léger prognathisme alvéolaire et dentaire au niveau des incisives. Au lieu d'un bord inférieur, la mâchoire avait une face inférieure oblique.

Les dents, au nombre de trente-deux, et d'une venue superbe présentaient l'usure oblique interne au maxil laire supérieur et l'usure oblique externe à la mâchoire inférieure, surtout les incisives et les canines. Les molaires volumineuses étaient toutes sensiblement de même taille, y compris les dernières ou dents de sagesse ; les prémolaires égales aussi ; les canines relativement petites et les incisives hautes.

Fig. 20. — Essai de reconstitution de l'homme de Spy
(d'après Schaafhausen).

D'après cette ossature du crâne des hommes de Spy, Schaafhausen a essayé de reconstituer l'aspect que devait avoir leur tête (fig. 20).

Les bras étaient courts, plus courts notamment que ceux des nègres et de certains Européens. L'humérus ne présentait pas de perforation accentuée de l'olécrâne. Le corps du cubitus et du radius était arqué en dedans, de façon à limiter un large espace inter-osseux. Les métacarpiens et les phalanges étaient courts et trapus.

Les côtes étaient arrondies et brusquement recourbées. Le bassin était solide et épais, peu incurvé et peu large, d'après ce que l'on peut en dire sur les pièces qu'on en possède.

Les jambes relativement courtes étaient fortement arquées d'avant en arrière. Les fémurs robustes et pesants mesuraient 430 millimètres de long, avaient le corps arrondi et fortement arqué en avant (à convexité antérieure) et les épiphyses très volumineuses. Le col était épais et la tête très forte, les condyles inférieurs très larges. Les tibias étaient courts (330 millimètres), pesants, épais, avec un corps presque rond et nullement en lame de sabre (platygnémiques). Le caractère le plus spécial du tibia, c'est l'incurvation de la tête sur le corps, entraînant le plateau articulaire obliquement en arrière.

J'ai conclu de la forme du fémur et du tibia que ces hommes dans la station debout devaient avoir la cuisse et la jambe sensiblement ployées l'une sur l'autre, de façon à former un angle obtus ouvert en arrière [1].

Cette interprétation a été très discutée et n'a pas été admise par divers anthropologistes, notamment par M. T. Manouvrier [2]. De Quatrefages et Hamy, se basant sur l'unité de structure ostéologique des crânes de

---

[1] Fraipont et Lohest, *Archives de biologie*, t. VI, 1886, p. 717 et suiv., Gand, 1887. — Fraipont, Le tibia dans la race de Neanderthal (*Revue d'anthropologie*, mars 1888, Paris). — Id., Les Hommes de Spy (*Congrès int. d'arch. et d'ant. préhist.*, Paris. 1889, p. 321 et suiv.).

[2] Manouvrier, *Congrès int. d'arch. et d'anth. préhist.*, Paris, 1889, p. 353. — Id., Rétroversion de la tête du tibia (*Mém. Soc. ant. de Paris*, 2ᵉ édition, t. IV, p. 219, Paris, 1890).

Cannstadt, de Neanderthal, de la Denise, d'Eguisheim, de Brux, de la mâchoire de la Naulette, de Goyet, d'Arcy, de Clichy et même des restes humains de Staengenœss, de l'Olmo et des bas niveaux de Clichy, étaient arrivés à la conclusion que tous ces fragments avaient appartenu à une même race fossile [1]. Cependant l'opinion des éminents anthropologistes français n'avait guère été acceptée sans opposition. L'authenticité du gisement était très discutée pour plusieurs de ces ossements. On était porté à considérer les autres comme affectant une conformation purement individuelle et non ethnique.

La découverte des deux squelettes de Spy réunissant ces mêmes caractères ostéologiques ne permet plus de les considérer comme individuels. De plus, à Spy, l'âge du gisement de ces ossements est parfaitement établi. Nous croyons donc pouvoir conclure qu'à l'âge du mammouth vivait en Europe la race humaine à caractères ethniques les plus inférieurs que nous connaissions [2].

Il y avait déjà eu à la même époque d'autres types ethniques en Europe, à crânes ronds (brachycéphales), représentés par le crâne découvert dans le loess à Nagy-Sap, en Hongrie (indice céphalique 84,70) et celui trouvé dans le lit de la Saône, dans les marnes à mammouth près de la Truchère (indice céphalique 84,32).

---

[1] De Quatrefages et Hamy, *Crania ethnica*, p. 7, Paris, 1873, 1882.

[2] Si les squelettes de Premöst (Moravie) appartiennent au même type et sont du même âge, l'existence de cette race devient absolument indiscutable.

Mais la question des brachycéphales quaternaires est encore tout entière ouverte, et l'histoire des cavernes n'a rien produit juqu'ici à leur sujet.

IV. *Mœurs des hommes de l'époque du mammouth.* — Quelles étaient les mœurs des hommes de la race dite de Neanderthal? Tout d'abord nous sommes en droit d'affirmer qu'ils habitaient des cavernes et qu'ils s'y fixaient d'une façon sédentaire, en présence des amoncellements de ces débris de cuisines, de ces instruments de travail et de ces armes que l'on rencontre dans les dépôts des grottes datant de cette période. Ils disputaient la possession des grottes aux ours et aux hyènes. Le plus souvent ils restaient maîtres du terrain, quelquefois ils devaient battre en retraite devant ces énormes fauves. Un grand nombre de cavernes nous montrent, en effet, dans leurs dépôts stratifiés qu'elles servirent d'abord de repaire aux ours ou aux hyènes, puis d'habitation à l'homme. Plus rarement c'est l'inverse. Quelquefois il y a eu plusieurs habitats successifs de fauves, puis de l'homme et réciproquement. Chaque caverne avait vraisemblablement pour habitant une famille composée du père, de la mère et des enfants.

V. *Faune.* — Le froid avait obligé les grands mammifères qui habitaient précédemment la Haute Sibérie à émigrer vers l'Europe centrale. C'est alors que nos régions furent envahies par le mammouth, cet éléphant à épaisse fourrure (fig. 17), par le rhinocéros à toison laineuse *(R. tichorhinus)* (fig. 18), par le grand bœuf antique, l'urus *(Bos primigenius)* (fig. 21), par l'auroch

(Bison europæus). Le cheval sauvage *(Equus caballus),* le grand ours des cavernes *(Ursus spelæus)* (fig. 15) et l'hyène *(Hyena spelæa)* prirent une grande extension. Ce fut à la même époque qu'apparurent dans nos pays le

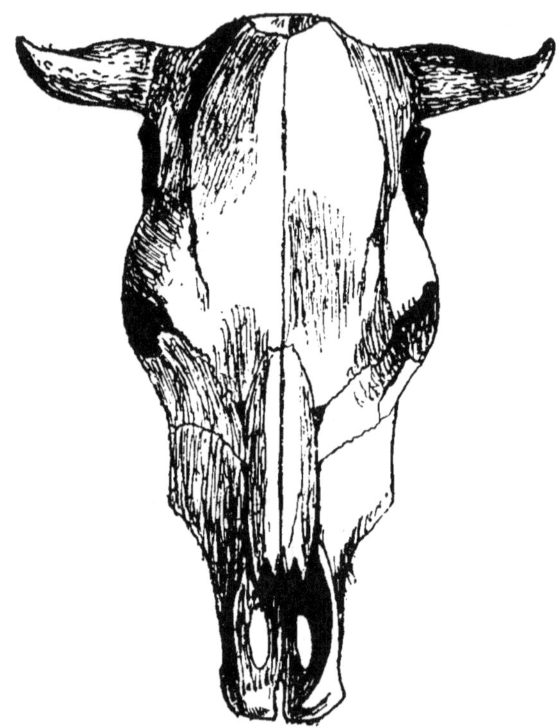

Fig. 21. — Crâne de *Bos primigenius.*

grand cerf des tourbières *(Cervus megaceros)* (fig. 22), le wapiti à double andouiller basilaire *(Cervus canaden-sis),* aujourd'hui cantonné au nord de l'Amérique, le cerf elaph *(Cervus elaphus),* les premiers rennes *(Cervus tarandus)* et peut-être l'élan *(Cervus alces).*

Il faut encore citer, comme habitant de nos régions,
le sanglier *(Sus scrofa)*, très abondant et pouvant atteindre une grande taille. Le bouquetin était rare *(Capra
ibex)*, le bœuf musqué *(Oribos moschatus)* aujour-

Fig. 22. — Squelette de *Cervus megaceros (Megaceros hibernicus)*.

d'hui émigré dans les contrées les plus boréales de
l'Amérique, était peu abondant. Le chamois *(Antilope
rupicapra)* et le chevreuil *(Cervus capreolus)* étaient
également rares.

On voyait déjà, à côté du grand ours, les premiers

représentants de l'ours gris *(Ursus priscus, Ursus ferox)*, que l'on retrouve aujourd'hui dans les montagnes Rocheuses ; le blaireau *(Meles taxus)* habitant déjà volontiers les anfractuosités de rochers et les grottes étroites ; le loup *(Canis lupus)* et le renard *(Canis vulpes)*, qui avaient déjà les mêmes mœurs qu'aujourd'hui ; le glouton *(Gulo borealis)*, aujourd'hui cantonné dans le nord de la Suède, de la Norvège et de l'Asie.

Vivaient aussi dans nos bois un grand félin le *(Felis spelæa)* l'ancêtre probable du lion, et peut-être le léopard *(Felis pardus)*, un petit félin le *Felis priscus,* la marte *(Mustela martes)*, la fouine *(Mustela fouina)*, le putois *(Mustela putorius)*, la belette *(Mustela vulgaris)*, le lynx *(Felis lynx)*, mais rare, la loutre *(Lutra vulgaris)* infectant déjà nos rivières.

Les rongeurs étaient représentés chez nous par un certain nombre de formes : la marmotte *(Arctomys marmotta)*, qui a émigré ensuite dans nos hautes montagnes ; le castor *(Castor fiber)*, quoique rare, fréquentait déjà les berges de nos fleuves. Trois spermophiles ont été signalés dans les dépôts du quaternaire : le *Sermophilus erythrogenus*, le *S. citillus* et le *S. superciliosus*. Le lemming actuel de Norvège *(Myodes lemmius)* et l'espèce voisine *(Myodes torquatus)*, le lagomys des Alpes actuel *(Lagomys alpinus)*, le hamster *(Cricetus frumentarius)* qui habite encore l'Allemagne du Nord et la Belgique, se rencontrent aussi dans les reliefs de repas de l'homme d'alors. Citons encore le lièvre blanc *(Lepus variabilis)*, cantonné aujourd'hui dans le Nord et dans nos hautes montagnes, le lièvre ordinaire *(Lepus timidus)*, le lapin *(Lepus cuniculus)*. Il y avait parmi les insectivores, le hérisson *(Erinaceus vulgaris)* et la taupe *(Talpa vulgaris)*. Presque toutes les espèces de nos chauves-souris s'abritaient déjà dans les grottes pour hiverner.

Nous retrouvons aussi, parmi les débris de cuisine de ces hommes et dans les repaires de rapaces, les restes d'un certain nombre d'Oiseaux : des oies, des canards, le grand coq de bruyères *(Tetrao urogallus)*, aujourd'hui confiné sur quelques hauts sommets, caserné dans quelques chasses en Autriche, en Allemagne et en Russie, encore assez commun sur les hauts plateaux de la Suède et de la Norvège et dans le nord de l'Asie ; le petit coq de bruyère à queue fourchue *(Tetrao tetrix)* qui est encore assez abondant dans nos Ardennes belges, le chocard des Alpes *(Pyrrhocorax alpinus)*, qui ne se trouve plus que dans nos hautes montagnes.

Les restes de Poissons de cette époque sont très rares, L'homme d'alors ne devait guère être habile pêcheur, ou bien il n'aimait pas le poisson. On a recueilli des débris de truite, de saumon et de brochet.

Il ne faut pas s'étonner outre mesure de l'association dans cette faune de formes aujourd'hui caractéristiques des régions boréales d'une part, et d'autre part des régions chaudes.

Le Mammouth que nous voyons apparaître dès la fin de l'époque précédente (chelléenne) associé à un autre éléphant, l'*Elephas antiquus*, était un animal des pays froids, quoique ses congénères actuels n'habitent que les régions chaudes. Non seulement on rencontre de ses restes dans les dépôts quaternaires de toute l'Europe centrale, depuis l'Angleterre jusqu'à l'Oural, mais encore en grande abondance dans toute la Sibérie, dans les vallées de l'Obi, du Jenisei et de la Lena, jusque dans les îles Ljachowskji. Son aire géographique s'étendait depuis les Pyrénées jusqu'au delà du cercle polaire.

Plusieurs cadavres entiers ont été retrouvés congelés sur les côtes de Sibérie, notamment à l'embouchure de la Lena.

Le Mammouth se distingue des autres éléphants par la courbure de ses énormes défenses allant jusqu'à former presqu'une spire. On en aurait rencontré qui mesuraient jusqu'à 7 mètres de long et pesaient 200 kilogrammes. Il se distingue encore par l'allongement de son crâne, son front très concave, le développement des alvéoles de ses défenses en rapport avec la taille de celles-ci, la forme obtuse de la mâchoire inférieure, enfin par la structure de ses molaires. Celles-ci sont larges chez *Elephas meridionalis* (fig. 25), à rubans d'émail épais, festonnés, peu nombreux et largement séparés ; elles ont des rubans d'émail plus nombreux, moins festonnés et plus rapprochés chez l'*Elephas antiquus* (fig. 24) ; elles présentent chez le Mammouth (*Elephas primigenius*) de très nombreuses lamelles d'émail minces, étroites, presque rectilignes (fig. 25).

5.

On trouve cependant toutes les transitions entre les molaires typiques d'*Elephas antiquus* et celles typiques d'*Elephas primigenius*.

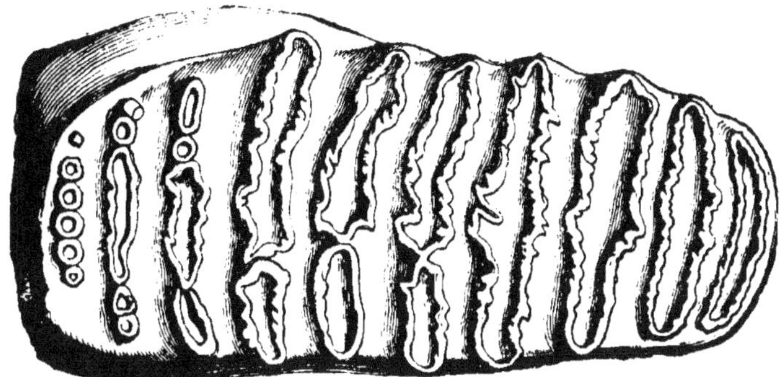

FIG. 23. — Molaire d'*Elephas meridionalis*.

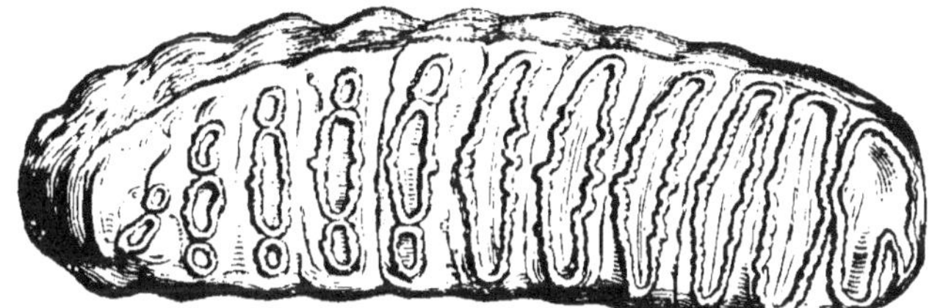

FIG. 24. — Molaire d'*Elephas antiquus*.

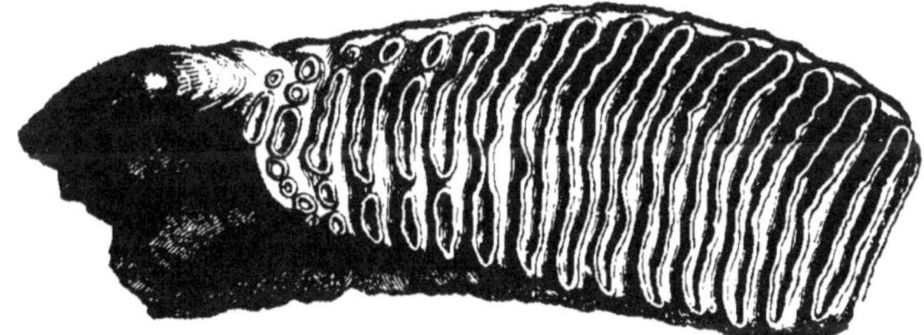

FIG. 25. — Molaire d'*Elephas primigenius*.

Le Mammouth se rapprochait de notre éléphant d'Asie, par sa taille et par ses molaires.

Le *Rhinoceros tichorhinus*, bien que tous ses congénères actuels soient tropicaux, était organisé pour vivre dans les pays froids. On a retrouvé dans les boues et les sables gelés plusieurs exemplaires recouverts d'une épaisse fourrure, constituée comme chez le mammouth d'un duvet de poils mous et de soies raides. Dès 1771, Pallas[1] vit une carcasse d'un de ces rhinocéros découverts par des Iakoutes, au Vilhouiskoë dans le sol gelé, encore recouverte en partie par son épaisse toison. La tête, un pied de devant et un pied de derrière sont conservés au musée de Saint-Pétersbourg. Le rhinocéros est encore caractérisé par une forte cloison qui sépare les narines et qui soutient les os nasaux très épais et très rugueux. Les os nasaux sont très particuliers, en ce sens qu'ils se recourbent en avant pour s'unir avec les incisives. Ceux-ci portaient deux cornes dont la taille peut aller jusqu'à 80 centimètres de hauteur pour l'antérieure. Ces animaux étaient trapus, et bas sur pattes.

Le grand *Felis spelæa*, qui était deux fois plus fort que notre tigre actuel et qui tient à la fois du tigre et du lion, pouvait parfaitement supporter ce climat. Ne voyons-nous pas de nos jours, le tigre du Bengale s'élever dans les montagnes jusqu'à la limite des neiges éternelles, et remonter vers le nord jusqu'au 52ᵉ degré de latitude, au point qu'on le rencontre en Transbaïkalie avec le renne, tout comme chez nous pendant

---

[1] Pallas, *Voyage en différentes provinces de l'Empire russe*, Paris, 1798, 4 vol.

la période qui nous occupe[1]. L'hyène quaternaire n'est très probablement que l'hyène tachetée actuelle. Or, celle-ci, quoique ne dépassant guère le 17e degré de latitude nord, peut se rencontrer à 4000 mètres d'altitude dans les montagnes de l'Abyssinie[2].

Le *Cervus megaceros (hibernicus)* avait des bois analogues à ceux de l'élan actuel, mais beaucoup plus grands. Les wapitis et les cerfs élaphs étaient aussi beaucoup plus forts que nos cerfs actuels.

VI. *Flore*. — Les forêts étaient constituées alors par des pins, des mélèzes, des sapins, des tilleuls, des hêtres, des bouleaux, des trembles. Les rivages étaient bordés de saules et de roseaux *(Phragmites communis)*. Sur les rochers poussaient des lierres, des scolopendres *(Scolopendrum officinalis)*, des mousses *(Brium birnum)*, et, sur les montagnes arides, le genèvrier.

Cette végétation rappelle celle des forêts des plaines du nord de la Suède, de la Finlande, du nord de la Russie, de la Sibérie, des montagnes de la Suisse, de la Savoie et du Dauphiné[3].

C'est au milieu de cette faune et de cette flore que vivait l'homme dont nous nous occupons.

VII. *Chasse et gibiers des Primitifs*. — Intrépides chasseurs, ils ne poursuivaient pas seulement les cervidés et les chevaux, mais ils s'attaquaient au grand

---

[1] *Verhandlungen Berl. Gesellschaft*, p. 94, 1873.
[2] Brehm, *la Vie des animaux ; Mammifères*, p. 542.
[3] G. de Mortillet, *le Préhistorique*, p. 339, 2e édition, 1885.

bœuf, au gigantesque mammouth, au pesant rhinocéros
et aux terribles fauves, dont il a été question plus haut.
Le cheval entrait pour la plus large part dans leur alimentation, comme l'indique l'extrême abondance des
restes de ces animaux dans les dépôts des habitations
de cette époque.

On s'est souvent demandé comment nos Troglodytes
qui n'étaient guère plus robustes que nous et qui ne
disposaient pour armes que de grossiers silex, des
esquilles d'os ou des massues de bois, pouvaient se rendre
maîtres des terribles colosses, dont ils faisaient leur proie.

L'homme ne devait pas se mesurer directement avec
eux, il usait vraisemblablement de ruses. Il devait
employer les mêmes procédés que les sauvages modernes pour capturer un mammouth ou un rhinocéros.
Peut-être épiait-il le chemin que ces géants suivaient
pour aller à l'abreuvoir. Puis creusant dans ce sentier,
un trou profond garni au fond de pieux effilés, il le
recouvrait de branchages, de terre et de pierres. Le
lourd animal s'y effondrait. Il n'avait plus qu'à le laisser
périr ou à l'achever.

Les indigènes de l'Afrique équatoriale prennent
l'hippopotame d'une autre façon encore. Dès qu'ils connaissent les sentiers par lesquels l'animal sort du fleuve
pour parcourir le rivage, ils suspendent dans un fourré
un pieu terminé en pointe, qui n'est maintenu que par
de longues perches à peine en équilibre. Quand l'animal
arrive à traverser le fourré, il renverse les perches et
le pieu lui tombe lourdement sur la tête.

Peut-être épiaient-ils le moment où les fauves dormaient dans leur repaire pour boucher l'entrée ou les enfumer, tout comme nous le faisons aujourd'hui pour les renards ou les blaireaux. Ou bien attendaient-ils le départ des parents pour aller s'emparer des oursons ou des jeunes tigres ou des petits des hyènes. Mais ce sont là des conjectures, basées, il est vrai, sur l'ethnographie comparée.

Ce qu'il y a de certain, c'est que l'homme d'alors chassait tous ces animaux et en faisait sa nourriture. Il ne lui répugnait même pas de manger de l'hyène.

VIII. *Façon de dépecer le gros gibier.* — On reconnaît facilement dans les dépôts des cavernes les ossements d'animaux constituant des reliefs de repas de l'homme. Ces os appartiennent à des parties déterminées du squelette et sont ordinairement brisés d'une certaine façon.

Ils appartiennent presque tous à la tête, aux membres antérieurs et postérieurs et aux ceintures. Les vertèbres et les côtes sont relativement très rares. Quand on retrouve des vertèbres, elles sont presque toujours représentées par l'atlas, l'axis ou les dernières lombaires. Ces os ne sont jamais dans leurs connexions naturelles.

Les crânes et les os longs sont presque toujours brisés intentionnellement. Souvent les épiphyses ont été séparées des diaphyses à l'aide d'instruments tranchants dont elles portent les traces, et le corps fendu sur sa longueur [1]. Plus souvent encore les os ont été brisés en

---

[1] Ed. Dupont, *l'Homme pendant les âges de la pierre*, p. 21.

morceaux à l'aide d'instruments contondants, et le tissu spongieux (la moelle) a été enlevé avec intention[1]. Il ressort de ces faits que les Primitifs, lorsqu'ils étaient parvenus à s'emparer de l'un de ces énormes mammifères, le dépeçaient sur place. Il leur eût été impossible d'ailleurs de transporter dans leur repaire de telles masses. Après avoir enlevé la peau, ils détachaient la tête au niveau de la colonne vertébrale, et désarticulaient les pattes à hauteur des ceintures. Ils n'étaient pas tous également habiles à cette besogne. Quand il arrivait à l'un d'eux de désarticuler un peu trop bas, il enlevait avec la tête tantôt l'atlas seul, tantôt l'atlas et l'axis, tantôt même les premières vertèbres cervicales. De même, il pouvait leur arriver d'enlever l'omoplate avec les chairs de l'épaule, ou une partie du bassin avec la cuisse.

Un de nos chasseurs avait-il abattu un cerf ou un renne aux vastes ramures, il brisait les bois près de leur base, car il n'aurait pu traverser les fourrés avec un butin aussi encombrant et remonter à son repaire situé souvent dans un point très escarpé. Il n'emportait donc que la tête et les parties les plus charnues ; les épaules et les gigots. La tête était conservée pour le cerveau, dont les Troglodytes devaient être très friands. De même les chairs une fois enlevées, ils brisaient les os longs pour en extraire la moelle. Les Lapons et les Esquimaux sont aussi très amateurs de la moelle des os.

---

[1] Fraipont et Tihon, *loc. cit.*, p. 43.

Nous-mêmes nous ne la dédaignons pas, étendue sur du pain grillé.

M. Ed. Dupont[1] a observé tous ces faits dans les cavernes de la Lesse (Belgique). Le Dr Tihon et moi, nous les avons constatés dans une dizaine de grottes sur la Mehaigne[2] (Belgique). J'en ai été encore témoin avec Lohest et de Puydt dans la caverne de Spy (Belgique), et avec Ivan Braconier dans le trou « Al Wesse » (Modave). Cette même manière de procéder dans le dépècement du gros gibier a été constatée chez les primitifs habitants des cavernes, en France, en Allemagne et même en Espagne.

IX. *Accumulation des débris de cuisine dans les grottes.* — Nos Troglodytes, après avoir terminé leurs repas, ne se donnaient pas la peine, le plus souvent, de rejeter à l'extérieur ou d'enfouir à l'écart tous ces débris d'ossements brisés. Il les laissaient gisant sur le sol, là où ils avaient mangé ou bien les jetaient dans un coin. Quand ils en avaient trop amoncelé dans la grotte, ils se contentaient de les pousser à l'entrée. C'est grâce à cette malpropreté de nos ancêtres que les fouilleurs ont rencontré, dans les dépôts des cavernes ayant servi d'habitations humaines ou les terrasses qui les précèdent, ces amoncellements d'ossements d'animaux constituant des débris de cuisine. Ces hommes se comportaient en cela exactement comme les ours et les hyènes.

----

[1] Ed. Dupont, *loc. cit.*, p. 21.
[2] Fraipont et Tihon, *loc. cit.*, p.

Le Dr Tihon et moi, nous avons recueilli, à l'intérieur de la grotte du Docteur sur la Méhaigne, dans la couche constituant le seul niveau ossifère inférieur (âge du mammouth), plus de 5000 débris d'animaux parmi lesquels des restes de 124 chevaux [1].

Hâtons-nous d'ajouter que nos indigènes fossiles n'étaient pas plus malpropres que les Esquimaux, comme le faisaient déjà remarquer M. Ed. Dupont [2], et M. Rucquoy [3], à l'occasion de la même observation chez les Troglodytes de la Lesse et de l'Orneau. Parry, dans son vieux récit de voyage, donne une description des mœurs des Esquimaux confirmée depuis par de nombreux voyageurs, qui montre qu'il y a encore aujourd'hui des peuplades valant bien, à ce point de vue, nos ancêtres quaternaires. « Autour des huttes, dans toutes les directions, le sol est jonché d'innombrables ossements de morses et de veaux marins, mêlés à des crânes de chiens, d'ours et de renards, dont beaucoup gardent encore des lambeaux de chair en putréfaction qui exhalent les miasmes les plus infects. » Et plus loin : « l'intérieur des huttes, à cause du manque d'air et par suite des ordures qui s'y accumulent, répand une puanteur presque insupportable, à laquelle contribuent pour

---

[1] Fraipont et Tihon, *Exploration scient. des cav. de la vallée de la Mehaigne* (*Mém. cour. de l'Acad. roy. de Belgique*, t. XLIII, p. 14, 1889).

[2] Ed. Dupont, *l'Homme pendant les âges de la pierre dans les environs de Dinant-sur-Meuse*, p. 2', Paris, 1871.

[3] Rucquoy, *Bull. Soc. d'ant. de Bruxelles*, p. 324, 1887.

beaucoup, d'abondantes provisions de chair de morses crue et à demi pourrie[1]. »

X. *Absence d'animaux domestiques.* — Le nombre énorme de débris de chevaux que l'on trouve dans certaines stations de cette époque et le fait que la plupart des sujets étaient jeunes ne permettent pas de conclure à la domestication ou à la demi-domestication de ces animaux comme des auteurs l'ont prétendu. Nous aurons à faire la même observation pour le renne, à l'époque suivante.

Les restes de ces animaux sont représentés par les mêmes os, cassés de la même façon que ceux de mammouth, de rhinocéros, d'ours et d'hyène, parmi lesquels les jeunes individus dominent aussi. Si les restes de chevaux sont plus nombreux, c'est que ce gibier vivait par grandes troupes, que sa chasse n'était pas dangereuse et sa viande excellente. Il est non moins naturel que le nombre de jeunes sujets l'emporte sur celui des adultes et des vieux. Dans un troupeau de chevaux, le nombre des jeunes individus est toujours plus considérable que celui des adultes ou des vieux. De plus, tous les chasseurs savent que les jeunes sujets se laissent bien plus facilement approcher, se prennent bien plus aisément aux pièges que les vieux. Enfin l'homme eût-il eu le choix d'abattre un jeune cheval ou un vieux, qu'il devait préférer le premier au second, au point de vue de la qualité de la chair.

[1] *Voyage de Parry*, p. 280 et 388, 1823.

Tous ces faits s'expliquent naturellement sans qu'il soit besoin de faire appel à une hypothèse, toute gratuite, de domestication prématurée. Le cheval, pas plus que le bœuf n'a été réduit à l'état domestique par l'homme fossile. Il vivait à l'état sauvage comme le mammouth, comme le rhinocéros, comme l'ours et comme l'hyène. Nous reviendrons dans le chapitre suivant sur cette question de la domestication du cheval et du renne à l'occasion de l'étude des mœurs de l'homme magdalénien.

XI. *L'usage du feu chez les Primitifs*. — Les Primitifs connaissaient déjà l'usage du feu. Dans presque toutes les cavernes qui leur ont servi d'habitation, on retrouve des tas de charbon de bois indiquant des foyers au milieu des débris de cuisine. Etait-ce pour cuire leurs aliments, ou simplement pour se chauffer, ou éloigner les fauves pendant la nuit, qu'ils allumaient ces brasiers ? Nous l'ignorons.

XII. *Les Primitifs se nourrissaient surtout de racines et de viandes crues*. — L'usure des incisives de ces hommes indique qu'ils devaient souvent manger la viande crue et plus souvent encore des racines.

On sait d'ailleurs que l'homme, par la conformation de son crâne, son système dentaire et les caractères de son tube digestif a dû être d'abord frugivore. Ce serait les nécessités du climat qui l'auraient obligé à la période quaternaire à devenir omnivore et surtout carnivore.

Je pense cependant, avec Virchow, que les premiers habitants des cavernes n'avaient pas un régime purement carnivore, comparable à celui des Esquimaux.

Il est vrai qu'ils devaient être bien souvent réduits avec leurs familles à manger des fênes de hêtres, des glands, des châtaignes et des racines.

XIII. *Comment les Primitifs se procuraient-ils le feu?* — Nous avons eu plus haut la preuve que les Primitifs connaissaient le feu. En taillant leurs silex, ils ont vu des étincelles en jaillir. De là à frapper le silex au contact de feuilles bien sèches, ou de brindilles d'herbes et de roseaux desséchés pour les allumer, il n'y a qu'un pas. Un des procédés les plus élémentaires pour se procurer du feu fut de frotter deux morceaux de bois secs l'un contre l'autre. C'est ce procédé bien connu qui s'est perfectionné chez les sauvages à travers les âges. Nous le rencontrons encore aujourd'hui chez les Esquimaux, les Peaux-Rouges, les Tasmaniens, les Gauchas, les anciens Mexicains et toute une série d'autres peuples, en Amérique et en Australie[1].

Nous ne voulons pas induire de là que l'homme à l'âge du mammouth cuisait ses aliments, mais il a pu le faire puisqu'il avait le feu.

XII. *Industrie. Le bois, les os, la pierre.* — Les premiers habitants des cavernes ont dû faire un grand

---

[1] Voir sur ce sujet : Tylor, *Research on the early Hist. of Mankind*, London, 1870. — Daniel Wilson, *Prehistoric man*, p. 93. — Albert Reville, *Revue des Deux Mondes*, t. XL, p. 846, 1862. — Joly, *l'Homme avant les métaux*, p. 173, 2e édition, *Bibl. sc. int.*, Paris, 1881). — Bureau, *Soc. d'anthrop. de Paris*, fév. 1870. Discussion. — Nadaillac, *Les premiers hommes*, t. I, p. 106 et suiv., Paris, 1881.

usage du bois ; le bâton et la massue devaient constituer leurs armes les plus sérieuses. Mais il ne nous en reste plus rien. Bien souvent aussi ils ont dû utiliser les os longs des grands mammifères comme massues et comme casse-tête. Les mâchoires de grands fauves, avec leurs terribles crocs, ont dû servir aussi comme armes et comme pic. On en a recueilli dans diverses cavernes un grand nombre dont la branche montante était brisée, pour être plus facilement tenue à la main, disent certains auteurs. Telle est l'opinion de M. Fraas [1] au sujet des mâchoires brisées de grand ours et du *Felis spelæa* trouvées par lui dans les cavernes de Schussenreid et de Hohlefels. C'est aussi l'avis du comte Zwawisza [2] pour les mêmes, recueillies dans la grotte du Mammouth près de Cracovie. MM. Garrigou, Rames et Filhol ont trouvé aussi dans la grotte de Lherme, à Bize, à Bouïcheta, à Lunel-Viel, plus de cent mâchoires d'ours ainsi brisées [3] ayant servi à la fois d'armes puissantes et de pics à creuser le sol ou la marne ou la craie à la recherche des rognons de silex. M. Fraas dit que ces mâchoires servaient de hache pour ouvrir les os à moelle. « L'impression exacte du coup est marquée sur plus de deux cents os appartenant à l'ours, au renne, ensuite au cheval, au *Bos moschatus*. » (Grotte de Hohlefels.)

---

[1] Fraas, *Cong. int. d'anth.*, 6ᵉ session, p. 456, Bruxelles. 1872.

[2] Zwawisza, *Cong. int. d'anth.*, 3ᵉ session, p. 69, Stockholm. 1874.

[3] Garrigou, Rames et Filhol, *l'Homme fossile des cavernes de Lombrive et de Lherm (Ariège)*, Toulouse, 1862.

D'autres n'ont pas voulu considérer ces cassures comme intentionnelles, mais comme résultant de la fragilité de la branche montante des mâchoires. C'est notamment l'opinion de Steenstrup [1], de M. Trutat [2], de M. Joly [3]. M. G. de Mortillet [4] objecte judicieusement aux découvertes de Lherm et de Bouïcheta, que ces grottes sont des repaires de fauves et qu'aucune trace d'habitation ou de séjour de l'homme ne s'y rencontre.

Les esquilles des os longs brisés devaient être aussi d'excellents poignards et des poinçons, mais nous ne pouvons conclure qu'ils ont servi à cet usage que s'ils montrent à leur surface les traces d'usure. Nous en avons recueilli un certain nombre dans les dépôts des cavernes de cet âge, en Belgique, surtout des stylets de chevaux. M. Dupont a trouvé dans la grotte de Montaigne une belle pointe de dard en os de renne dans un niveau sûrement de l'âge du mammouth.

M. I. Braconier a recueilli aussi une belle pointe de lance en os dans les niveaux de l'âge du mammouth de la grotte de Modave.

Les observateurs précités ont rencontré dans la caverne de Lherm un fragment d'os long d'*Ursus*

---

[1] Steenstrup, *Cong. int. d'anth.*, 5ᵉ session, p. 130, Bologne, 1871.

[2] Trutat, **Assoc. franç. *p. l'avanc. des sciences*, p. 685, Bordeaux, 1872.

[3] Joly, *l'Homme avant les métaux*, p. 74.

[4] G. de Mortillet, *le Préhistorique*, p. 427.

spelæus façonné en lame aiguë et dont la pointe aurait été retouchée [1].

Quoi qu'il en soit de ces demi-mâchoires d'ours et de tigres, il n'en est pas moins certain que l'homme de l'âge du mammouth utilisait, dans une certaine mesure, les os et les esquilles d'os. Les stations humaines d'alors en Belgique et en Allemagne en font foi, contrairement à ce que l'on croyait [2]. Mais ce sont surtout des instruments en pierre que l'on retrouve dans les habitations de l'homme de cette époque.

Dans les pays où se trouvent des gisements de silex, c'est surtout en cette substance que sont fabriqués la plupart de ces instruments ; quelques-uns sont en phtanite ou en grès lustré. En d'autres endroits des galets de quartzite, du quartz, de la diorite, de l'eurite, de la serpentine, du grès lustré et même du calcaire siliceux en sont la matière première.

XV. *Instruments caractéristiques en pierre.* — L'instrument caractéristique de l'homme chelléen était le « coup de poing » massif en forme d'amande ; ici l'industrie de la pierre est surtout caractérisée par la pointe moustérienne et le racloir, les deux souvent associés dans le même outil. Le coup de poing était toujours un rognon de silex ou un galet dégrossi, la pointe moustérienne et le racloir sont presque toujours des éclats de roche retouchés.

---

[1] Garrigou, Rames et Filhol, *loc. cit.*, p. 77, pl. II, fig. 3.
[2] G. de Mortillet, *loc. cit.*, p. 256.

La pointe est ordinairement de plus petite taille que le coup de poing ; elle dépasse rarement un décimètre de hauteur sur quelques centimètres de large. Une des faces est lisse ; c'est le plan naturel d'éclatement de l'éclat. Elle est sans retouche et présente, vers la base, son conchoïde de percussion. L'autre face est bombée et montre des retouches à grands éclats vers le milieu, plus fines et plus nombreuses sur les bords. Le sommet est appointé par des retouches sur le pourtour des bords. La base reste souvent brute, montrant le plan de frappe qui a servi à détacher le fragment dont la pointe a été fabriquée. Les plus grandes pointes moustériennes que l'on ait recueillies jusqu'ici mesuraient jusqu'à 104 millimètres de long et les plus petites 40 millimètres.

Le racloir consiste en « un simple éclat, présentant sur une face le plan uni d'éclatement avec le conchoïde de percussion et l'éraillure ; l'autre face, plus accidentée, est retouchée avec soin, d'une manière fort régulière le long du côté le plus développé, qui décrit ainsi un arc de cercle plus ou moins ouvert, finement retouché [1]. »

Les plus grands racloirs rencontrés jusqu'ici mesurent jusqu'à 170 millimètres de large et les plus petits 54 millimètres.

« Les racloirs sont des instruments qui, du côté du conchoïde de percussion, grâce au plan de frappe, peuvent toujours être facilement saisis à la main. Leur

---

[1] G. de Mortillet, *loc. cit.*, p. 254-255.

emploi pour écorcer les arbres et nettoyer les peaux ne comporte pas l'intervention d'un manche. Leur service se fait beaucoup mieux et plus facilement, simplement à la main. »

« Quant aux pointes moustériennes, elles n'avaient pas non plus d'emmanchures. Ces pointes ne sont pas, comme beaucoup de personnes le pensent, des armes : ce sont de simples outils. Elles servaient à percer le bois et surtout les peaux. Les côtés étaient aussi employés comme scies et comme racloirs. La preuve, c'est que très fréquemment les deux côtés ne sont pas régulièrement disposés ; l'un, plus droit, est retouché en petites dents de scie, tandis que l'autre, aux retouches plus accentuées, est arqué en lame de racloir[1] ». Plus loin, M. G. de Mortillet continue : « La différence entre le racloir et la pointe du Moustier, très nette et très facile à reconnaître dans les types extrêmes, disparaît complètement, quand on examine des séries un peu nombreuses. On rencontre toutes les formes intermédiaires et l'on ne sait vraiment pas si certains échantillons doivent être rapportés aux racloirs ou aux pointes[2] ». Cette description et ces observations s'appliquent à la lettre non seulement aux instruments recueillis en France, mais encore aux centaines de pointes-racloirs que j'ai recueillies avec d'autres chercheurs dans les cavernes de Belgique. On croirait que M. G. de Mortillet a eu sous

---

[1] G. de Mortillet, *loc. cit.*, p. 257.
[2] G. de Mortillet, *loc. cit.*, p. 258.

les yeux les pièces de nos collections pour écrire ces pages, je n'ai pu mieux faire que de les reproduire.

Comme l'a encore dit M. G. de Mortillet, le racloir est l'instrument par excellence de l'homme de cet âge.

Il ne faut pas cependant induire des faits précédents que l'industrie des premiers habitants des cavernes de l'âge du mammouth a été toujours et partout aussi nettement différente de celle de leurs prédécesseurs chelléens. Nous ignorons au surplus si l'homme qui vivait à ciel ouvert et taillait les « coups de poing » n'était pas de la même race que celui qui nous occupe ici. Mais nous savons aussi que celui-ci avait encore, en certains endroits de l'Europe, conservé, jusqu'à un certain point, la façon de travailler le silex de son prédécesseur, qui, lui de son côté, avait déjà commencé à utiliser des éclats[1].

XVI. *Mélanges d'industrie.* — On a recueilli des pointes taillées sur les deux faces, en assez grand nombre, mêlées à l'industrie et à la faune de l'époque du mammouth dans un certain nombre de cavernes, notamment dans la station qui lui a donné son nom : celle de Moustier[2] ; mais ces instruments sont en général beaucoup plus petits. On peut voir ces formes d'une industrie qui s'en va et d'une autre qui apparaît dans les vitrines

[1] D'Acy, *Matériaux*, p. 281, 1875 et autres publications.
[2] G. de Mortillet, *loc. cit.*, p. 252. — Lartet et Christy, *Revue archéologique*, Paris, 1864 ; et *Reliquiæ Aquitanicæ*, pl. III, fig. 2 ; pl. XVII, fig. 1 et 2 ; pl. XXVIII, fig. 1 et 2, Londres, 1865-1869.

de la grotte du Moustier, au Musée de Saint-Germain.

Il existait un tel mélange d'industrie dans la caverne de Kent[1] en Angleterre.

M. le Dr Tihon et moi nous avons fouillé deux grottes de l'âge du mammouth, dans la vallée de la Mehaigne, bien intéresantes comme stations de transition entre les deux industries.

Nous avons recueilli dans les dépôts de la plus ancienne de ces deux habitations humaines, à la grotte de la Carrière, plus de cent pointes taillées sur les deux faces, rappelant les pointes de Saint-Acheul, tout en étant plus petites et plus finement retouchées. Elles étaient associées à un millier de racloirs. Un certain nombre de ceux-ci sont taillés sur les deux faces. Toutefois l'une des faces est toujours un peu plus bombée que l'autre, et les retouches se trouvent le long du bord et du côté de la face convexe. Souvent aussi la partie opposée au bord retouché est à peine dégrossie dans ce type de racloir ; elle a même conservé sa croûte naturelle. Dans l'autre (la grotte du Docteur), les pointes et racloirs moustériens étaient mêlés dans la même couche à un certain nombre de pointes taillées en amandes. Ce sont là des stations à industrie de transition. Il n'en reste pas moins avéré que la pointe en amande ne soit l'instrument typique de l'industrie de l'homme des premiers temps du quaternaire et que le

---

[1] Evans, *les Ages de la pierre*, trad. Barbier, p. 488 et suiv. fig. 386 à 388, Paris, 1878.

racloir et la pointe-racloir ne soient les instruments typiques de l'industrie de l'homme qui nous occupe.

Fig. 26. — Disque de silex ou de quartzite taillé.

L'homme d'alors taillait aussi, tantôt sur les deux faces, tantôt sur une face, des espèces de disques, qui

atteignent souvent un décimètre de diamètre (fig. 26).
Quelques-uns ont servi sûrement de racloirs, mais la
plupart n'ont pas été utilisés à cet usage. Ce ne sont pas
des nucléus, encore moins des pierres de fronde comme
on l'a quelquefois prétendu. On a exprimé aussi l'hypothèse que c'étaient des pierres qui servaient à être

 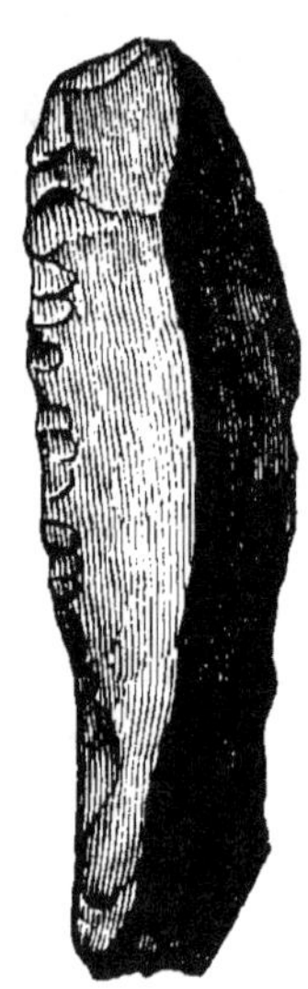

Fig. 27. — Lame de silex ayant
servi de couteau.

Fig. 28. — Lame de silex ayant
servi de racloir.

chauffées, puis placées dans l'eau pour la porter à
l'ébullition. En fait, nous ne connaissons pas l'usage
de ces instruments.

L'homme enlevait aussi des blocs de silex des lames
allongées (fig. 27) qu'il ne retouchait pas sur les bords
et qu'il devait utiliser comme couteau. La grandeur de
ces instruments varie de 20 à 100 millimètres. Il est

de ces lames dont les bords sont retouchés et qui ont pu servir de racloirs (fig. 28). On a recueilli parfois avec ces instruments les blocs de silex dont avaient été enlevés les lames ou éclats. On a donné à ces blocs le nom de *nucleus*.

C'est par milliers que l'on a trouvé de ces instruments en pierre (pointes, racloirs, lames et éclats de taille), dans les dépôts des grottes de cette époque. Cela démontre combien était grande l'incurie de nos Troglodytes, qui n'avait d'égale que leur malpropreté. Ils perdaient leurs instruments de travail dans leur propre habitation au milieu des reliefs de repas. Bien souvent ils ne se donnaient pas la peine de les rechercher et en fabriquaient de nouveaux. Cela indique aussi combien ils devaient facilement se procurer la matière première.

XVII. *Poteries des Primitifs.* — On a longtemps prétendu qu'on n'avait jamais recueilli de poteries dans les dépôts paléolithiques. D'après la plupart des archéologues, la poterie est d'importation néolithique. L'homme fossile, en Europe, n'aurait pas su utiliser la terre pour en faire des vases et des objets usuels. Cependant, en France, en Allemagne et en Belgique, on a recueilli, à diverses reprises, des débris de poteries mêlés à des restes de faune et de l'industrie de l'homme de l'âge du mammouth et du renne. Je reconnais que, dans plusieurs cas, il y a eu mélange et remaniement de couches, notamment par des animaux fouisseurs, et que, par conséquent, des tessons de poteries néolithiques ont pu être mêlés à des objets plus anciens. Je suis tout le premier aussi à reconnaître que l'art du potier est d'une importation beaucoup plus récente. J'entends par là la fabrication et l'usage des poteries pour les besoins domestiques multiples et pour le culte funéraire, deve-

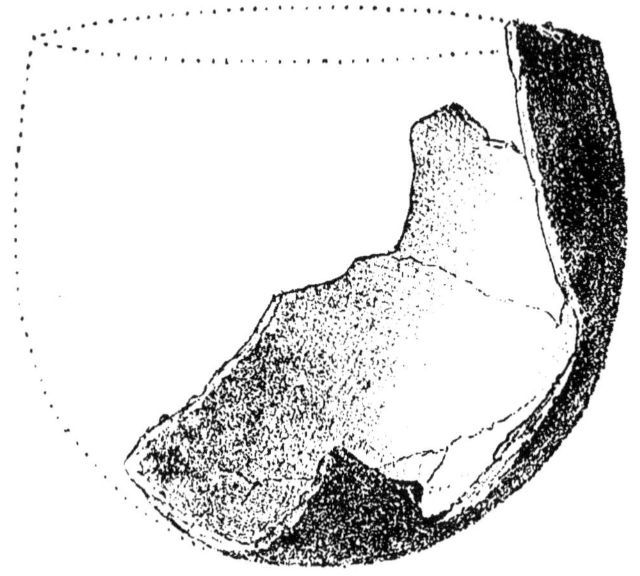

Fig. 29. — Fragment de pot de la deuxième caverne d'Engis.

nant un véritable art céramique. Mais, je suis, d'autre part, en mesure d'affirmer que l'homme de l'âge du mammouth savait déjà utiliser l'argile pour en faire des récipients. La pâte de ces poteries est diffé-rente de celle de la période néolithique; elle est beau-coup plus fine et ne contient pas de grains pierreux. Nous en avons recueilli en Belgique deux exemplaires, l'un dans la grotte d'Engis (fig. 29), l'autre dans la caverne de Modave [1] (fig. 30).

XVIII. *Nomenclature des principales cavernes ayant servi d'habitation aux Primitifs.* — On connaît un grand nombre de cavernes ayant servi d'habi-

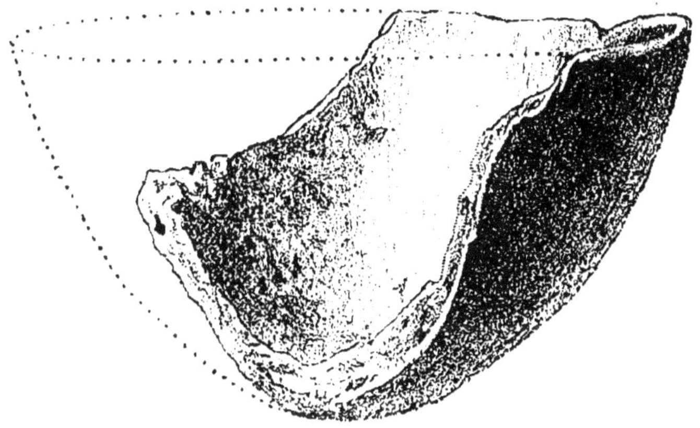

FIG. 30. — Tasse de la caverne de Petit Modave.

tation à l'homme de l'âge du mammouth, en France, en Angleterre, en Belgique, en Allemagne, en Russie, en Espagne, en Portugal et en Italie.

Citons les plus connues de France :

Les grottes de la Chèvre et de Rochefort (département de la Mayenne); les grottes de l'Hermitage, des Cottes, etc., dans la Vienne; les grottes du Placard, de la Chaise, etc., dans la Charente; les célèbres grottes de la Dordogne dans la vallée de la Vézère, notamment

---

[1] Fraipont, La Poterie en Belgique à l'âge du Mammouth *(Revue d'anthropologie,* 3ᵉ série, t. II, Paris, 1887).

celle du Moustier ; les cavernes de Lombrive et de Lherm, dans l'Ariège ; les grottes de Culles, de Germolles, etc. (Saône-et-Loire), la grotte de Montgaudier (Charente) ; les couches inférieures des grottes du Maz-d'Azil, de Pondres et de Nabrigas.

En Angleterre, il y a d'abord la célèbre caverne de Kent, près de Torquay, sur la côte sud du Devonshire, dont les couches inférieures ont donné avec des débris de mammouth, de *R. tichorhynus*, etc., des instruments en silex du type de Saint-Acheul et du Moustier ; puis la caverne de Wookey près de Wells, fouillée par M. Boyd Dawkins.

En Belgique, les escarpements de la Meuse et de ses affluents, la Lesse, le Hoyoux, la Mehaigne, l'Ourthe et la Vesdre, sont creusés de cavernes dont les dépôts inférieurs attestent que l'homme moustérien y a séjourné. Telles sont les grottes de Montaigle, sur la Molignée, près de Dinant, le trou Magritte, à Pont-à-Lesse, le trou de la Naulette, à Walsin, le trou Balleux et le trou de Chaleux, sur la Lesse ; la caverne de Goyet-sur-Meuse, la caverne d'Engis-sur-Meuse ; la grotte de Modave, sur le Hoyoux ; la grotte du Docteur, la grotte de l'Hermitage ; le trou du Diable, etc., dans la vallée de la Mehaigne ; la grotte de Spy-sur-l'Orneau (Namur). En Allemagne, citons la caverne de Wildschener, près de Steeten et celle du mammouth à Wierschow et en Autriche, la caverne de la Schipka (Moravie). En Pologne, il y a les cavernes du gouvernement de Kielz, la grotte de Rgani dans la Transcaucasie de l'ouest (gouvernement de Koutaïss, district de Charo-pan), la caverne de Na-Gotabu, près du village de Pickary, sur la Vistule. En Espagne, il faut mentionner quelques cavernes dans la province de Madrid, dans la Sierra-Cebollera (Vieille-Castille), aux environs de Torecilla, de Cameros, de Nieva-de-Cameros, d'Orti-gosa, de la Pena-la -Miel.

En Italie même, nous pouvons citer : la grotte de Cascine- Val-Fulcina et celle des Cappucini-Vecchi, à Meriano, ou de Capraio, près de Narni (Ombrie).

Des restes de l'industrie de l'homme de l'âge du mammouth ont aussi été rencontrés très souvent asso-ciés aux grands mammifères éteints, dans les alluvions à ciel ouvert.

XIX. *Les repaires d'ours.* — Les cavernes pro-fondes et obscures et les crevasses tortueuses étaient habitées alors par des ours, des hyènes, des loups, des gloutons. Les ours surtout, si nombreux, se suc-cédaient souvent dans le même antre pendant des siè-cles. Ils y vivaient, s'y multipliaient et y mouraient de génération en génération.

On y trouve les squelettes d'individus morts de vieillesse à côté des jeunes de toute taille. On rencontre même, au milieu des os d'adultes, les restes de fœtus. C'est surtout en Allemagne et en Belgique que les ours abondaient.

La caverne célèbre de Gaylenreuth près de Muggen-dorf, dans le pays de Bamberg, en Franconie, contenait les ossements de plus de 800 ours. Bürmeister pensait que, sur 1000 individus rencontrés dans cette grotte, 870 appartenaient à l'ours et 130 à d'autres animaux. Il y a encore la grotte de Kuhloch, celle de Brunberg, celle de Rabenstein, en Franconie, celles d'Erpfingen, de Witlingen en Wurtemberg, celles de Sundwich et de Kluterhohle en Westphalie, celle de Bauman, dans le Brunswick, et celle de Scharzfelds, près de Göttingue.

Les repaires les plus importants d'ours, en Belgique, sont la caverne de Chockier près de Liège, celle d'Ingihoul-sur-Meuse (Engis) celle de Fond de forêts et de Goffontaine dans la vallée de la Vesdre, dont Schmerling a retiré plusieurs milliers de dents et une foule d'os du grand ours. J'ai exploré de nouveau dans ces derniers temps la grotte d'Ingihoul et j'en ai encore extrait les restes de plus de 50 ours. Les crânes et les différentes parties du squelette se trouvaient quelquefois dans leurs connexions naturelles, mais le plus souvent éparpillés par les eaux. La plupart des os étaient brisés par le tassement des terres ou les éboulis, mais les morceaux étaient encore juxtaposés. J'y ai recueilli aussi des quantités d'ossements d'un sanglier énorme ; ceux-ci étaient brisés en pièces et accumulés par tas. C'étaient les reliefs des repas de nos ours. Dans ces cas d'amoncellement d'ossements d'ours comme à Gaylenreuth et à Ingihoul, non seulement à un niveau, mais dans une série de couches de plus de 10 mètres d'épaisseur, il est évident que ces animaux ne sont pas tous venus mourir là de leur belle mort. Des familles entières y ont été noyées à diverses époques, surprises par les eaux qui s'engouffraient dans ces souterrains pendant de forts orages. On voit dans la caverne d'Ingihoul la preuve matérielle de ces noyades. J'ai exploré aussi une petite grotte au milieu du village d'Esneux (Liège) qui n'a jamais servi d'habitation qu'aux ours. Il y avait dans cet antre, réduit à un simple boyau, les restes d'une vingtaine d'ours de toute taille et de tout âge, dans un admirable état de conservation. Il n'y avait pas jusqu'aux phalanges qui n'eussent conservé leurs connexions naturelles.

En France, citons les cavernes de la vallée de l'Ariège, notamment celle de Lherm ; la grotte de l'Osselles, près de Besançon, qui fut fouillée par Buckland ; celle de Baume dans le Jura, celle d'Echenoz-la-Meline (Haute-Saòne) qui contenait 800 ossements d'ours ; celle de Bize (Aude) fouillée par Marcel de Serre ; celle de Fausan près de Bize, celle de Lunel-Viel, près de Montpellier (Hérault), celle de Mialet près d'Andize (Gard) ; les cavernes des Pyrénées-Orientales ; celles de Nabrigas (Lozère), celles de Fouvent, près de Champlitte (Haute-Saône), les plus anciennes explorées en France par Cuvier et Marcel de Serre, celle d'Arreborout à Estaing (Hautes-Pyrénées), qui est encore aujourd'hui un repaire d'ours brun *(Ursus arctos)*.

Très nombreux encore étaient les restes d'ours extraits de la caverne de Kent et de Brixham près de Torquay, dans le Devonshire, et aussi des grottes de Gower et de Wookey.

En Italie les repaires d'ours sont beaucoup plus rares. Citons sur la rive droite du lac de Come le « Bueo dell'Orso », la caverne de Céré dans le Véronais, les cavernes de Loanese, de Finalense et de Rio, explorées par M. Issel, et les couches profondes des Baoussés-Roussés (grottes rouges). Ils sont rares aussi en Espagne ; Louis Lartet, désigne, comme ayant été habitée par l'ours, une des grottes de la Peña la Miel. En Russie, nous pouvons citer, outre certains dépôts des cavernes des environs de Cracovie, une grotte dans le district de Scharopan (gouvernement de Koutaïs, Transcaucasie) fouillée par M. Anoutschine.

Quelques-unes de ces cavernes ont été exclusivement habitées par l'ours, mais le plus grand nombre de celles-ci et d'ailleurs la plupart des grottes à ossements montrent un, et quelquefois plusieurs niveaux correspondant à un séjour plus ou moins prolongé de familles d'ours.

XX. *Les repaires d'hyènes.* — Quoique d'une taille de beaucoup inférieure à celle de l'*Ursus spelæus,* l'hyène quaternaire était plus robuste que l'hyène tachetée d'Afrique *(Hyena crocuta)* dont elle est la souche. Comme aujourd'hui, ses mœurs lui faisaient rechercher des antres obscurs où elle élisait domicile. Elle choisissait des couloirs étroits et profonds de préférence à des cavernes à vastes salles. Les repaires d'hyènes se reconnaissent très facilement. On y trouve d'abord les os entiers de ces animaux, quelquefois même dans leurs connexions naturelles, les ossements

d'animaux constituant les reliefs de leurs repas et surtout ceux de leurs jeunes familles. Ce sont en général
des os de cheval, de bœuf et de cerf montrant des traces
caractéristiques. Ils ont été rongés et triturés par les
puissantes mâchoires des hyènes ; ce que ne font pas les
ours. Les dents de ces carnassiers ont creusé sur ces os
des sillons longitudinaux, distribués irrégulièrement
dans diverses directions, très faciles à reconnaître. On y
voit les empreintes des dents des parents et des jeunes
sujets. Enfin on retrouve en abondance dans les repaires
d'hyènes des fèces de ces animaux, tout au moins une
partie de ceux-ci. Les hyènes, en rongeant les os,
absorbent une grande quantité de phosphate de chaux
dont elles ne digèrent que des traces. Leurs matières
fécales sont composées d'une forte proportion de ces
éléments minéraux. Ceux-ci ne se détruisent pas et conservent dans les dépôts la forme des excréments. Ce
sont ces corps ovalaires et blanchâtres que l'on a appelés
coprolithes.

On ne doit pas conclure à un repaire d'hyène parce
que l'on rencontre dans un dépôt ossifère quelques os
rongés par cet animal. Comme aujourd'hui, l'hyène
vivait surtout de rapines, elle s'introduisait volontiers
pendant l'absence de l'homme dans les cavernes habitées par celui-ci, attirée par l'odeur des détritus de toute
espèce qui gisaient sur le sol. Elle faisait son profit des
reliefs de cuisine abandonnés par l'homme, sauf à fuir à
la première alerte. Voilà pourquoi on trouve dans une
quantité de stations humaines de cette époque, au mi-

lieu des débris de repas, des os rongés par l'hyène.

Le plus important des repaires d'hyène qui ait été exploré jusqu'ici est la caverne de Kirkdale dans les Yorkshire en Angleterre.

Cette grotte, creusée dans le calcaire jurassique, a quelques centaines de mètres de superficie, en forme de longs boyaux. Elle a été habitée par des hyènes pendant plusieurs siècles, à en juger par l'accumulation de ces animaux dans les couloirs. Ici encore, il faut cependant faire la part des noyades par le retour des eaux, comme nous l'avons dit pour les repaires d'ours.

Buckland[1] en a retiré les restes de deux à trois cents individus. En Angleterre encore, citons la caverne de Jealme-Bridge, près de Plymouth, les crevasses de Durdham-Down, près de Bristol, où il y avait onze à douze squelettes, la caverne de Crawley-Rocks, près de Swansea (Glamorganshire), les crevasses de Aimestry (Denbighshire), enfin certains dépôts de la caverne de Wookey, explorée par Boyd Dawkins.

On en connaît plusieurs en France, parmi lesquelles nous rappellerons : les cavernes de Loubeau, à Melles, dans les Deux-Sèvres ; celles de l'Ermitage, à Alais ; de Mialet, les cavernes et grottes de Poudres, près de Sommières, dans le Gard ; celle de Fouvan-le-Bas (Haute-Saône). Ce serait des restes de l'hyène brune qui auraient été rencontrés dans la caverne de Lunel-Viel. Dans la grotte de Montsauvé (Haute-Garonne),

---

[1] Buckland, *Reliquiæ diluvianæ*, in-4°, 1823.

il n'y avait pas d'ossements d'hyène, mais une couche
de coprolithes épaisse de vingt centimètres sur un demi-
mètre carré [1]. Le même fait avait déjà été constaté dans
une caverne du Wurtemberg [2]. Il y a encore la grotte
de Gargas (Hautes-Pyrénées) qui a donné des squelettes
d'hyènes d'une conservation parfaite [3], à M. Regnault.

En Belgique, il y a eu aussi quelques repaires
d'hyènes bien caractérisés. M. Ed. Dupont cite le trou
de l'Hyène à Walsin, sur la Lesse, et le trou de la
Naulette qui, au début, servit d'habitation à ces animaux. Il y a encore la caverne de Montigny-le-Tilleul
(Hainaut). J'ai recuilli, il y a un an, dans une crevasse-
caverne, près de Ciney, les restes de trois hyènes,
dont un superbe squelette complet sauf une partie des
extrémités des pattes, des coprolithes et des os rongés
de cheval et de bœuf.

En Italie, les repaires d'hyènes sont rares. On peut
citer une caverne dans les monts Pisani et la grotte de
Galusso.

On a recueilli dans quelques-uns de ces repaires
quelques objets ayant appartenu à l'homme.

Ainsi, on a trouvé, dans la caverne de Lherm, une
quartzite qui paraissait taillée, une autre dans la grotte
de Gargas (Hautes-Pyrénées), deux pointes en silex dans
la caverne de Gondenans (Doubs). Ces dernières parais-

---

[1] Harlé, *Soc. d'hist. nat. de Toulouse*, fév.-mars 1892.

[2] Hedinger, *Neue Jahrb. für Mineralogie*, t. I, 1891.

[3] Gaudry, *Matériaux pour les temps quaternaires*, 1803 et
autres publications de M. Regnault.

sent être, d'après M. Cartailhac, des bouts de traits demeurés dans la chair d'un de ces animaux, mort de ses blessures, ou bien elles ont été entraînées des champs supérieurs par les eaux d'infiltration[1]. J'ai constaté le même fait dans la grotte d'Ingihoul qui est bien caractérisée comme repaire d'ours. J'y ai recueilli une cinquantaine de silex taillés. La plupart sont néolitiques. Ils proviennent du plateau comme plusieurs centaines d'autres fragments de silex non travaillés, recueillis aussi dans la grotte. Les uns et les autres ont été entraînés par des couloirs et des cheminées avec les eaux, le limon et les cailloux provenant des champs supérieurs. Exceptionnellement, quelques-uns ont pu être perdus par l'homme pendant les visites très courtes qu'il a pu faire dans cette caverne.

XXI. *Autres repaires.* — Dès l'époque qui nous occupe, le grand chat des cavernes *(Felis spelæa),* le loup, le lynx, le glouton, le blaireau, le renard et les petits carnassiers ont choisi comme demeures des crevasses et des cavernes obscures, ordinairement étroites et en boyaux. Mais ces repaires sont moins bien caractérisés et surtout moins nombreux à l'époque moustérienne que ceux d'ours et d'hyènes.

Le grand tigre des cavernes *(Felis spelæa)* était le plus grand des félins de cette époque ; intermédiaire entre le tigre et le lion, il avait le front large et plat et le museau renflé. Il a été rencontré en France dans

---

[1] Cartailhac, *la France préhistorique,* p. 54.

quelques stations, notamment dans les cavernes de Lherm, de Lombrive et de Lunel-Viel ; en Angleterre, dans les cavernes de Kent, de Kikdale, d'Oreston, de Banwell ; en Belgique, dans les grottes de Goffontaine, du Docteur, de Modave ; en Allemagne, dans les cavernes de Gaylenreuth, de Schirfield, de Köstritz.

La grotte de Ciney (Belgique) avait été successivement un repaire d'hyènes, de gloutons et de loups. J'en ai retiré un squelette presque complet de *Gulo borealis*. Les ossements de cet animal sont rares dans les dépôts des grottes. Il en a été recueilli quelques fragments dans les cavernes de Bauman, de Gaylenreuth, de Sundwick et de Schussenried, en Allemagne ; dans celles de Kent et de Bleadon, en Angleterre ; dans celle de Fouvent (France) ; en Belgique, dans celles d'Engis (Meuse), de Chaleux et des Nutons (Lesse). C'est la première fois, à ma connaissance, que l'on rencontre dans un repaire un squelette de glouton.

Les repaires de loups sont plus abondants. J'en ai fouillé cinq ou six en Belgique.

Pour nous résumer, nous dirons qu'à l'époque du mammouth les cavernes servaient surtout d'habitation à l'homme, au grand ours et à l'hyène. On peut retrouver dans la même caverne des dépôts superposés, montrant que celle-ci a servi successivement de demeure à l'ours, à l'homme, puis à l'hyène. L'homme quelquefois y est revenu à diverses époques, ou bien l'ours, ou bien l'hyène. D'autres grottes, et c'est le plus grand nombre, n'ont jamais été habitées pendant cette période que par l'homme, d'autres exclusivement par l'ours pendant un temps très long. Plus rarement on rencontre des cavernes n'ayant jamais eu pour hôte que l'hyène.

CHAPITRE IV

Habitation des cavernes de la fin de l'âge du mammouth. — Époque solutréenne. — Stations à industrie intermédiaire entre l'industrie moustérienne et l'industrie magdalénienne.

M. G. de Mortillet intercale, dans sa classification archéologique, l'époque solutréenne entre l'époque moustérienne (âge du mammouth) dont il vient d'être question, et l'époque magdalénienne (âge du renne). Cette époque aurait eu une durée beaucoup plus limitée que la précédente et que la suivante. L'industrie qui la caractérise fut aussi beaucoup plus localisée. Son nom lui vient de la belle et riche station de Solutré dans le Mâconnais (Saône-et-Loire).

I. *Caractères de l'industrie.* — « L'industrie solutréenne est surtout caractérisée par deux objets en pierre: la pointe en feuille de laurier (fig. 31) et la pointe à cran.

« La pointe en feuille de laurier, dont le nom indique très bien la forme générale, est taillée avec beaucoup de soin, non seulement sur les côtés. mais encore aux deux extrémités et sur les deux faces, ce qui la distingue nettement de la pointe moustérienne[1]. » Elles servaient de poignard ou d'armure de javelots. La taille moyenne

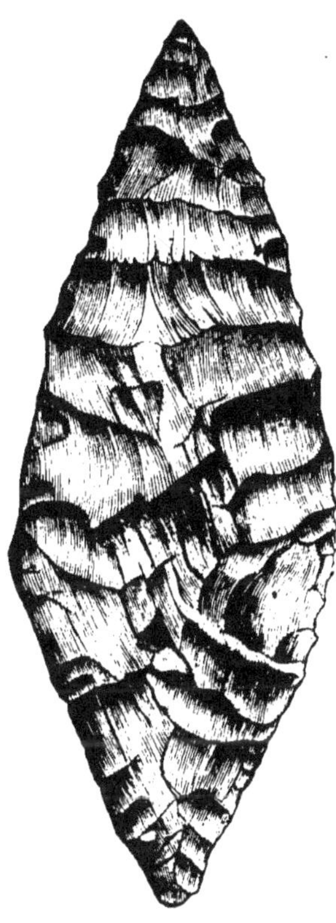

Fio. 31. — Pointe de feuille de laurier de Solutré, grandeur naturelle.

de ces pointes est de 80 à 110 millimètres, les plus petites ont 30 millimètres, les plus grandes 340 millimètres.

« Les pointes à cran sont très habilement exécutées. L'ouvrier savait détacher du nucléus des lames ayant déjà à peu près la forme voulue; cela à tel point, qu'on rencontre souvent des pointes qui n'ont nécessité que fort peu de retouches[2]. »

« Le dos seul, retouché ou non est en relief. La face de dessous conserve son plan d'éclatement. Pourtant, parfois pour régulariser et rendre plus aigu le sommet pointu, il y a quelques petites retouches du côté de la face plane. » Ces pointes devaient s'emmancher. La longueur de ces instruments variait de 50 à 80 millimètres.

« Une des grandes transformations de l'industrie

---

[1] G. de Mortillet, *loc. cit.*, p. 355.
[2] Id., *loc. cit.*, p. 359.

solutréenne, continue M. de Mortillet, a été le rempla-
cement du racloir moustérien par le grattoir.

« Le grattoir est un éclat ou mieux encore une lame
de pierre dont le sommet est régulièrement retouché,
de manière à décrire un arc de cercle à bord tranchant. »
Il y avait aussi, nous dit M. G. de Mortillet, des doubles grattoirs, des lames terminées par un grattoir
d'un côté et de l'autre par une pointe, des percuteurs
ou marteaux, des nucléus, des lames, des scies, des perçoirs. Il faut cependant remarquer qu'à l'exception de
la pointe en feuille de laurier et de la pointe à cran,
jusqu'à un certain point, les autres instruments en
pierre ne sont nullement caractéristiques d'une industrie déterminée. Nous en trouvons déjà dans les gisements moustériens et surtout dans les dépôts de l'âge
du renne (magdalénien).

II. *Faune.* — La faune, à l'exception du *Rhinoceros tichorhinus* et du mammouth en décadence est
la même que celle du mammouth en certains endroits,
et se rapproche dans d'autres de celle de l'âge du renne.
D'après M. G. de Mortillet, pour trouver de véritables
stations solutréennes bien caractérisées, il faut descendre jusque dans le département de la Mayenne. « Le
solutréen, parfaitement caractérisé et développé dans
le centre et le sud de la France, à partir de la vallée de
la Loire, est à peine indiqué ou se modifie dans le nord
à commencer du bassin de la Seine. Dans les alluvions
du bassin de la Somme, il est tellement transformé, que
M. d'Ault du Mesnil a donné un nouveau nom au niveau

7.

qu'il représente. Il l'a appelé *menchecourien*, de la station de Menchecourt, à Abbeville. »

« Comme industrie typique, dans le nord de la France, en Angleterre et en Belgique, on ne trouve que quelques épaves solutréennes[1]. »

III. *Stations solutréennes dans les cavernes.* — M. G. de Mortillet nous fait connaître un certain nombre de grottes ou d'abris ayant présenté un niveau à industrie solutréenne. Telles sont : la grotte du Placard à Vilhonneur (Charente) où le dépôt solutréen est intercalé entre une couche inférieure à industrie moustérienne et un niveau supérieur à industrie magdalénienne. C'est le département de la Dordogne qui est le plus riche en France en stations à industrie solutréenne.

Telles sont : la grotte de l'Ane et le Fourneau du diable à Bourdeilles, les stations de Gorge d'Enfer, de Cro-Magnon, des Eyzies, de Laugerie-Haute, de Balutie, de Badegols, à Beauregard, et la grotte de l'Église, à Saint-Martin d'Exideuil (Dordogne), la grotte de Combe-Rolland près d'Angoulême (Charente), la grotte des Fadets, au bois du Roc, commune de Vilhonneur.

Il y a encore une petite caverne à Brive (Corrèze), une autre à Bruniquel (Tarn-et-Garonne), celle de Gourdan (Haute-Garonne), la grotte de Chaumadou, Vallon (Ardèche). Enfin rappelons pour mémoire la station typique de Solutré (Saône-et-Loire), qui forme

---

[1] G. de Mortillet, *Congrès arch. et hist. de Belgique,* 6e session à Liège, 1890, p. 28.

un petit plateau, au pied de l'escarpement de la montagne.

Avec les stations à ciel ouvert, M. G. de Mortillet en compte une quarantaine en France réparties dans quatorze départements.

Le même auteur rapporte à l'industrie solutréenne le niveau moyen du Trou-Magritte à Pont-à-Lesse (Belgique), de Robin-Hole et du Trou de l'Eglise à Creswell, dans le Devonshire. Il rapporte aussi à cette industrie la presque totalité des dépôts des cavernes des Baoussés-Roussés en Ligurie (Italie), quoique les pointes en feuilles de lauriers y fassent défaut.

Tandis que nous voyons très nettement se succéder en Europe pendant le quaternaire trois types d'industrie de la pierre correspondant aux divisions archéologiques : chelléen, moustérien et magdalénien de M. G. de Mortillet, et les transitions de l'une à l'autre, ou l'enchevêtrement de l'une dans l'autre, ou simplement le contact, il n'est pas possible de constater le même fait pour le solutréen. Cette industrie ne peut caractériser une époque, puisqu'elle est relativement clairsemée et très localisée. C'est plutôt une industrie locale contemporaine ici de la fin de l'âge du mammouth (moustérien), là du commencement de l'âge du renne (magdalénien).

En Belgique, en Angleterre, en Allemagne, dans le nord de la France, neuf fois sur dix lorsque nous trouvons dans les cavernes plusieurs niveaux archéologiques, les couches inférieures contiennent l'industrie

moustérienne et les supérieures directement l'industrie
magdalénienne. Quelquefois on rencontre des niveaux
archéologiques intermédiaires entre ces deux industries. Nous en avons un exemple très concluant dans
les dépôts de la grotte de Spy, province de Namur
(Belgique). Les dépôts contiennent depuis le bas jusqu'au haut la faune caractéristique de l'âge du mammouth.

L'industrie est franchement et grossièrement moustérienne dans le niveau ossifère inférieur, à la surface
duquel les ossements humains dont il a été question, se
trouvaient. Elle est encore moustérienne dans le niveau
ossifère moyen, en ce sens qu'on y rencontre encore la
pointe et le racloir caractéristique. Mais le travail de la
pierre est beaucoup plus soigné. Les pointes moustériennes sont si bien retouchées que M. de Puydt et
Lohest y ont vu une certaine influence solutréenne. Le
travail de l'os et de l'ivoire y est très développé. On
y trouve des os entaillés, marqués de dessins en
zigzag, en losange, etc., des pendeloques, des perles en
ivoire sculptées et teintées en rouge. Cette industrie de
l'os et de l'ivoire rappelle déjà fort l'industrie et l'art
du Magdalénien.

Le niveau supérieur contient encore des pointes moustériennes, des lames nombreuses et retouchées à la
pointe et ayant quelquefois l'un des côtés rabattu ; le
tout délicatement travaillé.

M. G. de Mortillet considère les dépôts moyens et
supérieurs de Spy comme correspondant chronologique-

ment à l'époque solutréenne et même magdalénienne du midi de la France.

IV. *Absence de restes de l'homme solutréen.* — Quoi qu'il en soit, nous ne connaissons pas le fabricant des instruments en feuilles de laurier. Etait-ce le descendant des premiers hommes de l'âge du mammouth, des hommes moustériens ? Etait-ce un nouveau venu en Europe ? Nous l'ignorons. Ce ne sont sûrement pas les hommes dont on a retrouvé les squelettes à Solutré qui ont taillé les pointes en feuilles de laurier.

« Le cimetière de Solutré comprend des sépultures d'époques très diverses, les unes sont mérovingiennes, romaines, néolithiques. L'âge des autres ne peut être déterminé. Il est très possible que çà et là soient des squelettes de chasseurs de rennes, mais nous n'avons pas le moyen de les reconnaître sûrement et de les distinguer. Le criterium stratigraphique et archéologique nous fait défaut et nous ne pouvons recevoir aucun secours de la craniologie [1]. »

---

[1] Cartailhac, *la France préhistorique*, p. 97.

CHAPITRE V

Habitation des cavernes à l'époque du renne. — Magdalénien.

I. *Climat.* — L'époque du renne correspond à cette phase géologique à climat froid et sec qui précéda immédiatement l'aurore des temps actuels, succédant au froid et humide climat de l'âge du mammouth.

Les dépôts supérieurs de beaucoup de cavernes sont contemporains de cette époque, ainsi que les débris de la faune et l'industrie que l'on y rencontre.

II. *Faune.* — Au point de vue paléontologique, cette époque est caractérisée, en France, en Belgique, en Angleterre, en Allemagne, en Suisse, et d'une façon générale dans l'ouest de l'Europe centrale par l'abondance extrême du renne *(Tarandus rangifer)*. Mais il n'a jamais dépassé les Alpes ni les Pyrénées ; ses traces les plus méridionales ont été rencontrées par P. C. de Fondouce[1], dans la grotte de la Salpêtrière, au pied du pont du Gard.

Cette époque est encore caractérisée par l'extinction du dernier rhinocéros d'Europe, le rhinocéros à toison laineuse. On n'en trouve plus dans les gisements typiques de l'âge du renne. Le mammouth a persisté plus

[1] C. de Fondouce, *l'Homme dans la vallée inférieure du Gardon*, Montpellier, 1872.

longtemps dans nos régions que le *R. tichorhinus*. Il existait encore à l'époque magdalénienne, mais il était près de disparaître. On en a retrouvé des débris dans les niveaux de cet âge dans diverses cavernes en France, notamment aux Eyzies, à Laugerie-Basse, à Gourdan et dans quelques-unes en Belgique, en Allemagne et en Russie. Très vraisemblablement le mammouth existait déjà vers le Nord à la fin de l'ère tertiaire et c'est aussi vers le Nord qu'il s'est retiré à l'époque qui nous occupe. D'après certaines données archéologiques, il aurait encore vécu en Russie à l'époque néolithique, et c'est en Sibérie que les derniers représentants de ce géant se seraient éteints.

Le grand ours des cavernes *(Ursus spelæus)* apparut en Europe avec le mammouth dès les premiers temps quaternaires, mais il s'éteignit beaucoup plus tôt. Il avait disparu à l'âge du renne.

L'ours gris *(Ursus ferox)* s'est encore maintenu dans nos régions au début de cette époque pour gagner ensuite son habitat actuel, l'Amérique du Nord. Le véritable remplaçant du grand ours en Europe à l'époque magdalénienne, c'est l'ours brun *(Ursus arctos)* qui aujourd'hui habite encore les hautes montagnes. L'hyène des cavernes est devenue rare, elle est progressivement remplacée par une variété de taille beaucoup plus petite, l'hyène tachetée actuelle *(Hyena crocuta)* qui habite aujourd'hui l'Afrique australe.

Le grand tigre des cavernes *(Felis spelæa)* a aussi disparu. Il aurait été remplacé à l'époque du renne, en

Europe, par le *Felis prisca*, qui très vraisemblable-ment est notre lion actuel *(Felis leo)*. Le *Felis antiqua* ou *Felis pardus* qui serait notre léopard ou la panthère déjà rencontrés dans les dépôts du quaternaire ancien, se seraient maintenus chez nous jusqu'à la fin du qua-ternaire. Le grand cerf *(Cervus megaceros)* est aussi éteint. Le lynx *(Felis lynx)* est devenu abondant pen-dant la période du renne ; il est signalé dans diverses cavernes en France (les Eyzies, Gourdan, etc.). Il vit encore aujourd'hui en Europe.

Le chat sauvage *(Felis catus)* existait déjà à l'époque précédente et s'est maintenu jusqu'aujourd'hui dans nos forêts.

Le glouton *(Gulo borealis* ou *luscus)* a toujours été rare dans nos régions. Il y avait émigré au début du quaternaire. Il s'y est maintenu jusqu'à l'âge histo-rique. Toutefois la grande majorité des représentants de cette espèce a émigré avec le renne et d'autres formes vers le Nord à la fin du Quaternaire. Nous avons vu qu'on le rencontre aujourd'hui en Norvège, en Suède, en Laponie, en Sibérie. Il en a été recueilli quelques débris dans des niveaux magdaléniens, en France, notamment à Vilhonneur (Charente), en Belgique dans le trou des Nutons, sur la Lesse.

Comme forme actuellement boréale, citons encore l'isatis ou renard bleu, l'élan *(Cervus alces)* qui s'est maintenu dans nos régions jusqu'au xviiie siècle, le bœuf musqué *(Ovibos moschatus)* relégué aujourd'hui daus les parties les plus boréales de l'Amérique, le cerf du Canada ou wapiti *(Cervus canadensis)* aujourd'hui cantonné dans l'Amérique du Nord, cinq ou six espèces de lagomys qui habitent aujourd'hui l'extrème nord, le lièvre blanc *(Lepus variabilis)* des Alpes et du Nord, le lemming *(Lemnus norvegicus)*, le campagnol des neiges *(Arvicola nivalis)*.

Une des formes les plus caractéristiques d'alors avec le renne est l'antilope saïga *(Saïga tartarica)*, émigrée aujourd'hui dans les steppes de la Russie d'Asie. Des restes de cet animal ont été trouvés dans les grottes de Vilhonneur, Laugerie-Basse, Bruniquel, Gourdan, etc., en France; dans le trou de Chaleux, sur la Lesse, la grotte du Docteur, sur la Mehaigne, etc., en Belgique.

L'urus *(Bos primigenius)*, qui s'est éteint au moyen âge, et l'auroch *(Bison europæus)*, dont il existe encore des représentants parqués en Lithuanie, étaient abon-dants pendant l'âge du renne. Une troisième espèce, le *Bos longifrons*, existait déjà (fig. 32).

La grande marmotte *(Arctomys primigenia)*, arrivée en Europe à l'époque précédente, existe encore dans les dépôts magdaléniens, mais elle est remplacée en grande partie par la variété actuelle qui en dérive, l'*Arctomys marmotta*, aujourd'hui émigrée dans nos hautes montagnes. Les mammifères habitant encore aujourd'hui nos régions étaient le chat sauvage, le loup, le renard, le blaireau, la marte, la fouine, la belette, le putois, la loutre, la musaraigne, la taupe, le hérisson, le spermophile commun *(Spermophilus citillus)*, le loir *(Myoxus glis)*, le lérot *(M. nitela)*, le muscadin

(M. avellanarius), le mulot *(Mus sylvaticus)*, le hamster *(Cricetus frumentarius)* que nous prenons encore chaque année aux environs de Liège, le campagnol d'eau *(Arvicola amphibius)*, le campagnol ter-

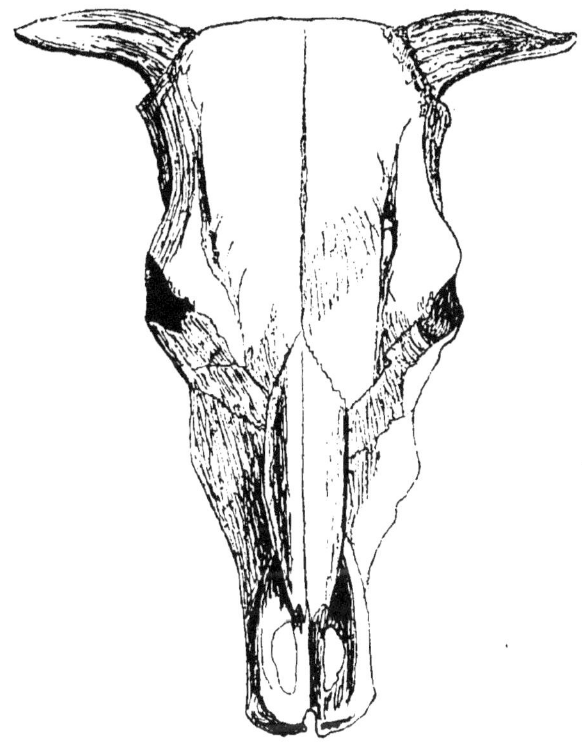

FIG . 32. — Crâne de *Bos longifrons* (brachyceros).

restre *(A. terrestris)*, le campagnol des champs *(A. arvalis)*, le castor *(Castor fiber)* dont il existe encore quelques couples vivant dans des terriers, sur les berges du Rhône, le lièvre *(Lepus timidus)*, le lapin *(L. cuniculus)*, le cerf élaph *(Cervus elaphus)* très abondant dans les niveaux supérieurs, le chevreuil *(Cervus capreolus)*, le chamois *(Rupicapra europæa)* qui ne vit plus aujourd'hui que sur les sommets des Alpes, des Pyrénées et des Apennins, le bouquetin *(Ibex alpinus)* dont il n'existe plus aujourd'hui que quelques exemplaires sur les hauts sommets du val d'Aoste, dans les Alpes piémontaises et dont la chasse est exclusivement réservée au roi d'Italie ; une chèvre, l'égagre *(Capra egagrus)*, qui habite aujourd'hui le Caucase, le Taurus, les montagnes de l'Arménie et de la Perse ; elle est le descendant de la *Capra primigenia* des auteurs; le sanglier *(Sus scrofa)* et le cheval presque aussi abondant qu'il l'était à l'époque précédente. Enfin, citons les chauves-souris appartenant aux espèces actuelles : murin, rhynolophe, pipistrelle, etc.

Cette faune comprend le mammouth et le grand tigre, types éteints, l'urus qui a disparu pendant l'âge historique. Puis elle est représentée par des formes actuellement émigrées vers le sud : l'hyène tachetée, le lion et le léopard qui peuvent supporter de grands froids en altitude. Elle comprend encore une série de types aujourd'hui émigrés vers le nord : le renne, le saïga, l'élan, le cerf du Canada, le bœuf musqué, le renard bleu, le glouton, l'ours gris, le lemming. Enfin d'autres, qui vivaient alors dans la plaine, ont gagné aujourd'hui en altitude la région des neiges ; c'est le chamois, le bouquetin, la marmotte, le campagnol des neiges et le lièvre des Alpes.

Les restes d'oiseaux recueillis dans les dépôts des

grottes de cette époque, nous montrent aussi un mélange de faunes boréale et alpine avec notre faune actuelle de forêts ou de plaines.

Le roi des oiseaux de nos forêts était alors le grand coq de bruyère (*Tetrao urogallus*) qui atteint la taille d'un dindon. Sauf dans quelques chasses princières, notamment en Autriche, on ne le trouve plus à l'état sauvage qu'en Suède et en Norvège. Il était alors assez commun en Belgique. Le petit coq de bruyère, à queue fourchue (*Tetrao tetrix*), était abondant (cavernes des Eyzies, de la Madeleine, de Bruniquel, de Gourdan, etc., en France, grottes de la Lesse et de la Mehaigne en Belgique).

Le tétras des saules (*Tetrao albus*) se rencontre aussi chez nous. Aujourd'hui il est exclusivement boréal. La perdrix blanche (*Tetrao lagopus*) cantonnée aujourd'hui sur les hautes montagnes n'était pas rare, ni le chocard des Alpes (*Pyrrhocorax alpinus*). Citons encore le harfang (*Nyctea nivea*), espèce de chouette de la taille du grand-duc, aujourd'hui émigrée dans le nord. A côté de cela, les principales familles et genres d'oiseaux de l'Europe centrale étaient déjà représentés. Nous pouvons citer les canards, les oies, les hérons, les pies, les corbeaux, les grives, les étourneaux, les perdrix, les pigeons, les ramiers, les éperviers (buses).

III. *Flore.* — Nous ne connaissons rien de positif sur la flore de cette époque, c'est-à-dire que jusqu'ici nous n'en avons pas rencontré un seul gisement, sauf à Schüssenried, où l'on trouve des mousses analogues à celles de Laponie et du Groënland: *Hypnum sarmentorum* (var. *diluvii*), *H. aduncum* (var. *Groënlandicum*).

L'examen de la faune nous permet d'être plus explicite. Le renne est un animal essentiellement boréal. S'il ne supporte pas les étés chauds, il ne résiste pas davantage au froid humide. Le climat qui lui convient est le froid sec. Aujourd'hui les limites de son habitat en Europe sont le 60e degré à l'ouest et le 57e degré à l'est. Il descendait cependant jusqu'au 52e degré il y a un demi-siècle. Sa principale nourriture est un lichen, la *Cladonia rangiferina*.

Il est à supposer que, si cette plante se trouvait en assez grande abondance dans les Alpes et les Pyrénées, le renne aurait pu s'y retirer et s'y maintenir aux mêmes titres que le chamois et le bouquetin. En Écosse, la *Cladonia* se rencontre en quantité, mais le climat y est trop humide, c'est la raison qui a fait échouer, dans ces derniers temps, les tentatives d'acclimatation du renne dans cette région. Ce n'est pas seulement le climat qui a déterminé son refoulement vers le nord, mais aussi la civilisation et la chasse incessante que lui a fait l'homme.

Le chamois, abondant dans nos plaines à l'époque du renne, ne peut plus y vivre et encore moins s'y reproduire.

IV. *Preuves de l'existence d'un climat analogue à celui de la Mandchourie méridionale.* — La présence dans nos régions de l'ours gris, du glouton, du renard bleu, du lemming, du bœuf musqué, du saïga,

du cerf du Canada, représentants actuels de la faune boréale, aux mêmes titres que le renne, et celle du bouque--
tin, de la marmotte, du lièvre des Alpes et du campagnol
des neiges, qui sont, aux mêmes titres que le chamois,
caractéristiques aujourd'hui de la faune alpine indi-
quent suffisamment qu'à l'époque magdalénienne nous
avions dans nos plaines de l'Europe centrale un climat
froid et sec, analogue à celui des régions boréales
actuelles et de nos hautes chaînes de montagne.

La faune ornithologique de cette époque vient corro-
borer les conclusions que l'on peut tirer de l'examen de
la faune mammologique.

La chouette harfang, le tétras des saules, le lagopède,
le grand coq de Bruyère, sont des oiseaux des régions
boréales ; le chocard habite aujourd'hui exclusivement
les Alpes et les Pyrénées.

Ces oiseaux sont ceux que l'on rencontre le plus
abondamment dans les gisements de l'âge du renne.

« Dans la région du fleuve Amour, entre 45 degrés,
c'est-à-dire la latitude de Ferrari, Turin, Périgueux,
Bordeaux, et 55 degrés, base de la Suède, M. von
Schrenck a signalé 58 espèces de mammifères dont 44
espèces identiques à celles de l'Europe. De plus, on peut
constater là un mélange tout à fait analogue à celui que
nous avons observé en France, à l'époque magdalénienne.
Le tigre et la panthère y viennent même en hiver et dé
vorent des rennes, des renards bleus, des lagomys ainsi
que d'autres animaux polaires, semblables à ceux constatés en France. Le climat qui permet ce mélange est

très froid. Ainsi à Vladivestok, dans la partie méridionale de la Mandchourie russe, port de mer situé vers
43 degrés, c'est-à-dire à peu près à la latitude de Marseille, la température moyenne n'est que de 4°,1 tandis
qu'à Marseille elle est actuellement de 14°,36. Ces
régions subissent des variations de température considérables [1]. » Le froid va jusqu'à — 45 degrés en hiver
et la chaleur peut atteindre + 36 degrés en été.

Voilà une région dont le climat actuel doit être très
comparable à ce qui existait chez nous pendant la
période du renne.

III. *Flore.* — Les plaines de l'Europe centrale
devaient, d'après Nehring, avoir alors l'aspect des
steppes actuelles du sud-est de la Russie et du sud-ouest
de la Sibérie. Le sol devait être constamment gelé dans
la profondeur comme aujourd'hui en Sibérie. Cette congé-
lation du sous-sol avait arrêté les infiltrations et la formation des stalagmites dans les cavernes. Lors du dégel des
limons boueux étaient entraînés par les crevasses et les
cheminées des grottes et venaient englober les ossements,
débris de cuisine et d'industrie qui gisaient épars sur
le sol de ces habitations. C'est pendant cette phase géologique que l'Angleterre s'est séparée du Continent [2].

V. *Les chasseurs de rennes* (race de Cro-Magnon).
— Les hommes qui habitaient nos régions pendant cette
période s'abritaient dans des grottes contre le froid,

---

[1] G. de Mortillet, *le Préhistorique*, p. 466.
[2] De Lapparent, *Traité de Géologie*.

comme le faisaient leurs prédécesseurs de la période du mammouth. Ils avaient sensiblement les mêmes mœurs et la même manière de vivre. Ils étaient aussi des chasseurs et des pêcheurs intrépides. Tous les représentants de la faune dont il vient d'être question tombaient sous leurs coups. Nous parlerons plus loin de leur vie et de leurs mœurs.

La grande majorité des chasseurs de rennes n'appartenait pas à la même race que les primitifs habitants des cavernes de l'âge du mammouth. Ils avaient probablement émigré de la haute Asie vers l'Europe à la suite des troupeaux de rennes, dont ils faisaient leur principale nourriture. Ils n'eurent guère à lutter contre les Primitifs pour s'installer dans nos régions. Il y avait place pour eux, étant donné le petit nombre des premiers habitants. D'autre part, ceux-ci étaient trop mal outillés et trop peu nombreux pour résister aux envahisseurs plus nombreux, et ils prirent progressivement les mœurs et la manière de vivre des nouveaux venus. Ces deux races ne tardèrent pas à se métisser. Les chasseurs de rennes, étaient de plus grande taille, 1^m,78 à 1^m,85 pour les hommes, 1^m,60 à 1^m,70 pour les femmes. Ils étaient robustes et d'une vigueur peu commune. Leur tête encore très allongée n'était pas aplatie ; vue du dessus elle était pentagonale. Le front, d'une grande ampleur, était large et montait dans une direction un peu oblique, avec des arcades sourcilières assez saillantes. Les pariétaux étaient longs, larges et dilatés ; la région occipitale volumineuse. La face, au lieu d'être étroite et haute en

rapport avec l'allongement du crâne, était au contraire
large et basse. Le crâne était donc dysharmonique,
comme disent les anthropologistes. Les orbites grandes

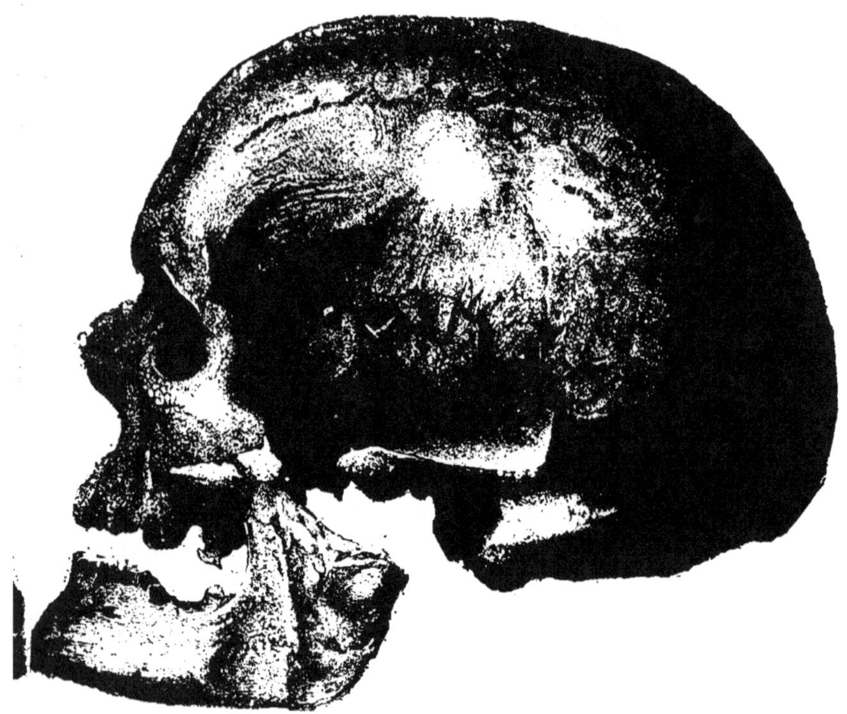

Fig. 33. — Crâne du vieillard de Cro-Magnon.

et rectangulaires, les pommettes saillantes, le nez long,
mince et saillant, les mâchoires avançantes avec un
menton proéminent constituaient cette face (fig. 33). Les
bras étaient robustes, mais normalement développés
comme chez les Européens. Les jambes étaient bien pro-
portionnées, à fémurs très développés d'avant en arrière
et dits *à colonne*, à cause de la vigueur de la ligne âpre.

Les tibias étaient aussi très caractéristiques, étroits, en lame de sabre (platygnémiques), et les péronés cannelés en rapport avec une puissante musculature[1].

VI. *Les restes humains attribués à la race de Cro-Magnon.* — C'est la deuxième race humaine fossile connue en Europe qui a été appelée, par MM. de Quatrefages et Hamy, la race de Cro-Magnon, du nom des abris de Cro-Magnon près de Tayac et les Eyzies (Dordogne). Dans l'un d'eux furent découverts par L. Lartet les restes de cinq individus au milieu de dépôts de l'âge du renne et ils furent considérés comme datant de cette époque. Tandis que cet abri est situé d'un côté de la Vézère, il s'en trouve un autre, celui de Laugerie-Basse, de l'autre côté de la même rivière et qui a fourni aussi les restes d'un individu de cette race, connu sous le nom de l'homme écrasé de Laugerie-Basse. Il fut découvert dans les dépôts magdaléniens par M. Elie Massenat[2]. La mâchoire inférieure de la grotte des Fées à Arcy-sur-Eure (Yonne), trouvée par de Vibraye en 1859, aurait aussi appartenu aux chasseurs de rennes. On rapporte encore à cette race fossile les restes humains rencontrés à plusieurs reprises par M. Rivières dans les Baoussès-Roussès (grottes rouges), plus connues sous le nom de grottes de Menton, dans la commune de Vintimiglia (Ligurie)..

---

[1] Broca, *Bull. Soc. anth. de Paris*, 2ᵉ série, t. III, p. 350.

[2] E. Cartailhac, Un squelette humain de l'âge du renne à Laugerie-Basse (Dordogne) *(Bull Soc. d'hist. nat. de Toulouse*, 1872, et *Matériaux p. l'hist. de l'homme*, 2ᵉ série, vol. VII, p. 224).

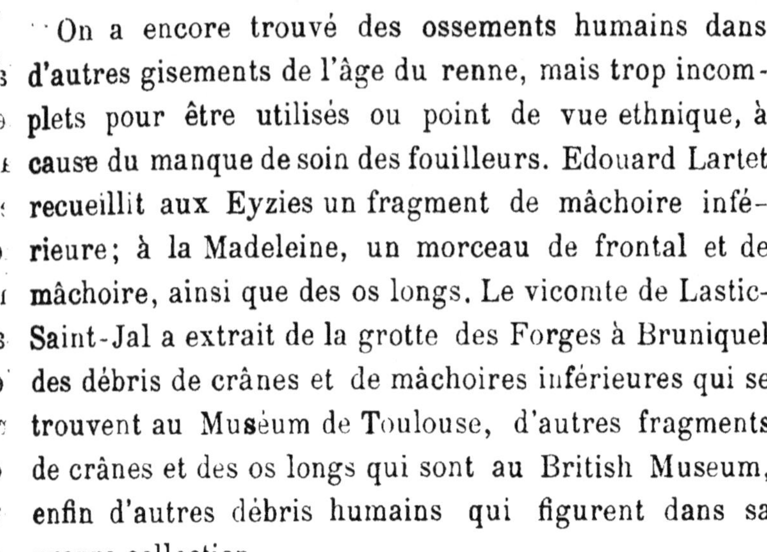

On a encore trouvé des ossements humains dans d'autres gisements de l'âge du renne, mais trop incomplets pour être utilisés ou point de vue ethnique, à cause du manque de soin des fouilleurs. Edouard Lartet recueillit aux Eyzies un fragment de mâchoire inférieure; à la Madeleine, un morceau de frontal et de mâchoire, ainsi que des os longs. Le vicomte de Lastic-Saint-Jal a extrait de la grotte des Forges à Bruniquel des débris de crânes et de mâchoires inférieures qui se trouvent au Muséum de Toulouse, d'autres fragments de crânes et des os longs qui sont au British Museum, enfin d'autres débris humains qui figurent dans sa propre collection.

M. de Maret a rencontré un crâne, des fragments de maxillaires et des dents isolées dans les couches de l'âge du renne de la grotte du Placard, près de Rochebertier (Charente). Des fragments de crânes, de mâchoires et des deux premières vertèbres (atlas et axis) ont été recueillis par M. Piette dans les dépôts magdaléniens de la grotte de Gourdan (Haute-Garonne).

On a rapporté aussi aux hommes de l'âge du renne le squelette du fond de la grotte Duruthy, à Sordes (Landes) découvert par L. Lartet et Chaplain-Duparc [1], celui de l'abri sous roche de Raymond en Chancelade (Dordogne) recueilli par MM. Feaux et Hardy [2]. On a

---

[1] L. Lartet, Une sépulture des anciens troglodytes des Pyrénées *(Matériaux, p. 101, 1874)*.

[2] Feaux et Hardy, *Acad. des sciences*, 17 déc. 1888, *Matériaux*, 1889.

encore considéré les osssements humains de la sépulture de la grotte d'Aurignac (Haute-Garonne) (fig. 34) explorée par Edouard Lartet, comme contemporains de cette époque. MM. de Mortillet et Cartailhac regardent cette sépulture comme datant de l'époque néolithi-

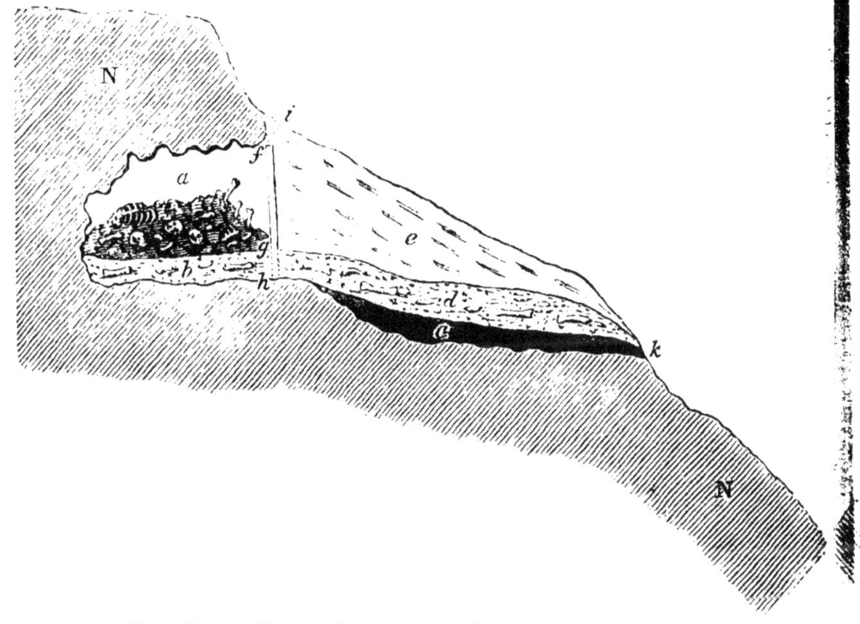

FIG. 34. — Coupe d'une partie de la colline de Fayola passant par la grotte funéraire d'Aurignac.

que. Voici ce qu'il faut penser du gisement d'Aurignac, d'après M. Cartailhac :

« 1° Certainement la grotte d'Aurignac a servi de station à l'homme quaternaire dont le foyer et les débris de repas sont le point de départ des conclusions capitales que tant de découvertes ont vite justifiées.

« 2° Longtemps après cette première occupation, la

grotte, réduite dans ses dimensions, a servi de crypte sépulcrale que les poteries et les rondelles percées de Cardium permettent de classer à l'âge de la pierre polie, comme celles de Saint-Jean-d'Alcas (Aveyron) de Durfort (Gard), de Sinsat (Ariège, etc.[1]). »

C'est encore à cette race que MM. de Quatrefages et Hamy ont rapporté les ossements des moyens niveaux de Grenelle et les célèbres ossements découverts par Schmerling[2] dans la grotte des Awirs, à Engis (Belgique).

La grande majorité de tous ces débris humains proviennent de sépultures dans des cavernes. Nous reviendrons plus loin sur ce sujet. Disons encore que géologues, archéologues et anthropologistes ne sont guère d'accord sur la contemporanéité de tous ces ossements et des couches qui les contiennent.

Un certain nombre d'entre eux, et notamment M. G. de Mortillet, considèrent les os humains de Cro-Magnon et d'Engis comme appartenant à des hommes néolithiques aussi bien que ceux d'Aurignac, enterrés dans un sol à faune de l'âge du renne et à industrie magdalénienne. D'après le même savant, les squelettes de Baoussès-Roussès seraient aussi des néolithiques enterrés dans un sol solutréen. Au contraire, MM. de Quatrefages, Hamy, Cartailhac et Rivière considèrent ces derniers comme contemporains des dépôts qui les contiennent.

---

[1] E. Cartailhac. *Bull. Soc. d'hist. nat. de Toulouse*, année 1873, p. 3.

[2] Schmerling, *Recherches sur les ossements fossiles déc. dans les cavernes de la prov. de Liège*, Liège, 1833-1846.

VII. *La race de Furfooz ; son authenticité.* — Une autre race humaine, plus récente en Europe que les deux autres, y aurait fait son apparition au cours de l'époque du renne. Elle se serait surtout confinée sur les bords de la Meuse et de ses affluents.

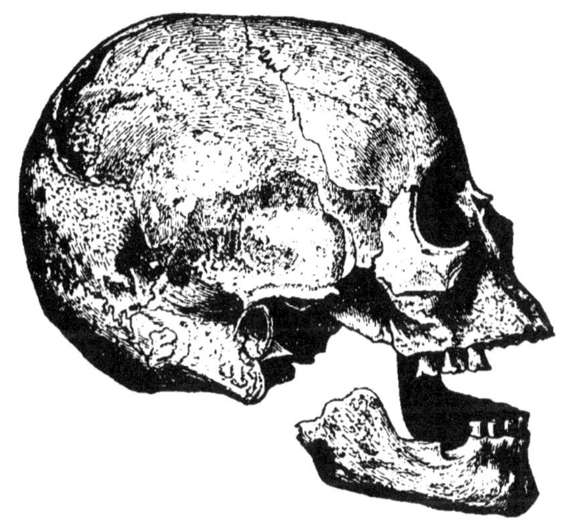

Fig. 35. — Crâne n° 1 du trou du Frontal (Furfooz, Belgique), vu de profil.

MM. de Quatrefages et Hamy lui avaient donné le nom de race de Furfooz (petite localité des bords de la Lesse, en Belgique) (fig. 35, 36, 37, 38).

Elle fut établie d'après les ossements humains, appartenant à seize individus découverts par M. Ed. Dupont dans une grotte sépulcrale, le trou du Frontal.

La sépulture se trouvait au fond de l'abri, qui se terminait en une petite grotte large et haute d'un mètre et profonde de deux mètres. C'est dans cette cavité fermée par une dalle que se trouvaient les ossements. Il s'agit ici d'un ossuaire. Le fond de l'abri extérieur était rempli par une épaisse couche d'un dépôt de l'âge du mammouth arrivant de niveau avec la sépulture. Au-dessus de ce premier dépôt s'en trouvait un autre contenant l'industrie et la faune de l'âge du renne, et qui rem-

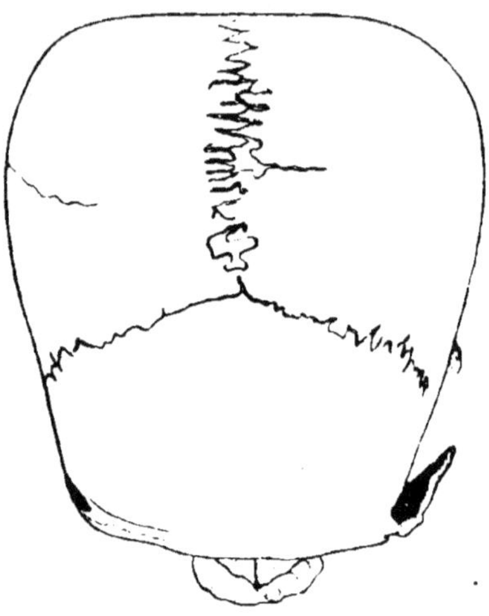

Fig. 36. — Le même vu d'en haut.

plissait aussi la cavité ou se trouvaient les os. A l'entrée du caveau M. Dupont avait recueilli dans le dépôt supérieur plusieurs coquilles éocènes perforées, une vingtaine d'ornements en fluorine, une plaque de grès et les fragments d'une urne très caractéristique. Parmi les ossements deux crânes seulement étaient entiers et ont pu être étudiés au point de vue ethnique. Ils appartiennent à deux types de races différentes. L'un a un indice céphalique de 79,81 ; il est mésaticéphale (ni rond, ni

long) (fig. 36), l'autre a un indice céphalique de 81,39;
il est sous-brachycéphale (presque rond) (fig. 37). Les
os longs indiquaient des hommes de petite taille (1^m,53).

Le crâne mésaticéphale est peut-être contemporain
de la couche supérieure. P.–J. Van Beneden avait
déjà remarqué qu'il n'offrait pas les mêmes caractères

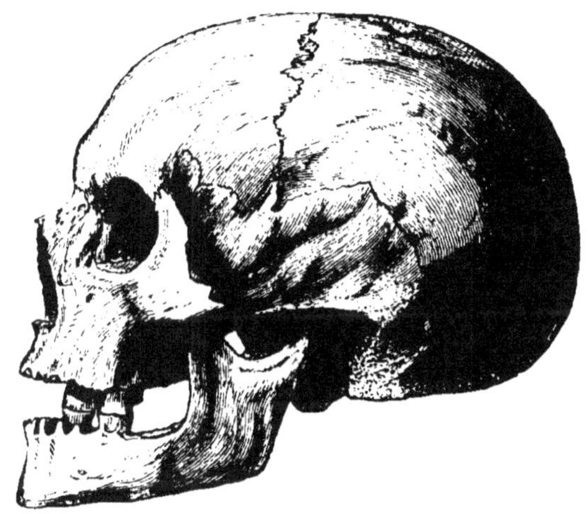

Fig. 37. — Crâne n° 2 du trou de Frontal (Furfooz, Belgique).

de conservation que le sous-brachycéphale. Celui-ci
ressemble fort aux crânes néolithiques, découverts dans
diverses cavernes de Belgique, notamment à ceux qui
ont été recueillis par le Dr Tihon et Fraipont, au trou
Sandron sur la Mehaigne, et à d'autres provenant de la
sépulture néolithique de la grotte d'Hastière, fouillée
par M. de Pauw.

Déjà MM. G. de Mortillet, Cartailhac et d'autres
considéraient depuis longtemps, les ossements humains
du trou du Frontal comme provenant d'une sépulture

néolithique creusée dans un sol magdalénien comme à
Aurignac. Récemment, le Dr Hamy et moi, nous avons
eu l'occasion de revoir avec beaucoup d'attention les
deux crânes de Furfooz et tous deux nous sommes
arrivés à cette conclusion que le crâne sous-brachy-

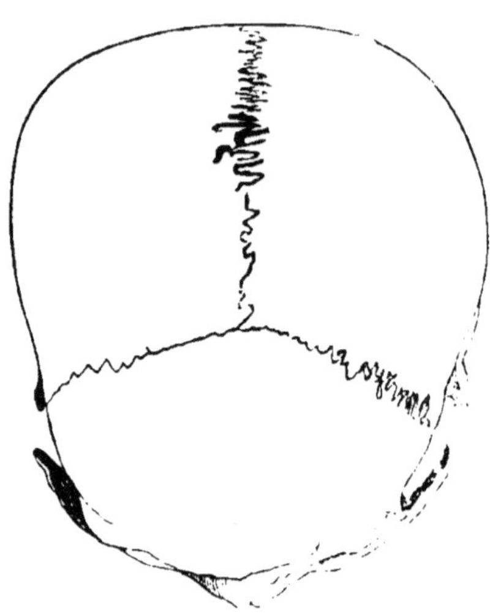

Fig. 38. — Le même vu d'en haut.

céphale est d'un type nettement néolithique, le type
d'Orrouy[1]. D'autre part, le mode de sépulture est néolithique, et quant à la poterie de l'entrée elle est
aussi franchement néolithique. M. Dupont avait considéré que la sépulture et les ossements humains étaient
contemporains du dépôt magdalénien dans lequel ils
se trouvaient[2]. Ce qui a dû induire en erreur M. Ed.

[1] E. Hamy, *Congrès int. d'anth. et arch. préh.*, 10e session;
à Paris, p. 45 et suiv., 1891. *Congrès d'arch. et d'hist. de Belgique*, 6e session à Liège, p. 49, 1890.

[2] Ed. Dupont, Etude sur l'ethnographie de l'homme de l'âge

Dupont comme l'a déjà fait remarquer M. G. de Mortillet, c'est que l'entrée de la sépulture était fermée par
la couche de l'âge du renne. En cet endroit, elle aura
été remaniée.

Nous ne connaissons donc les chasseurs de rennes
du quaternaire supérieur que par les hommes de la race
de Cro-Magnon. Et encore le type de l'abri de Cro-
Magnon est-il considéré comme néolithique par divers
savants. Quoi qu'il en soit, que les squelettes de l'abri de
Cro-Magnon et ceux des Baoussès-Roussès soient
plus récents ou contemporains de l'époque du renne, ils
appartiennent à une race bien caractérisée et qui vivait
déjà à la fin du quaternaire comme nous le démontre
l'homme écrasé de Laugerie-Basse.

M. Verneau, qui a si bien étudié ce type ethnique
notamment chez les Guanches des Canaries, s'exprime
comme suit à son sujet :

« Cette belle race de Cro-Magnon a joué un rôle important dans l'histoire de l'humanité. A l'époque de la
Madeleine, elle parait avoir eu son centre principal
dans le Périgord, mais elle rayonnait au nord jusqu'en
Belgique et même en Hollande ; à l'est jusqu'à la Meuse
et peut-être au delà; au sud jusqu'à la terre de Labour,
en Italie [1]. »

VIII. *Mœurs des chasseurs de rennes.* — Les

du renne dans les cavernes de la vallée de la Lesse *(Mém. Acad.
roy. de Belgique,* in-8°, t. XIX, 1887). — *L'homme pendant les
âges de la pierre dans les environs de Dinant,* p. 106, Paris, 1871.

[1] Dr Verneau, *les Races humaines,* Paris, p. 66, 1891.

objets innombrables et de toute nature, qui se sont accumulés dans les cavernes pendant l'époque du renne, permettent de reconstituer d'une façon très complète le mode de vie et les mœurs de ces hommes, avec plus de certitude même qu'on ne peut le faire, dans bien des cas, pour l'histoire d'un peuple ayant vécu il y a quelques siècles.

Les troglodytes de l'âge du renne avaient une manière de vivre analogue à celle de leurs prédécesseurs de l'âge du mammouth. Guerriers à l'occasion, ils étaient surtout des chasseurs et des pêcheurs intrépides. Nous avons déjà passé en revue la faune de cette époque. Or, il n'est pas un seul représentant de celle-ci dont on ne retrouve des restes parmi les débris de cuisine de ces chasseurs. Cependant leur gibier de prédilection était le renne et le cheval.

Comme les Primitifs, ils dépeçaient sur place les bêtes abattues, quand elles étaient d'une certaine taille et ne portaient dans leurs abris que la tête et les membres.

A en juger par l'abondance des vertèbres caudales de chevaux rencontrées dans la caverne de Chaleux, M. Ed. Dupont conclut très judicieusement que les Troglodytes de la Lesse devaient se servir de la queue de ces animaux et en utiliser le crin.

« On peut faire trois hypothèses sur le but de cet usage ; ils utilisaient le crin de ces queues comme trophée, ainsi que le font plusieurs peuplades d'Amérique, ou bien ils avaient la coutume des Cafres, qui d'après Delegorgue, coupent la queue de l'animal qu'ils ont abattu et dont ils ne peuvent emporter les dépouilles en une seule fois ; cette opération est considérée par eux comme assurant à l'heureux chasseur la propriété de la bête.

« Cette dernière hypothèse doit être rejetée, car il eût fallu retrouver les vertèbres caudales des divers grands animaux qu'ils avaient pu tuer, que ce fût le bœuf, le renne, le cerf, aussi bien que le cheval. On n'observe au contraire le fait que pour ce solipède. »

« D'autre part, comme ces vertèbres caudales furent retrouvées à Chaleux isolées les unes des autres, on doit conclure que la queue du cheval n'était pas conservée en manière de trophée, mais que, reconnaissant l'utilité de ce poil long et solide, ils arrachaient les crins pour divers usages[1]. »

La principale nourriture des chasseurs du Périgord c'était le renne ; c'était le cheval et le campagnol, sur la Lesse. C'est par kilogramme, nous dit M. Dupont, que l'on pouvait recueillir des ossements de ce petit rongeur dans la grotte de Chaleux[2].

IX. *Absence d'animaux domestiques.* — On a voulu, encore ici, induire de la grande majorité des débris de jeunes sujets dans les reliefs de repas que le renne et le cheval étaient à l'état domestique ou tout au

---

[1] Ed. Dupont, *l'Homme pendant les âges de la pierre dans les environs de Dinant*, p. 91.

[2] Idem, *loc. cit.*, p. 99.

moins à demi domestique, comme aujourd'hui le renne en Laponie. Nous avons répondu à cela plus haut.

M. Piette pense avoir apporté une preuve de plus à cette thèse déjà soutenue longtemps avant lui, par la découverte d'une gravure sur pierre provenant de Laugerie-Basse et montrant un renne ayant un licol, ainsi que plusieurs gravures de la grotte de Maz d'Azil où les chevaux ont la chevrette [1].

Les restes de rennes et de chevaux sont traités dans les habitations humaines exactement de la même façon que les débris d'autres animaux. Que plusieurs représentations de rennes et de chevaux du Maz d'Azil soient pourvus de licous ou de chevrettes, il ne s'ensuit nullement que ces animaux aient été domestiqués ou à demi domestiqués. Cela démontrerait simplement que l'homme de cette époque parvenait à apprivoiser certains rennes, certains chevaux, qu'il avait probablement capturés jeunes. Il ne viendra à l'esprit de personne de prétendre que, du temps des Césars, les lions, les tigres et les léopards étaient domestiqués parce que certains Romains faisaient traîner leurs chars par des couples de ces animaux apprivoisés et que les artistes d'alors nous en ont laissé des représentations. Nous conservons en captivité des cerfs, des daims, des chevreuils, voire même des renards et des loups, qui suivaient leurs maîtres comme de petits chiens. Va-t-on dire qu'au xixe siècle ces animaux étaient domestiqués en Europe?

[1] Piette, *Congrès int. d'arch. et d'ant. préh.*, 10e session, p. 161, Paris, 1889.

Nous dirons donc avec M. G. de Mortillet, M. Cartailhac et d'autres, que, dans l'état actuel de nos connaissances, il n'est nullement démontré que l'homme à l'époque du renne ait eu des animaux domestiques [1].

Il ne connaissait pas davantage l'agriculture.

On trouve en quantité, surtout à l'entrée des stations magdaléniennes, des foyers, des morceaux de charbon de bois et des cendres. Ce n'est pas seulement pour écarter les fauves ou pour cuire leurs aliments que les chasseurs de rennes allumaient ces feux, mais surtout pour se chauffer.

X. *Industrie des chasseurs de rennes.* — Pendant l'époque magdalénienne, la taille de la pierre est une industrie en décadence. L'homme n'utilise plus la pierre que pour la fabrication des objets qui doivent être nécessairement en cette matière.

Il emploie surtout le silex pour faire des lames et des couteaux. On en trouve en quantité et de toutes tailles dans toutes les stations de cet âge. Retouchées d'une certaine façon aux extrémités, ces lames deviennent des grattoirs simples ou doubles, des perçoirs, des pointes à dos abattu, des scies, des burins. Le burin en silex est devenu un instrument très caractéristique d'alors. Il a été l'instrument de travail par excellence des graveurs magdaléniens.

La plupart des objets en pierre sont de petite taille et

---

[1] *Congrès int. d'arch. et d'anth. préhist.*, 10ᵉ session, p. 162 et suiv., Paris, 1889.

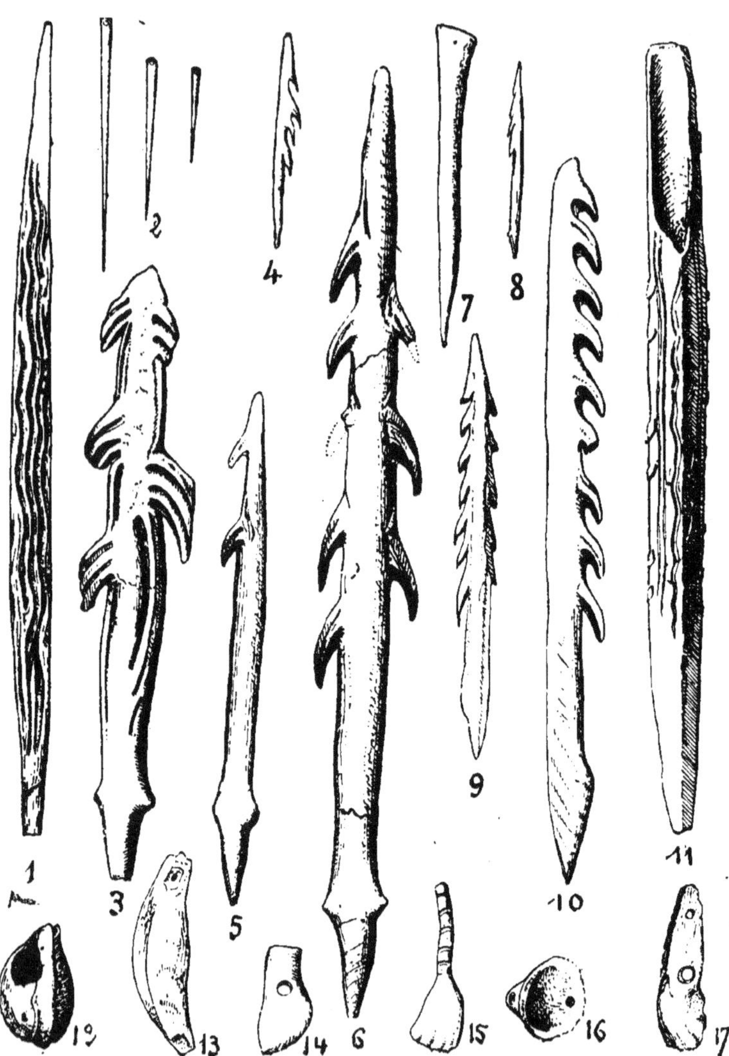

Fig. 39. — Aiguilles à chas, harpons, pendeloques en dents et coquilles des grottes de la Dordogne (Alex. Bertrand, *Dict. Arch. de la Gaule* (Ep. celtique. Paris, 1889) ; 1, 11, pointes de javelots ; 2, 7, aiguilles à chas ; 3, 4, 5, 6, 8, 9, 10 hameçons et harpons garnis d'une ou de deux rangées de barbelures ; 12, 13, 14, 15, 16, 17, pendeloques ayant servi à faire des colliers et des bracelets.

ont servi à travailler l'os et l'ivoire. Certaines lames et certains grattoirs montrent des traces de polissage. (Grotte d'Amidy [1]).

Le travail de l'os constitue la caractéristique de l'industrie des chasseurs de rennes. C'est par milliers que l'on a recueilli des objets en os ou en bois de cervidés dans les stations magdaléniennes.

On trouve des perçoirs, des poinçons, faits en stylets de chevaux ou en esquilles d'os longs.

Les aiguilles à chas sont de véritables petits bijoux d'un travail et d'une finesse qui n'a été atteinte que fort tard à l'époque historique (fig. 39, n° 2). On en a recueilli dans les principales grottes et abris ayant servi d'habitation à nos troglodytes (Laugerie-Basse, les Eyzies, la Madelaine, Balutie (Dordogne), Bruniquel (Tarn-et-Garonne), Gourdan (Haute-Garonne), Bize (Aude), Maz d'Azil (Ariège), Goyet, Chaleux, Spy (Belgique), Creswell Kent (Angleterre), Altamira (Espagne), etc Viennent ensuite des crochets en cornes de cervidés, des os à encoches ayant servi comme manches d'outils, comme poinçons, comme poignards (la Madelaine, les Eyzies, Gorge d'Enfer (France), grotte du Mammouth (Pologne), etc.)

Les extrémités des armes de jet sont presque toutes en os, en bois de renne ou en ivoire. Elles sont très abondantes et de formes très diverses. Ce sont des pointes de sagaie à base fendue, à base pointue ou en

---

[1] G. de Mortillet, *Congrès de Blois (Assoc. Franç.*, 1884). — Testut, *Congrès de Grenoble (Ass. franç.*, 1885). — Salomon Reinach, *Antiquités nationales*, vol. I.

biseau (fig. 39, n° 11). On en a recueilli surtout à Gorge d'Enfer, Cro-Magnon, Aurignac, Gourdan, Madelaine, Bruniquel et Maz d'Azil, en France ; au trou du Sureau, à Chaleux, à Modave, à Spy, en Belgique, dans la grotte de Wildlans, en Allemagne, dans la caverne du Mammouth, en Pologne, à Peggau, en Styrie, etc.

Les harpons sont aussi très abondants et très variés de formes et de dimensions. Les plus communs sont en bois de renne, arrondis, garnis d'une ou deux rangées de barbelures à extrémité effilée et à base conique. Cette base est pourvue d'un ou deux crans en relief pour fixer l'arme. D'autres plus rares sont aplatis. Les barbelures ont souvent des incisions en creux, pour y placer du poison, disent les auteurs (fig. 39, n°s 3, 4, 5, 6, 8, 9, 10).

Ce sont surtout là des armes de chasse et pêche. Pour cette dernière, ils utilisaient aussi l'hameçon : « Le plus simple, dit M. G. de Mortillet, est une petite esquille d'os, longue en général de 3 à 4 centimètres, droite, mince, appointée par les deux bouts. C'est l'hameçon primitif, l'hameçon élémentaire. On attachait ce petit fragment d'os ou de bois de renne par le milieu et on le recouvrait d'appâts ; avalé par le poisson et même par les oiseaux aquatiques, il se fixait à l'intérieur de leur corps par l'une ou l'autre de ces pointes, et l'animal glouton se trouvait retenu par la corde d'attache. Au musée de Saint-Germain il y a plusieurs de ces hameçons provenant du riche gisement de Bruniquel, près de Montauban (Tarn-et-Garonne).

« Les grottes et abris de la Dordogne, si bien

explorées par Lartet et Christy, ont aussi fourni des
hameçons de l'époque du renne. A côté de la forme si
simple qui vient d'être décrite, on en a rencontré des
formes bien plus perfectionnées. Ce sont également de
petits fragments d'os, de bois de renne, qui portent d'un
côté de profondes et larges entailles formant une succession plus ou moins longue de dents ou barbelures avan-
cées et aiguës (fig. 39, n°s 4, 8).

« Ces hameçons barbelés augmentent insensiblement
de grandeur et finissent par devenir de longs et gros
harpons [1]. »

Les principaux poissons que nous retrouvons dans les
débris de cuisine et qui sont figurés par les artistes
d'alors sont des brochets, des truites, des saumons, des
anguilles, des carpes, des chevennes, des brêmes (Madelaine, Eyzies, Bruniquel).

Les stations de l'âge du renne qui ont donné le plus
de harpons sont la Madelaine, Laugerie-Basse, Bruniquel, Gourdan, Sordes, Maz d'Azil, pour la France;
Goyet, en Belgique; Kent, en Angleterre.

On retrouve des formes très analogues en os, en bois
ou en fer, chez les sauvages actuels de la Polynésie, des
Canaries, du Congo et chez les Esquimaux.

La plupart des auteurs à la suite de Lartet et Christy
ont appelé *bâtons de commandement* des morceaux de
bois de renne ou d'ivoire percés d'un ou plusieurs trous,

---

[1] G. de Mortillet, *Origine de la navigation et de la pêche*,
p. 25, Paris, 1867.

souvent ornés de traits, de dessins géométriques, de
gravures ou de sculptures dont il sera question plus
loin (fig. 40). On leur a
donné ce nom par ana-
logie avec des objets
semblables en bois de
renne, que possèdent les
Indiens modernes des
rives du fleuveMacken-
sie. Ils ont été recueillis
en assez grand nombre
à la Madelaine, à Lau-
gerie-Basse, à Bruni-
quel, à Gourdan, au
Maz d'Azil, en France ;
à Goyet, à Fond-de-
Forêt, à Spy, en Belgi -
que ; à Schussenried,
en Wurtemberg.

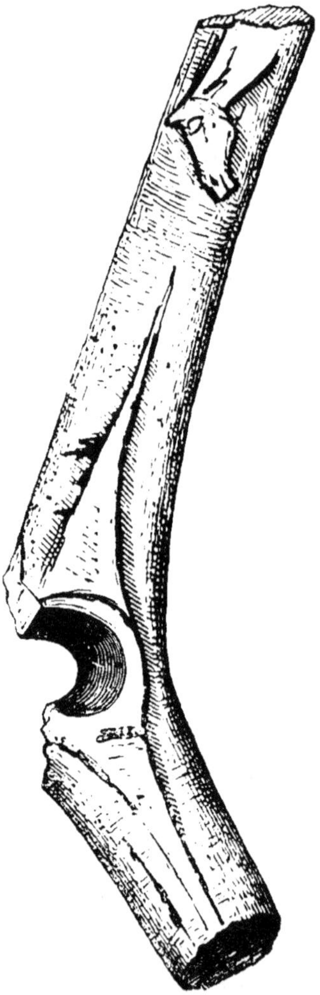

XI. *Parures.* — L'a-
mour de la parure est
presque aussi ancien
que l'homme lui-même.
Les traces d'objets de
parure ne se retrouvent
que très clairsemées
parmi les spécimens de l'industrie de l'homme de l'époque du mammouth. Cependant quelques stations de la fin
de cette période nous ont déjà fourni plusieurs pièces

Fig. 40. — Bâton de commandement avec gravure représentant une tête de cheval, provenant de la Madelaine (Lartet et Christy).

caractéristiques. J'ai recueilli jadis dans un dépôt franchement moustérien de la grotte d'Engis, et Lohest et de Puydt dans la caverne de Spy, de l'oligiste qui servait peut-être déjà aux hommes d'alors à se teindre le corps. A Spy, les explorateurs précités ont retrouvé les boîtes à couleurs remplies de poussière d'oligiste. C'étaient des fémurs et des humérus d'oiseaux de grande taille, dont les épiphyses avaient été enlevées. Nous avons déjà cité les perles d'ivoire et les pendeloques d'ivoire recueillies à Spy dans les niveaux supérieurs moustériens.

Nous voyons ce goût de la parure prendre un grand essor chez les chasseurs de rennes. Ils recherchent la couleur rouge, jaune et noir, pour teinter des objets de toilette, pour recouvrir souvent les os de leurs morts et probablement aussi la peau des vivants. On en a retrouvé dans les stations du Midi, dans le Périgord et dans la vallée de la Lesse, en Belgique.

Des pendeloques ayant servi à faire des colliers et des bracelets se rencontrent en assez grande quantité. Ce sont surtout des dents percées d'un trou à la racine et des coquilles perforées. Les dents sont surtout des canines d'ours, d'hyène, de lion, de lynx, de loup, de renard, des canines atrophiées de cervidés, des incisives de chevaux, de bœufs, de rennes et de bouquetins. Citons la grotte Duruthy à Sordes comme station (fig. 39, nos 13, 14, 15, 17).

Les coquilles perforées (fig. 39, nos 12, 16) appartiennent souvent à des mollusques marins, même dans les

stations très éloignées des côtes. Un certain nombre de
ces coquilles appartenaient à des espèces fossiles dont
on ignore encore aujourd'hui le gisement pour quelques-
unes.

Fischer a déterminé, parmi les coquilles recueillies
dans les abris de Laugerie-Basse, treize espèces océa-
niques vivantes et plusieurs fossiles des faluns d'Anjou
et de la Touraine. L'homme écrasé de cette station
portait des cyprées comme pendeloques. M. Piette a
reconnu, dans la grotte du Gourdan (Haute-Garonne),
cinq espèces de l'océan Atlantique, deux espèces de la
Méditerranée, sept espèces fossiles (cinq des Landes et
deux des Pyrénées-Orientales). M. Dupont, au trou de
Chaleux-sur-la-Lesse (Dinant), a déterminé onze
espèces tertiaires du bassin de Paris sur cinquante-
quatre coquilles marines rencontrées.

Quelquefois le nombre de coquilles perforées ou non
qui entourent les restes d'un individu nous portent à
croire qu'elles devaient être cousues sur des vêtements.
C'est ainsi que, dans l'une des grottes de Baoussès-
Roussès, deux squelettes d'enfants étaient recouverts de
plus d'un millier de *Nassa neritea*, perforées et disposées comme une véritable ceinture. Dans une autre
caverne du même lieu, un squelette d'adulte avait le
crâne couvert d'une résille de deux cents *Nassa* et
Cyclonassa perforées provenant de la Méditerranée,
avec vingt-deux canines de cerf. Il y avait d'autres
coquilles autour des tibias et des péronés. Dans une
troisième cavité, M. Rivière a encore rencontré deux

squelettes portant au niveau de la région cervicale, sous les clavicules, sous les coudes, au poignet droit et aux deux jambes, des séries de coquilles perforées de *Nassa*, de *Buccinum*, de *Cyprea*. Les couches dans lesquelles reposaient ces ossements étaient fortement imprégnées de poussière d'oligiste qui teintait les os [1].

Lartet et Christy avaient rencontré de nombreux fragments d'oligiste, d'hématite rouge, couverts de raclures dans les cavernes du Périgord ; ils en avaient conclu que les hommes de l'âge du renne se peignaient le corps en mêlant cette poudre rouge avec de la graisse. M. Ed. Dupont a soutenu la même thèse pour les chasseurs de rennes de la vallée de la Lesse [2]. D'autres auteurs sont arrivés aux mêmes conclusions.

XII. *Origines de la gravure et de la sculpture.* — Nous avons déjà vu, à la fin de l'époque moustérienne, se montrer les premières manifestations artistiques chez les hommes des cavernes. L'art de la gravure et de la sculpture prend tout à coup un superbe essor chez les chasseurs de rennes de l'époque magdalénienne [3]. Ce qui caractérise essentiellement le style de cet art des troglodytes, c'est qu'il procède directe-

---

[1] Rivière, *l'Antiquité de l'homme dans les Alpes-Maritimes*, 1 vol., in-4º, avec 24 pl., Paris, 1887. — Cartailhac, *la France préhistorique*, p. 99.

[2] Dupont, *Bull. Acad. roy. de Belgique*, p. 483, 1867.

[3] Voir sur ce sujet l'excellent article de M. Salomon Reinach, avec ses nombreuses notes bibliographiques dans le t. I, de la *Description raisonnée du musée Saint-Germain-en-Laye*, p. 169, Paris.

ment de l'observation et de l'imitation de la nature et
que les motifs sont exclusivement locaux. Ce sont bien
là les origines de l'art ; mais, comme l'a fort judicieusement dit M. G. de Mortillet, « si c'est là l'enfance de
l'art, ce n'est pas l'art de l'enfant ».

M. Salomon Reinach a bien caractérisé ces premières
productions artistiques en Europe :

« C'est l'imitation naïve, parfois même adroite, de la
nature, un réalisme sincère éloigné de toute interprétation symbolique et conventionnelle, qui caractérise
l'art des cavernes et le fait contraster si vivement avec
tous les arts barbares dérivés d'arts supérieurs, comme
celui des bronzes italo-celtes ou des monnaies gauloises.
D'autre part, les qualités de précision et de sobriété
qu'on y voit paraître le mettent à une grande hauteur
au-dessus des gribouillages d'écoliers, des graffites
tracés par des oisifs ignorants ou par des sauvages.
C'est déjà de l'art proprement dit, parce que c'est un
luxe, et ce luxe s'affirme par la décoration d'objets dont
la décoration n'augmente pas l'utilité. Un autre caractère de l'art que présentent les gravures des cavernes,
c'est l'adaptation des accidents de la matière première
à l'imitation des êtres vivants et aux nécessités du
maniement usuel des objets ornés : on peut citer comme
exemple le célèbre « poignard » de Laugerie-Basse,
dont le manche est ingénieusement sculpté dans un bois
de renne à l'imitation de la forme de cet animal[1] ».

[1] Salomon Reinach, *loc. cit.*, p. 170.

XIII. *Gravures*. — Les produits artistiques les plus
simples et les plus nombreux sont des traits faits au
poinçon et au burin, disposés en séries de lignes
droites, parallèles, ou en quadrillages, ou en zigzags, ou
en chevrons, ou en croix de saint André; plus rarement ce sont des lignes ondulées. Ces traits sont faits
quelquefois sur pierre, le plus souvent sur os, ivoire
ou bois de cervidés.

Fig. 41. — Fragment de métatarsien de renne, avec un egravure
représentant un *cervus* qui paraît être le renne (Lartet et Christy).

Les chasseurs de rennes nous ont laissé un grand
nombre de gravures d'imitations d'animaux (fig. 40, 41,
42, 43). Ce sont surtout des représentations de rennes
et de chevaux. Il y en a aussi, mais beaucoup plus
rares, représentant l'homme, l'auroch *(Bison europeus)*, l'urus *(Bos primigenius)*, le mammouth, le saïga,
le chamois, le bouquetin, le cerf, le sanglier, le loup, le
renard, le lynx, le phoque. Beaucoup plus rares sont les
reproductions d'oiseaux (le cygne de Laugerie-Basse,

coll. de Vibraye ; les oies de la Madelaine, coll. Lartet et Christy) et les images de poissons (bâton de commandement de Montgaudier et de Goyet ; brochet sur une dent d'ours à Sordes, poissons sur mâchoires de rennes à Laugerie-Basse, etc.). Plus rares encore sont les figures de plantes : une branche garnie de feuilles sur un bois de renne de Veynier, en Savoie ; une fleur à neuf pétales sur une pointe de sagaie de la Madelaine ; une fougère

Fig. 42. — Os d'oiseau portant le dessin d'un quadrupède,
peut-être du renne (la Madelaine) (Lartet et Christy).

sur un bâton de commandement (mont Salève), un sapin gravé sur un os plat de renne (la Salpêtrière, dans le Gard). L'homme est toujours nu dans toutes les représentations connues.

Les gravures d'imitation sont exécutées surtout sur des os et des bois de rennes, quelquefois sur des canines de carnassiers, sur des morceaux d'ivoire ou sur des plaques de schistes.

Les artistes magdaléniens étaient maladroits pour grouper des animaux de même espèce qu'ils voyaient en troupeau. Ils les alignaient en procession (files de rennes, de cerfs ou de chevaux).

Trop souvent on a voulu voir des tableaux là où il

n'y avait que juxtaposition ou superposition de sujets différents.

M. Piette a cité une série de compositions des artistes de Laugerie-Basse : la femme au renne, la loutre chassant le poisson, l'homme chassant l'auroch, etc. Sauf peut-être pour ce dernier sujet, je pense, avec MM. G. de Mortillet et Cartailhac, que le plus souvent il ne s'agit pas de groupements en tableau.

XIV. *Sculptures*. — Les artistes d'alors ne s'adonnaient pas seulement à l'art de la gravure, ils reproduisaient aussi en sculpture des animaux ou des parties d'animaux notamment la tête. Ils exécutaient ces rondes-bosses sur des bois de cervidés, sur ivoire ou très rarement sur pierre. Citons le mammouth sculpté en bois de renne de Montastruc (fig. 43), le renne en ivoire de Bruniquel (British Museum) et le renne en os de Laugerie-Basse, le bœuf de Maz d'Azil (Piette).

M. Piette a recueilli dans la caverne de Maz d'Azil de belles sculptures en bois de rennes représentant non seulement des têtes de chevaux recouvertes de la peau, mais encore d'autres écorchées et même à l'état de squelettes. Ce qui fit dire à cet habile fouilleur : « Pour se perfectionner dans l'art de représenter le vivant, les artistes du Maz d'Azil sculptaient l'écorché et le squelette [1]. » Pour moi, ce sont là de simples

---

[1] Piette, l'Art pendant l'âge du Renne *(Cong. int. d'arch. et d'ant. préh.*, 10e session à Paris, p. 160, 1889).

copies aux mêmes titres que les têtes non écorchées.

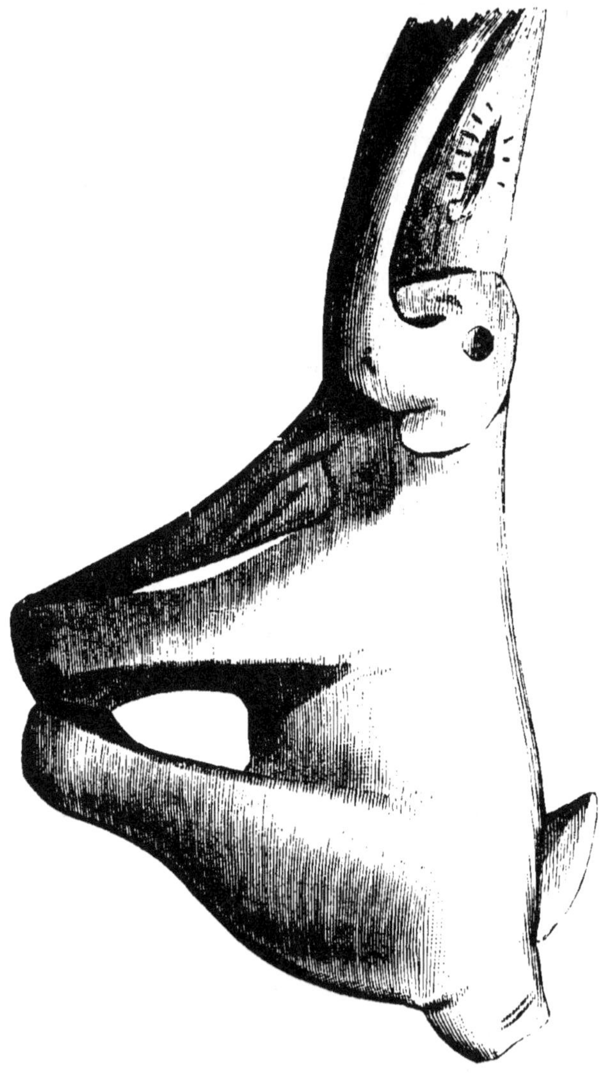

Fig. 43. — Manche de poignard d'un bois de renne, avec sculpture
représentant le mammouth, Montastruc.

Les hommes du Maz d'Azil ont copié des têtes écor-

chées et des crânes de chevaux qu'ils avaient sous les
yeux au milieu de leurs débris de cuisine. Ce n'est pas une étude ; c'est une fantaisie. L'étude de l'ossature et de l'écorché ne se trouve même pas dans l'art grec. Elle est d'origine relativement très récente. Elle implique une recherche profondément raffinée et qui a son application voulue dans l'œuvre de l'artiste. Au Maz d'Azil, rien de pareil. Les reproductions de squelettes et d'écorchés sont aussi primitives et aussi peu exactes ni plus, ni moins que les autres. Vouloir présenter les gravures et les sculptures des hommes magdaléniens comme résultant de recherches que l'art n'a atteint que dans son ultime développement, ce serait leur enlever leur plus grande valeur au point de vue de l'histoire des origines de l'art.

Fig. 44. — Renne sculpté en ivoire
(Abri sous roche de Bruniquel,
Tarn-et-Garonne).

Les artistes de l'époque du renne ont rarement essayé de représenter l'homme lui-même. Ils le faisaient d'ailleurs d'une façon fort inhabile. Telle la gravure du chasseur d'auroch. Il a les cheveux relevés en forme de toupet et tient un trait à la main. Telle aussi la femme au renne, dont la tête manque. Elle est enceinte, le cou est muni d'un collier, les bras de bracelets, les jambes sont mal dessinées. Citons comme sculpture la statuette de femme en ivoire, sans tête, sans bras et sans pieds de Laugerie-Basse[1].

Si nous n'admettons pas que les artistes d'alors faisaient de véritables compositions et des études d'écorché et de squelette en vue de mieux dessiner le vivant, nous sommes, au contraire, convaincu qu'ils faisaient de véritables « études d'animaux » à la façon de nos artistes modernes.

Ces hommes avaient la passion de l'art. Non seulement ils ornaient de gravures et de sculptures, pour les embellir, leurs bijoux, leurs armes, leurs outils, leurs bâtons de commandement, mais encore ils couvraient de croquis les morceaux de schistes, les esquilles d'os, les tronçons de bois de rennes, pour le plaisir de dessiner. Souvent ils faisaient plusieurs esquisses sur le même morceau d'os et enchevêtraient dessin sur dessin.

Ce développement artistique chez les hommes de l'époque du renne nous montre combien ils avaient

[1] M. Piette vient de nous faire connaître une série de sculptures humaines d'un grand intérêt, provenant de la station de Brassempouy (*l'Anthropologie*, t. VI, n° 2, 1894).

de loisirs. Ils devaient avoir la vie facile en comparaison de celle des Primitifs. L'abondance relative au milieu de laquelle ils vivaient, jointe à leur esprit d'observation, fut le point de départ de cet art primitif.

XV. *Le culte des morts. Inhumations simples, inhumations à deux degrés. Ossuaires; décharnement des cadavres; peinture des os.* — Nous avons vu que jusqu'ici aucun fait ne nous permettait d'admettre que les hommes de l'époque du mammouth enterraient leurs morts ou professaient un culte quelconque à l'égard de ceux-ci, contrairement à l'opinion émise par M. Cartailhac.

Les hommes de l'époque du renne ont, au contraire, conservé avec soin les restes de leurs morts. Ils les enterraient avec pompe dans des cavernes naturelles, le corps couvert de parures; ou bien après les avoir enterrés temporairement, ils recueillaient les ossements, pour les placer dans des cavernes constituant les sépultures définitives; ou bien encore ils décharnaient les cadavres et déposaient les os teintés et ornés dans les cavernes ossuaires. Ce dernier mode de sépulture a été pris pour du cannibalisme par certains auteurs.

Dans l'abri de Cro-Magnon les corps avaient été ornés de parures consistant en coquilles teintées en rouge.

Les sept squelettes humains découverts par M. Rivière dans les grottes « Baoussès-Roussès » avaient été décharnés, à en croire M. Cartailhac, avant d'être inhumés, puis revêtus de vêtements, de colliers, de bracelets en coquilles perforées et enfin saupoudrés d'oligiste, ainsi que les objets qui les entouraient.

Le squelette humain de l'abri de Laugerie-Basse fut d'abord considéré par MM. Cartailhac, Lalande et Massenat, comme celui d'un homme écrasé accidentellement par un éboulis de rocher. Cependant M. Cartailhac, le trouvant dans une position analogue à celle du squelette de la quatrième grotte des Baoussès-Roussès, laisse entendre qu'il s'agit encore ici d'une sépulture.

Le squelette de la couche inférieure de Sorbes (Landes) qui avait un collier de 40 canines d'ours et 3 de lion, dont un bon nombre portaient des gravures représentant des flèches, des lignes ornementales et des animaux, doit être tombé là de mort accidentelle. M. Cartailhac [1] cependant pense qu'il a pu être amené décharné et disloqué avec les objets qui lui avaient appartenu.

Le squelette de l'abri sous roche de Raymonden (Dordogne) avait la même attitude que celui des Baoussès-Roussès déposé au Muséum de Paris. M. Hardy, l'auteur de la découverte, s'exprime ainsi à son sujet : « Si le cadavre n'a pas été décharné, je serais du moins porté à croire que pour lui faire tenir moins de place (la sépulture n'ayant que $0^m,67$) on l'avait ligaturé fortement avec des liens quelconques et peut-être recouvert d'une natte de jonc ou d'une peau de bête [2]. » La couche contenant le squelette était teintée par du peroxyde de fer, mais il s'en trouvait en plus grande quantité au niveau des ossements.

[1] Cartailhac, *la France préhistorique*, p. 116.
[2] Hardy, *Matériaux*, 1889.

M. Cartailhac conclut de ces diverses observations dans les cavernes : « Il y a incontestablement là la révélation d'un rite bien établi. Il ne s'agit pas d'une sépulture ordinaire, d'une simple inhumation ni d'un ossuaire comme ceux qui plus tard grouperont en masse les restes des morts. Les corps étaient quelquefois décharnés avant d'être installés dans les grottes où leur présence n'excluait pas l'habitation. Les observations faites dans le midi pyrénéen, dans le centre de la France et jusqu'en Belgique, montrent que cette coutume était générale. C'est là un fait à l'abri de toute controverse. Cependant quelque nombreux que soient les exemples cités, les trouvailles de ce genre sont rares, eu égard au laps de temps énorme que représentaient les couches au milieu desquelles on les a faites. » Nous sommes amené à croire que les populations paléolithiques ne plaçaient que par exception dans les cavernes ou abris sous roches les ossements de leurs morts. Ces dépouilles devaient le plus souvent rester en plein air, soit sur des rochers, soit suspendues dans les arbres ou autrement, dans des conditions qui ne devaient pas leur permettre de durer jusqu'à nous ; nos ancêtres européens de l'âge de la pierre taillée se rattachent ainsi par un trait de mœurs essentiel à une grande partie des populations primitives des autres continents. »

XVI. *Absence de preuves d'anthropophagie.* — Plusieurs fois on a cru reconnaître dans les grottes habitées par les hommes à l'époque du renne des preuves d'anthropophagie [1]. D'après M. Capellini, les ossements humains qu'il a recueillis dans la grotte des Colombes à l'île de Palmana seraient les reliefs de repas de cannibales. M. Piette a soutenu aussi une thèse analogue au sujet des crânes, des vertèbres et des deux humérus d'enfants trouvés par lui dans la grotte du Gourdan.

MM. Hamy et Cartailhac pensent qu'il ne s'agit pas dans l'espèce de preuves de cannibalisme, mais de rites funéraires.

« L'état des corps ou des débris et notamment les stries que l'on remarque sur quelques os démontrent qu'ils avaient été décharnés avec intention ; et tous les indices réunis nous rappellent les coutumes des sauvages modernes [2] ». Le rite funéraire d'inhumation à deux degrés aurait donc existé déjà chez les Magdaléniens depuis les Alpes-Maritimes, jusqu'en Dordogne et au delà.

XVII. *Voyages et commerce*. — Lartet et d'autres observateurs pensaient que les tribus de la Vézère avaient une vie sédentaire comme la plus grande partie

---

[1] Voir notamment sur ce sujet : Capellini, *Congrès int. d'ant. et d'arch. préh.*, 5e session, p. 24, Bologne, 1873. — Frantzius, *Archiv. per anthropologia*, 1876. — Richard Andrée, *Anthropophagie*.— De Nadaillac, *Revue des Deux Mondes*, 15 nov. 1885. — Cartailhac, *Matériaux*, 3e série, t. II, p. 132, 1885. — Cartailhac, *la France préhistorique*, p. 120.

[2] Cartailhac, *la France préhistorique*, p. 113, et pour le nettoyage des ossements chez les sauvages modernes, p. 295.

de la faune qui les entourait. Ils se basaient notamment sur ce fait que l'on retrouve dans les débris de cuisine des restes de rennes de *tout âge* y compris de tout jeunes faons.

M. de Mortillet et d'autres, nous l'avons vu, croient au contraire que le renne changeait de cantonnement en été et en hiver et que les Magdaléniens les suivaient dans leurs pérégrinations. Il cite, comme preuves de ces voyages, la présence de coquilles méditerranéennes dans des stations du versant de l'océan et réciproquement, celle de coquilles fossiles dans des stations très éloignées de leurs gisements, l'existence de silex taillés dans des régions où ils n'existent pas dans le sol, ou la présence de variétés exotiques.

Une station magdalénienne d'Issoire (Puy-de-Dôme) contenait des coquilles fossiles des faluns de la Touraine se trouvant à plus de 300 kilomètres du gisement le plus rapproché, celui de la vallée du Cher et de la Loire. La caverne de Thayngen, près de Schaffhouse en Suisse, contenait des fossiles tertiaires du bassin de Vienne (Autriche).

Tous ces faits n'exigeaient évidemment pas des voyages des tribus tout entières. Ils peuvent fort bien s'expliquer par le colportage et des relations commerciales de tribus à tribus, comme nous l'avons dit plus haut.

« Une autre preuve, dit M. G. de Mortillet, que les hommes de l'époque de la Madeleine abandonnaient souvent leurs stations, c'est que, dans plusieurs d'entre elles, nous rencontrons des débris ou coprolithes d'hyène ou des os rongés par cet animal. Bien certainement il ne s'est pas introduit dans la station pendant qu'elle était habitée. Il a profité d'un moment où elle était inhabitée [1]. »

Evidemment ; mais il suffisait de quelques heures d'absence pour permettre à l'hyène de s'introduire dans la station. Ne voyons-nous pas, même en Algérie, des hyènes s'introduire la nuit dans les camps habités et venir y faire des larcins.

Que certaines grottes aient été abandonnées, puis habitées à plusieurs reprises par une famille, cela ne fait pas le moindre doute. Mais il y a loin de pouvoir conclure de là à des mœurs éminemment nomades de toutes les tribus magdaléniennes.

Ce qui est bien certain, c'est que dès cette époque il y avait des relations commerciales, quelquefois lointaines, établies entre tribus.

XVIII. *Principales stations des chasseurs de rennes dans les cavernes*. — Très nombreuses sont les cavernes et les abris qui furent habités par les Magdaléniens. En France il faut citer tout d'abord les stations de la Dordogne, illustrées par les travaux d'Edouard Lartet et de Christy, dont l'œuvre capitale fut leurs *Reliquiæ aquitanicæ* [2], ceux de Massenat [3],

---

[1] G. de Mortillet, *le Préhistorique*, p. 477.

[2] Lartet et Christy, *Reliquiæ aquitanicæ*, Paris, 1866–1875.

[3] Girod et Massenat, *les Stations de l'âge du Renne dans les vallées de la Vezère et de la Corrèze*, Paris, 1890-1895.

de Vibraye et de Louis Lartet. On compte en France
plus de trente-cinq stations magdaléniennes. Les
plus célèbres et les plus riches furent l'abri de Cro-
Magnon, la grotte des Eyzies, l'abri de Laugerie-Basse,
la station de la Madeleine, qui est à peine un abri
au pied d'un escarpement de calcaire, tous quatre dans
la vallée de la Vezère (arrondissement de Sarlat)
et l'abri de Chancelade (Dordogne). Viennent ensuite
les célèbres grottes et abris de Bruniquel au bord de
l'Aveyron (Tarn-et-Garonne), parmi lesquels l'abri de
Montastruc qui a fourni de si belles pièces à M. Peccadeau
de l'Isle, les grottes du Maz d'Azil (Ariège) et de Gourdan (Haute-Garonne), qui ont donné de si riches récoltes
et de si beaux objets à M. Piette, la grotte de Marsoulas
(Haute-Garonne), la célèbre caverne d'Aurignac, les
grottes des Pyrénées, explorés par MM. Garrigou,
Filhol, de Chasteigner, et parmi celles-ci, la grotte de
Gorges, la caverne Duruty à Sordes (Landes), explorée
par Louis Lartet et M. Chaplain-Duparc, la grotte des
Fées à Arcy-sur-Eure (Yonne), fouillée par de Vibraye
la grotte du Placard à Vilhonneur (Charente), les grottes
de la Corrèze fouillées par MM. Lalande et Massenat.
Dans le département de l'Aude, citons les grottes de
Bize, célèbres par les travaux de Tournal, et, dans le
département de l'Isère, la grotte de la Balme, fouillée
par M. E. Chantre.

Nous avons en Belgique les cavernes de la vallée de
la Lesse, près de Dinant (trou de Chaleux, trou du
Frontal, trou des Nutons, trou du Sureau, trou Magritte);

dans la vallée de la Meuse, la caverne de Goyet (industrie), dans la vallée de l'Ourthe, la grotte de Sy.

Des couches à industrie magdalénienne ont été rencontrées dans la caverne de Kent, près de Torkay, et dans celle de Creswell, en Grande-Bretagne.

En Italie, nous avons vu les célèbres Baoussés-Roussés (grottes rouges) commune de Vintimiglia (Ligurie), connues aussi sous le nom de cavernes de Menton. Citons encore en Ligurie la grotte de Verezzi et en Sicile celle de San Teodoro, près du mont San Fratello (province de Messine). Nous rappellerons pour l'Espagne : la grotte d'Altamira (commune de Santillana del Mar), près de Santander, la grotte inférieure de la Pena la Miel (Vieille Castille), celle de Banyolas (province de Gerone), celle de « Bora gran den Ganeras», près de Seringa, celle de Cueva de Dina (provinces Basques).

Signalons, en Suisse, la grotte de Kesser-Loch à Thayngen (Schaffhouse) dont les belles trouvailles, qui y furent faites donnèrent lieu à de nombreuses et ridicules imitations. Le faussaire fut découvert et condamné par les tribunaux suisses. Il faut encore mentionner la caverne de Frauenthal, celle du moulin de Liesberg, près de Laufen, celle de Scé, près de Villeneuve (Vaud).

En Allemagne il y a la célèbre caverne de Schussenried, au nord de Ravensburg, et celle de la Roche-Creuse (Hohlefels), près de Blaubeuren, dans le Wurtemberg, celle de Lindenthal, près de Gera (Thuringe) et celle de Wildscheuer, sur la Lahn.

Dans la Pologne autrichienne, il y a la caverne du mammouth explorée par M. Zawisza et dont une assise est considérée par M. G. de Mortillet comme magdalénienne.

Les cavernes du sud de la Crimée, fouillées par M. Mereykowski, contenaient des restes de l'habitation de l'homme pendant l'âge du mammouth (moustérien), l'âge du renne (magdalénien), et même de l'époque néolithique.

CHAPITRE VI

Habitation des Cavernes à l'époque néolithique.

I. *Climat.* — Le climat froid et sec de l'Europe à l'époque magdalénienne s'était progressivement adouci, en devenant en même temps plus humide.

Ces modifications successives eurent pour résultat le retrait progressif des glaciers et leur localisation sur les hautes montagnes, ainsi que nous le voyons aujourd'hui.

Ce fut alors que l'accumulation de végétaux, notamment de sphagnes, dans les dépressions du sol, donna naissance aux tourbières. Celles-ci continuent d'ailleurs à se former aujourd'hui dans certaines parties de l'Europe, mais avec une moindre intensité qu'au début de cette période.

II. *Flore et faune*. — La flore ne tarda pas à subir aussi des modifications en rapport avec le changement de climat. Une végétation forestière tempérée se substitua au régime des steppes.

La *Cladonia rangifera*, la principale nourriture actuelle du renne, vint bientôt à lui manquer dans la plupart des localités fréquentées par celui-ci à l'époque magdalénienne. Plus encore, l'humidité du climat et jusqu'à un certain point la civilisation néolithique le contraignirent à se retirer vers le nord et peu à peu jusque dans les régions boréales.

Le renard bleu, le glouton, le lemming, le hamster, le grand coq de bruyère, le tétras des saules *(T. albus)*, la chouette harfang *(Nyctea nivea)* suivirent le renne.

Le bœuf musqué, le wapiti ou cerf du Canada, le grisly ou ours gris *(Ursus ferox)* émigrèrent vers le nord-est, avec l'antilope saïga, qui s'arrêta dans les steppes de la Russie et de la Sibérie.

Le chamois, le bouquetin, la marmotte, le lièvre alpin, la perdrix blanche *(Tetrao lagopus)*, le chocard alpin *(Pyrrhocorax alpinus)* s'étaient réfugiés sur les hautes cimes des Alpes et des Pyrénées.

Le mammouth, qui s'était déjà retiré dans les plaines du Nord pendant l'époque précédente, a gagné la haute Sibérie, où ses derniers représentants vont périr de misère. L'hyène tachetée *(Hyena crocuta)* a émigré vers le sud avec le lion et d'autres félins.

L'auroch *(Bison europeus)* et l'urus *(Bos primigenius)* commencent à péricliter dans l'ouest de l'Europe.

Les principales formes autochtones qui continuèrent à prospérer dans l'Europe centrale furent le cerf elaph, le chevreuil, le loup, le renard, le chat sauvage, l'ours brun, le blaireau, la loutre, la martre, le putois, la fouine, la belette, le hérisson, la musaraigne, la taupe, le lièvre et le lapin.

Quant aux chevaux à l'état sauvage si abondants, dans nos régions, pendant l'ère quaternaire, ils diminuèrent considérablement de nombre, sans disparaître cependant. Le plus grand nombre émigrèrent vraisemblablement jusque dans les steppes de l'Asie, repoussés par l'envahissement des forêts et fuyant devant la domestication.

Pendant que se faisaient ces changements de climat, de flore et de faune, que devenaient les descendants des Primitifs, des hommes de Spy et des chasseurs de rennes de l'ouest?

III. *Hiatus.* — Il n'y a pas bien longtemps, que géologues et archéologues admettaient qu'entre l'époque du renne et l'époque néolithique il s'était écoulé de longs siècles pendant lesquels l'Europe occidentale fut dévastée et dépeuplée. Hommes et animaux en auraient disparu. Il aurait existé un véritable *hiatus* entre ces deux époques.

On peut ramener à trois, ainsi que l'a fort bien dit M. Salomon Reinach[1], les opinions multiples émises sur le sujet qui nous occupe.

1° Disparition radicale des Troglodytes et de leur civilisation; époque où l'Europe occidentale fut inhabitée et qui se termine par l'arrivée des tribus néolithiques.

2° Emigration partielle des Troglodytes à la suite du renne; disparition de leur civilisation, mais non de leur race, remplacée par la civilisation des envahisseurs néolithiques qui s'assimilent rapidement les descendants des hommes des cavernes.

3° Transformation graduelle de la civilisation des hommes en possession de notre sol au contact des immigrants néolithiques.

L'argument le plus fort que l'on apportait à la théorie de l' « hiatus » c'était la lacune correspondant à cette époque que l'on constatait dans les dépôts des grottes habitées par l'homme et les animaux, à travers les âges. En effet, les dépôts de l'époque magdalénienne sont séparés, dans la plupart des grottes, des dépôts néolithiques par des couches ne contenant aucun restes d'animaux ou de l'industrie humaine ou bien par d'épaisses couches de stalagmites.

Dès 1874, l'un des plus ardents défenseurs de l'hiatus, M. G. de Mortillet, reconnaissait[2] qu'il n'était pas

---

[1] Salomon Reinach, *Antiquités nationales, Desc. rais. du musée de Saint-Germain*, t. I, p. 278. Paris.

[2] G. de Mortillet, *Soc. d'ant. de Paris*, avril 1874.

réel, mais une simple lacune dans nos connaissances. Il a confirmé cette manière de voir dans son beau livre, *le Préhistorique*, et récemment il fut plus explicite encore quand il disait : « Très fréquemment aussi, en France, la dernière couche paléolithique des grottes est séparée du néolithique par une assise stérile formée généralement par délitement. Mais cela confirme-t-il l'existence d'un hiatus réel entre les deux formations ? Probablement non. Après l'invasion des envahisseurs néolithiques, les anciennes populations ont dû abandonner leurs vieilles demeures, modifier leur manière de vivre et même fuir momentanément. Les nouvelles populations apportant des habitudes très différentes n'ont plus fréquenté les mêmes lieux. Il est donc tout naturel que les cavernes aient été laissées pendant cette époque de transition [1] ». « Généralement, et avec raison, on admet que l'hiatus entre le paléolithique et le néolithique n'est pas réel. Il existe simplement une lacune dans nos connaissances que l'on cherche de plus en plus à combler [2] ».

En effet, de l'existence d'une couche stérile intercalée dans les cavernes, entre les dépôts de l'époque du renne et ceux de l'époque néolithique, on ne pouvait conclure qu'à une interruption dans l'occupation des grottes et des abris. Au surplus, quoique ce fait ait été

---

[1] G. de Mortillet, *le Préhistorique*, p. 483.

[2] G. de Mortillet, *Congrès d'arch. et d'hist. de Belgique*, 6e session, *Compte rendu*, p. 33, Liège, 1890.

souvent constaté, il est local. Ici on trouve une couche
stérile intercalée entre un dépôt paléolithique et un
dépôt néolithique. Là, une couche néolithique repose
sur une assise de l'époque magdalénienne (grotte du
Gourdan). Plus loin, le dépôt néolithique fait immédiatement suite à celui de l'époque moustérienne.

Très vraisemblablement, une partie des habitants
primitifs de l'Europe abandonnèrent nos régions au
début de l'époque qui nous occupe, pour suivre leur
gibier de prédilection, le renne, et peut-être aussi
devant les envahisseurs nouveaux. Mais sûrement aussi,
une partie d'entre eux a continué à vivre dans les cavernes
et les abris où avaient vécu leurs ancêtres. Telle est
aussi l'opinion de Quatrefages, de Broca, de Cazalis,
de Fondouce et de beaucoup d'autres.

IV. *Invasion des néolithiques*. — Mais voilà que
de nouveaux types ethniques font leur apparition en
Europe.

Ils venaient, dit M. G. de Mortillet, de la région qui
constitue aujourd'hui l'Asie Mineure, l'Arménie et le
Caucase. La race envahissante présentait un type
ethnique nouveau à tête ronde (brachycéphale). Elle ne
tarda pas à se mêler aux autochtones, et de nombreux
métissages apparurent. La population de l'Europe
occidentale, à l'époque robenhausienne se composait
donc d'un mélange de dolichocéphales à l'ossature fortement accentuée, et de brachycéphales aux os plus
arrondis. Les premiers constituant la population auto-
chtone, les autres étant des envahisseurs venus de pays

situés entre la Méditerranée et la mer Caspienne [1].
M. A. Bertrand [2] nous montre les hordes néolithiques
pénétrant en Europe par deux voies différentes. Certains
groupes vinrent par le nord-est et suivirent les côtes
septentrionales de l'Europe pour arriver jusqu'à nous.
D'autres, après s'être arrêtés dans les environs du
Caucase et de la mer Noire, dans les grandes plaines
de la Pologne et les massifs des Carpathes et des
Balkans, remontèrent le Danube pour se rendre dans
nos régions.

V. *Les races néolithiques.* — M. Ph. Salmon, qui
s'est occupé de faire le relevé de l'indice céphalique de
362 crânes néolithiques provenant de 48 sépultures,
a recherché le pourcentage des dolychocéphales et des
brachycéphales. Vingt-trois stations comprenant 104
crânes ne comptaient que des individus à tête longue
(indice céphalique entre 64 et 77,34). Trois ne renfer-
maient que des hommes à tête ronde, représentés par
trois crânes. Il a trouvé 248 têtes longues pour 114 têtes
courtes. Vingt-deux présentaient des mélanges. Admet-
tant que les dolychocéphales ont précédé les brachycéphales aux temps quaternaires, il arrive à la conclusion que les formes à tête courte d'abord en minorité
ont fini par égaler en nombre les formes à tête longue [3].

---

[1] G. de Mortillet, *le Préhistorique*, p. 613.

[2] A. Bertrand, *la Gaule avant les Gaulois*, Paris, 1884.

[3] Salmon, *les Ages de la pierre à l'Exposition de 1889*, p. 65,
66, Paris, 1889.

La question pourrait être beaucoup plus complexe. Il est probable que l'invasion des peuplades néolithiques s'est faite par plusieurs poussées espacées, à travers cette longue période de siècles que nous appelons l'époque néolithique. Les différentes tribus néolithiques, comme le dit fort bien M. S. Reinach [1], attirées vers l'ouest par l'amélioration du climat, n'appartenaient pas nécessairement au même type ethnique. Provenant probablement de régions très éloignées les unes des autres et à des dates très distantes, les unes pouvaient être dolychocéphales, les autres brachycéphales et n'auraient eu de commun que le fond de leur civilisation. De plus, il se peut fort bien qu'il y ait eu parmi les diverses poussées néolithiques plusieurs types ethniques différents de dolychocéphales et de brachycéphales.

Il est bien difficile de dire, dans l'état actuel de nos connaissances, à quel type ethnique appartenaient les premiers envahisseurs néolithiques. Cependant, je pense avec MM. de Mortillet, Hamy, Verneau et d'autres que ce fut un type à tête ronde. Dans la Lozère c'étaient des individus à tête courte qui luttaient contre les hommes de Cro-Magnon ; dans les Kjœkkenmœddings du Portugal, M. Cartailhac a trouvé des brachycéphales mêlés à des individus qui présentaient un grand nombre de caractères physiques de nos vieux chasseurs de rennes quaternaires. Il ne faudrait pas cependant trop se hâter

[1] S. Reinach, *Ant. nat. Musée de Saint-Germain*, t. I, p. 281.

de conclure, car il se pourrait que, sur un point de
l'Europe, les brachycéphales fussent arrivés avant les
dolychocéphales, tandis que le contraire se serait
produit ailleurs [1].

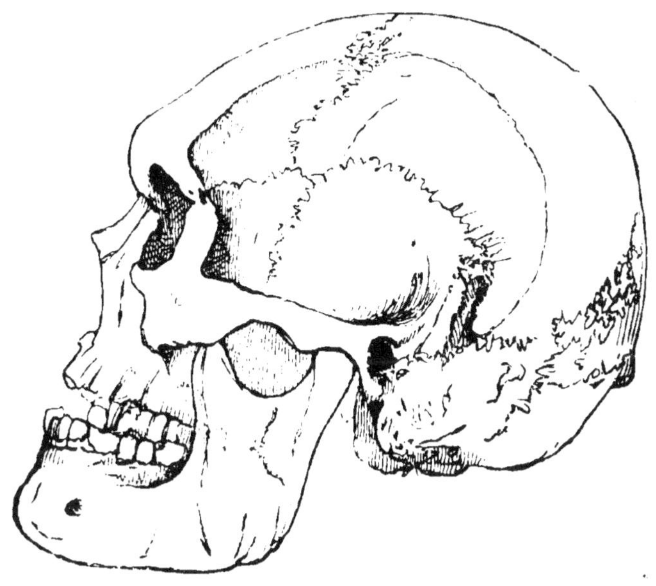

Fig. 45. — Crâne de Borreby, vu de profil.

Un type de néolithiques à tête ronde, à face droite, de
taille moyenne, mais trapue, s'est rencontré métissé déjà
avec un autre type dolychocéphale dans la sépulture
d'Orrouy près de Crépy, si bien décrite par Broca,
dans la grotte sépulcrale de Furfooz sur la Lesse (Belgique), dans celle de Sclaigneaux (Namur), dans les

[1] Verneau, *les Races humaines*, p. 81, Paris.

sépultures de Mugena étudiées par M. de Paula, dans
l'ossuaire de Borreby en Danemark (fig. 45). Le Dr Tihon et moi, nous l'avons retrouvé absolument pur de
tout mélange dans l'ossuaire de l'abri Sandron, à
Huccorgne, dans la vallée de la Méhaigne (Belgique)

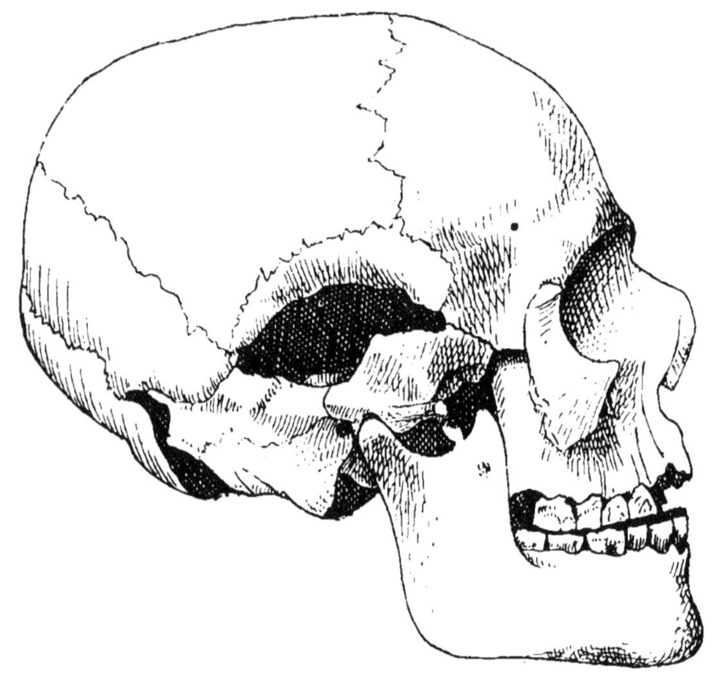

Fɪɢ. 46. — Crâne de l'abri Sandron.

fi (fig. 46). M. Hamy [1] a proposé de lui donner le nom de
sr race d'Orrouy. D'autres l'ont nommée *race de Furfooz*
fi (fig. 4). D'autres appelent ces hommes : *les Brachy-*

[1] Hamy, *Congrès d'arch. et hist. de Belgique*, 6e session,
Liège, 1890.

céphales *néolithiques* [1]. C'est là sûrement un des types ethniques néolithiques nouveaux, mais est-il le plus ancien, et est-il le seul?

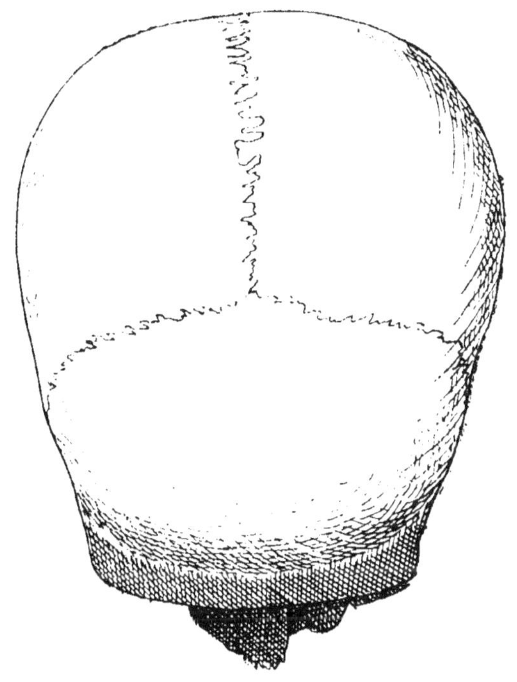

Fig. 47. — Crâne de l'abri Sandron, vu d'en haut.

Un autre type bien caractérisé est représenté par les dolychocéphales occipitaux (indice céphalique moyen 73) à face large, à sutures craniennes simples, à forte

[1] Georges Hervé, les Brachycéphales néolithiques (*Rev. de l'Ec. d'anthropologie*, t. IV, p. 393, 1894, t. V, p. 18, 1895).

mâchoire inférieure, de grande taille, à cubitus arqué, à fémurs à pilastre, à tibias aplatis (platycnémiques), à péronés cannelés. Il représente les descendants de la race de Cro-Magnon quaternaire atténuée. Le crâne est plus harmonique, la taille moins élevée. Nous rencontrons ce type parmi les ossements des sépultures néolithiques de l'Homme mort de Chamant, de Beaumes-Chaudes, dans la Lozère, dans la grotte de Sordes (Landes), dans les grottes artificielles de Petit-Morin (Marne), dans les dolmens de Chamant (Oise), de Maupas, (Vienne), dans les kjökenmödings de Mügem où il prédomine sur le type à tête ronde, dans les « long-barrows » d'Angleterre, dans les dolmens d'Allemagne et de Pologne, dans les dolmens de Borreby, en Danemark, etc.

Au milieu de ce dédale de restes humains néolithiques, nous classons volontiers les ossements en deux grandes catégories : le type à tête longue et le type à tête courte. Ces deux types extrêmes se rencontrent tantôt juxtaposés, tantôt métissés dans un grand nombre de sépultures. De plus, nous ne pouvons rapporter à une même race tous les dolychocéphales. Nous ne pouvons identifier sûrement les dolychocéphales des kjökenmödings de Mügem avec ceux des *long-barrows* d'Angleterre, des dolmens d'Allemagne, des grottes sépulcrales de l'Homme mort et des Baumes-Chaudes. Nous ne pouvons englober dans un même type ethnique, les brachycéphales de la grotte sépulcrale d'Orrouy, de Sclaignaux, de Sandron, des kjökenmö-

dings de Mügem qui étaient de taille et d'ossature petite
ou moyenne avec les brachycéphales du dolmen de
Borreby de haute stature et aux os grossiers.

« Il y a longtemps, dit M. Cartailhac, que MM. de
Quatrefages et Hamy, ce dernier surtout, ont insisté sur
le « fouillis » de races qui forment la population de notre
pays à la période néolithique ; tous les relevés ont confirmé cette manière de voir. Nous retrouvons la race de
Cro-Magnon dans la grotte de Sordes, dans quelques
dolmens du Midi, dans celui de Lery (Eure). D'après le
Dr Topinard, des métis de Cro-Magnon et d'une race
mal connue forment la population des Baumes-Chaudes
sur le Tarn, et de l'Homme mort de Saint-Pierre-des-
Tripieds (Lozère). Une race brachycéphale inconnue à
l'époque quaternaire s'est rencontrée dans le trou du
Frontal à Furfooz en Belgique et s'est montrée plus
pure encore dans un dolmen de l'Aisne, à Montigny
l'Engrain, et plus ou moins mélangée dans le puits de
Cumières et dans les allées couvertes de Vauréal et de
Meudon. Dans les grottes de la Marne, nous trouvons en
contact la race de Furfooz et celle de l'Homme mort.
Dolychocéphales et brachycéphales variés, types métissés se présentent pêle-mêle sur une foule de points :
aucune catégorie de monuments ne possède une race
spéciale [1]. »

[1] Cartailhac, *la France préhistorique*, p. 330. Voir sur le
même sujet: de Quatrefages, *Histoire générale des races humaines*, p. 113 et suiv., Paris, 1887, et *l'Espèce humaine*, p. 248,
Paris, 1877. — Broca, *Bull. Soc. d'Ant.*[*de Paris*, année 1864.

De cette multiplicité de types ethniques que l'on ren—
contre dans les diverses sépultures néolithiques des
différents pays d'Europe, associés et métissés avec les
anciens autochtones, disons encore une fois avec de
Quatrefages, que les invasions néolithiques ont dû être
multiples et plus ou moins espacées à travers cette
longue période de temps que nous appelons l'époque
néolithique.

Quoi qu'il en soit, des envahisseurs néolithiques ap-
portèrent tous le même fond de civilisation nouvelle.

VI. *Civilisation des néolithiques.*—Ce sont eux qui
ont amené en Europe les animaux domestiques ou tout
au moins l'art de domestiquer le chien, le cheval, le
bœuf, la chèvre et le mouton. Ils ont introduit en
Europe la culture des céréales, l'art du tisserand et du
potier. Ces hommes utilisaient encore la pierre pour en
faire des instruments de travail et des armes, mais ils
savaient la polir, quoique vraisemblablement les plus
anciens néolithiques ne polissaient guère la pierre
comme nous allons le voir plus loin.

Si quelques-uns vont partager avec les autochtones

1874, 1875, *Revue d'Anthropologie*, année 1878, p. 268, *Matériaux*, t. III, p. 315, 1886. — De Mortillet, *le Préhistorique*,
p. 610. — Baron J. de Baye, *Archéologie préhistorique*, p. 125
et suiv., 1888, Paris, (Bibl. sc. cont.). — Ph. Salmon, *Races
humaines préhist.* Paris, 1888, *Revue mens. de l'école d'anthro-
p. 155, 1895. — Hervé, *Rev. mens. d'éc. d'ant.*, t. IV, p. 193,
1894, *pologie*, t. V, p. 18, 1895. — Nombreux articles dans le
Bull. de la Soc. d'ant. de Paris, par MM. Bordier, Hamy,
Hervé, Hovelacque, Lagneau, Manouvrier, Salmon.

les cavernes, la plupart se construisent des habitations en plein air : ici des cabanes, là de véritables constructions en bois, élevées sur pilotis au milieu des marais ou sur le bord des lacs. Ils ont le culte des morts poussé bien plus loin encore que les chasseurs de rennes de la fin du quaternaire. Là, où il existe des grottes naturelles, ils s'en emparent pour en faire des sépultures et des ossuaires. Là, où les roches sont suffisamment friables, ils les creusent pour en faire des cryptes funéraires. Là enfin, où le pays ne comporte pas ces sortes de tombes, ils vont les remplacer par ces constructions colossales : les dolmens et les allées couvertes.

VII. *Chronologie de l'époque néolithique.* — Il n'est pas possible d'établir une classification chronologique de l'époque néolithique en nous basant sur les données de l'anthropologie. La géologie est également impuissante à nous fournir les éléments de cette classification. Nous ne pouvons pas davantage faire appel à la faune.

Quant aux données archéologiques, elles ne sont pas suffisamment caractéristiques pour établir dès aujourd'hui des subdivisions chronologiques certaines dans cette époque.

Il semble cependant, dans l'état actuel de nos connaissances, qu'au début de l'âge néolithique les instruments polis furent excessivement rares et qu'ils ne sont devenus très abondants que dans la suite.

VIII. *Habitations et séjour de néolithiques dans les cavernes.* — Quoi qu'il en soit, nous voyons

encore pendant l'époque néolithique les cavernes servir
d'habitation, non seulement aux Primitifs, mais encore
aux envahisseurs et à leurs métis, soit d'une façon per-
manente, soit comme refuge temporaire, ou comme
station d'occasion.

Les couches archéologiques, paléolithiques, sont
recouvertes dans beaucoup de grottes et d'abris par une
ou plusieurs assises meubles contenant l'industrie
caractéristique des néolithiques; instruments en pierre
et en os, tessons de poteries, restes d'animaux domestiques et de la faune actuelle.

La grotte de Reilhac en France, fouillée par MM. Cartailhac et Boule contenait un niveau ossifère inférieur de l'âge du renne et une couche supérieure correspondant à la période néolithique, sans interposition
de zone stérile. La grotte du Docteur, dans la vallée
de la Mehaigne, Huccorgne (Belgique), était dans le
même cas.

Beaucoup de cavernes et d'abris ne contiennent que
des restes de l'industrie néolithique. M. G. de Mortillet
cite toute une série de ces grottes [1]. Les cavernes de
Buthiers (Seine-et-Marne); l'abri de Montauban, à
Bagnère-de-Luchon (Haute-Garonne); la grotte de la
Magdeleine, à Mireval (Hérault), celle de Dieuregard et
du Salpêtre, à Sauve (Gard), celle du Salpêtre à Pom-
pignan (Gard), celle de Louoï, à Vallon (Ardèche) d'où
M. Allier de Marichard a extrait tout un mobilier

---

[1] *Le Préhistorique*, p. 500.

analogue à celui des palaffittes ; celle de Saint-Moré (Yonne).

Cazalis de Fondouce[1] a rencontré dans la grotte Sardanelle, dans la vallée du Gardon, les restes d'industrie et les débris de cuisine d'une tribu éminemment pastorale. Les ossements de bœuf et de mouton y abondaient, tandis que ceux des animaux sauvages étaient fort rares.

MM. Garrigou et Filhol[2] nous ont d'autre part fait connaître les mœurs et l'industrie des troglodytes néolithiques par leurs belles recherches dans les Pyrénées ariégeoises. Ces observateurs ont rencontré en abondance, dans les grottes de Bedeilhac et de Sabat, le mouton, la chèvre, plusieurs variétés de bœufs, le porc, le chien, et avec ces animaux domestiques, le renard, le blaireau, le chat sauvage, le coq de bruyère, des coquilles de mollusques terrestres, des noisettes, des noyaux de prunelles, des fruits sauvages. Ce sont là les reliefs des repas de troglodytes néolithiques. Ils présentent les mêmes caractères que ceux des chasseurs de l'époque du mammouth et du renne. Les os longs ainsi que les crânes sont brisés pour en extraire la moelle.

Au milieu de ces ossements se trouvaient des haches polies en schiste, en serpentine et en ophite, des massues en granit, des bois de cerf et de chevreuil appointés, des poinçons et des ciseaux en os, des aiguilles en os·

---

[1] Cazalis de Fondouce, *l'Homme dans la vallée du Gardon*, Montpellier, 1872.

[2] Garrigou et Filhol, *Age de la pierre polie dans les Pyrénées ariégeoises*, Paris et Toulouse (sans date).

Il y avait aussi de gros blocs de grès ayant servi de polissoirs, analogues à ceux qui ont été rencontrés dans la caverne *Casa Moura* en Portugal. Ces fouilleurs ont recueilli aussi des poteries à pâte grossière contenant des grains de quartz, les uns cylindriques et à fond plat, les autres petits, renflés et façonnés tous à la main. Ils y ont même rencontré des meules à broyer le grain et des mortiers analogues à ceux qui avaient été trouvés à Cullem [1] (Banfshire) et dans la grotte de *Ginesta*, près de Gibraltar [2]. Nous avons là, dans ces cavernes des Pyrénées ariégeoises, le mobilier des riches stations du bel âge de la pierre polie.

Ce n'est pas seulement en France et en Belgique que les néolithiques ont habité des grottes. Nombreuses sont les cavernes qui, en Angleterre, ont servi d'habitation et de refuge aussi bien que de sépulture, aux hommes de ce temps.

Tel est un groupe de grottes près de Perthi-Chavareu dans le pays de Galles, à 15 kilomètres de Corwen et à 1 1/2 kilomètre du petit village de Llandlega, dans le Denbighshire. Les habitants de ces cavernes appartenaient à une tribu de pasteurs et de chasseurs.

On y a recueilli des monceaux d'ossements d'animaux domestiques, ayant appartenu à de jeunes sujets, des restes d'animaux sauvages et notamment de lièvres adultes, des os rongés par le chien.

[1] *Proc. Soc. Anthropology of Scotland*, t. II, p. 377.
[2] *Int. Cong. of preh, Arch. Norwich*, p. 155, 1868.

Voici, d'après Boyd Dawkins, la liste des espèces qui y ont été trouvées : *Canis familiaris, Canis vulpes, Meles taxus, Sus scrofa, Cervus capreolus, Cervus elaphus, Capra hircus, Bos longifrons, Equus caballus, Arvicola amphibius, Lepus timidus, Lepus cuniculus, Aquila.*

Il y avait là aussi des restes de foyers et des instruments en pierre, notamment une hache polie.

Nous reparlerons plus loin de cette station à cause de sa caverne funéraire.

Citons encore les cavernes des environs de Cefn près de Saint-Asaph [1].

L'Espagne possède également des cavernes ayant servi d'habitations et de sépultures aux Néolithiques. Louis Lartet [2] nous en avait déjà fait connaître plusieurs, notamment l'une des *Cueva Lobrega* (grottes ténébreuses) dans la Sierra Cebollera, sur les bords du Yregua située à 80 mètres de hauteur. Il y recueillit avec des débris de chien, de cheval, de deux petites races de bœufs, d'une ou deux races de chèvres, des ossements abondants de sanglier ou de cochon, du cerf, du chevreuil et d'un animal différent du chien, du loup, du renard et du chacal. Il y avait, avec ces débris de cuisine, du charbon, des cendres, des os taillés, des poinçons, des lissoirs, des aiguilles à chats et de magnifiques

---

[1] W. Boyd Dawkins, *Die Höhlen*, p. 114 et 122, Leipzig, 1876.

[2] Louis Lartet, Poteries primitives, instruments en os et silex taillés des cavernes de la vieille Castille (Espagne) (*Revue archéologique*, Paris, 1866).

poteries façonnées et ornées à la main, mais il n'y avait pas d'instruments en silex.

M. Mac Pherson [1] a exploré une autre caverne, la *Cueva de la Mujer* (grotte de la femme), dans les environs de Grenade, qui servit aussi d'habitation, puis de sépulture aux Néolithiques. Il y a recueilli des ossements de cerf, de bœuf, de rongeurs et d'oiseaux, avec des haches en pierre, des lances en silex et un bracelet fait d'une valve d'un grand pectoncle et des poteries.

M. Vilanova a exploré un grand nombre de cavernes dans le nord-est et le sud, qui furent habitées par l'homme de la pierre polie et même jusqu'à la période romaine.

La grotte *Avellassera* dans le Matamon, province de Valence, qui contenait du cerf, du cheval, une tortue terrestre, des coquilles terrestres, des haches en pierre, des lances et autres instruments en silex, avec des ossements humains, serait d'après M. Cartailhac, une sépulture.

Les cavernes du rocher de Gibraltar auraient aussi servi d'habitation aux Néolithiques avant qu'ils n'en fissent leurs sépultures.

Le capitaine Brome, qui les a surtout fouillées, rencontra dans l'une d'elles (Gernista n° 1) des ossements de mammifères, parmi lesquels le marsouin, des os d'oiseaux, de poissons, des instruments en silex, des

---

[1] Mac Pherson, *La cueva de la Muger, Descripcion de una caverna conteniendo restos prehistoricos, descubierta e las immediano nes de Alhama de Granada.*

pointes de flèches, des os appointés, des poteries, dont certaines comparables à celle de la « *Cueva de la Muger* ». Les autres ressemblaient aux vases de l'abri de Saint-Mamet (Luchon), et de l'allée couverte de Taillant (Tarbes). Il y avait là aussi, indépendamment de l'habitation, une sépulture[1].

En Italie. M. Ridola[2] a étudié plusieurs stations des Néolithiques, dans les cavernes de la rive gauche du Gravina près de Potenza, province de Basilicate.

En Pologne d'Autriche, M. Ossowski[3] nous faisait connaître, dès 1880, neuf grottes ayant servi d'habitation à l'homme néolithique, avec foyers, débris de cuisine et restes d'industrie.

Comme on le voit par ces exemples, les cavernes ont continué à servir d'habitation à l'homme pendant l'époque néolithique dans toute l'Europe. Mais comme nous le constaterons plus loin, elles furent surtout utilisées comme lieu de sépulture.

Les Néolithiques étaient d'ailleurs beaucoup trop nombreux pour pouvoir s'abriter tous dans les grottes naturelles qui n'existent qu'en petit nombre et seulement dans certaines régions montagneuses à roches calcaires.

---

[1] G. Busk, *Cong. int. d'arch. et d'ant. préh. à Norwich*, 1869. Voir aussi sur les cavernes néolithiques d'Espagne le beau livre de M. Cartailhac, *les Ages préhistoriques de l'Espagne et du Portugal*, p. 59 et suiv., Paris, 1886.

[2] Ridola, *la Rassegna settimanale*, n° 114, 1880.

[3] Ossowski, *Recherches accomplies en 1879 dans les cavernes des environs de Cracovie*.

IX. *Habitation dans des grottes artificielles.* —
Quand la roche était suffisamment tendre comme la
craie ou le tuffeau, pour être entamée à coups de pics

FIG. 48. — Grotte-habitation de la station de Courjeonnet (de Baye).

et de haches, les Néolithiques se creusaient de véritables demeures souterraines (fig. 48).

Comme exemple de ces grottes artificielles, nous
parlerons de celles de la vallée du Petit-Morin (Marne),

utilisées surtout comme sépultures. Elles sont devenues célèbres par les beaux travaux de M. le baron J. de Baye[1], dont je vais tacher de donner un résumé exact.

Ces cavernes ont été creusées à diverses périodes par les Néolithiques. Les grottes-habitations sont souvent

Fig. 49. — Hache montée, sculpture du groupe de Coizard (de Baye).

divisées en deux chambres par une cloison. L'entrée est entaillée de façon à recevoir une porte en bois ou une dalle en pierre. Il y a souvent plusieurs degrés à gravir pour arriver à l'entrée. Cette disposition préservait l'intérieur des inondations. J. de Baye a reconnu

[1] Lire notamment, l'*Archéologie préhistorique* du baron J. de Baye, Paris, 1888, volume consacré presque tout entier à ces grottes artificielles de la Champagne.

dans ces habitations de véritables étagères entaillées dans les parois. Sur celles-ci se trouvaient encore des instruments en silex, des coquilles, des objets de parure. Les parois portaient, en certains points, des sculptures en relief ; les unes représentant des haches

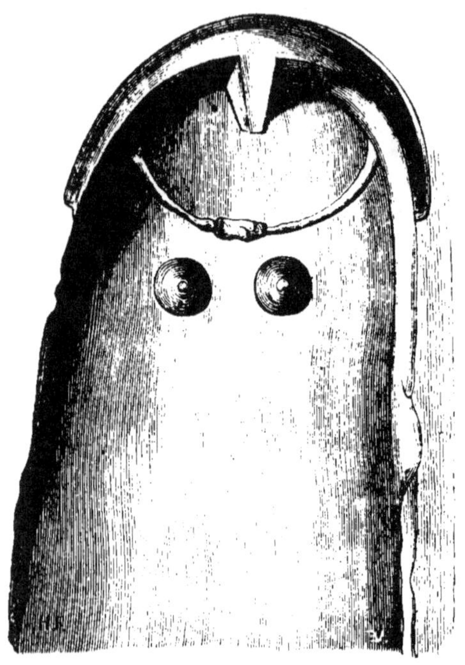

Fig. 50. — Sculpture d'une grotte de Coizard.

emmanchées et teintées en noir (fig. 49), d'autres reproduisant des figures humaines grossièrement ébauchées (sculpture de femme de la grotte de Coizard) (fig. 50).

J. de Baye a recueilli dans les habitations et les sépultures de Petit-Morin une centaine de haches emmanchées, des grattoirs, des scies, des pointes de lances, des pointes de flèches en silex, des instruments en os, des pendeloques en marbre et en schiste (fig. 76), des perles decollier en craie (fig. 73), des coquilles percées (fig. 74).

Il existe encore de telles grottes artificielles creusées par la main de l'homme, dans la Corrèze. Elles sont peu profondes et orientées au sud et au sud-ouest, aux environs des cours d'eau. Quelquefois plusieurs grottes communiquent entre elles par de simples ouvertures dans les parois ou dans le plafond, ou par de véritables escaliers. Des étagères, des sièges, des mangeoires sont sculptés dans les parois des chambres. Ces grottes ont été habitées depuis l'époque néolithique jusque dans les temps historiques. M. Philibert Lalande qui les a découvertes ne croit pas qu'elles datent de beaucoup avant la conquête romaine [1].

X. *Bourgades néolithiques à l'intérieur des terres.* — Ce n'est qu'une infime partie des Néolithiques et des descendants des Autochtones ayant conservé les traditions et les mœurs de leurs ancêtres quaternaires qui très vraisemblablement, habitèrent les grottes et les abris. Les autres se construisirent des huttes et des cabanes, dans la plaine et sur les plateaux, sur les berges des fleuves et sur les plages, groupées en bourgades et même en véritables villages. Mais la plupart de ces constructions ont disparu sans laisser de traces, détruites par le temps, par les agents atmo-

---

[1] *Matériaux*, année 1878, p. 378 et suiv.

sphériques, par le feu, par les boisements, par la culture, par l'édification des villes.

On a retrouvé des restes de ces bourgades à Champigny, près de Paris, à Chassey (Saône-et-Loire), dans la vallée de la Vibrata et dans la vallée du Pô, en Italie, dans la Hesbaye et la Campine belge, etc.

XI. *Kjökenmödings.* — Les berges des fleuves ont été très habitées par les Néolithiques ; c'est ce qui fait que l'on ramène par le dragage du lit des fleuves des quantités d'objets de cette époque.

Les bords de la mer et surtout les plages furent aussi très fréquentés par les Néolithiques. On rencontre en certains points des accumulations énormes de leurs débris de cuisine (kjökenmödings). Ceux-ci consistent surtout en débris de coquilles au milieu desquels on rencontre des os brisés de cerf, de chevreuil, de sanglier et de chien, mêlés à des cendres, à des tranchets et lames de pierre et à des tessons de poteries. Les kjökenmödings les plus célèbres ont été découverts en Danemark et en Portugal (Mugem). On en a signalé en Suède, en Irlande, en Sardaigne, en France (Pas-de-Calais, Somme, Charente-Inférieure et Var).

XII. *Cités lacustres.* — Les Néolithiques ont bâti quelquefois dans les lacs des constructions sur pilotis, à proximité des rives, dont on a retrouvé les restes. Ces bourgades aquatiques (fig. 51) sont connues sous le nom de cités lacustres ou palaffites *(palaffiti, pilotis)*. Sous ces maisons s'accumulaient des débris de toute sorte et de nombreux objets que la vase recouvrait. Leur découverte a permis de reconstituer toute la civilisation des Lacustres.

La Suisse est le pays par excellence des palaffites. On en a aussi découvert en Savoie, dans le Jura, en Autriche, dans le Wurtemberg, en Bavière et même en Hollande.

On a retrouvé en Italie des constructions sur pilotis élevées au milieu de lacs artificiels.

L'usage de construire des habitations aquatiques a surtout été répandu pendant l'époque du bronze et du fer. Il s'est conservé chez certains peuples jusqu'aujourd'hui.

XIII. *Les terramares*. — Les Néolithiques ont encore bâti en Italie des habitations tenant à la fois des kjökenmödings et des palaffites au milieu de marécages : les terramares. Ces constructions ont surtout été en usage à l'époque du bronze.

XIV. *Camps retranchés*. — On rapporte aussi aux Néolithiques un certain nombre de camps retranchés, sur les plateaux. Ces camps étaient défendus par deux ou trois enceintes, des fossés, des murailles ayant jusqu'à 3 mètres d'épaisseur. Ces murs étaient formés de quartiers de roche, de rangées de pierres sèches, de bois et de sable. Les camps néolithiques sont au nombre de plus de quatre cents, en France. Le plus célèbre est celui de Chassey (Saône-et-Loire). En Angleterre, citons le camp de Cissbury qui fut occupé ultérieurement par les Romains. En Belgique, le plus important est le camp d'Hostedon, près de Namur, où il a été recueilli plus de 10.000 silex taillés. Lui aussi fut occupé par les Gallo-Romains. Il y a également, près de Lisbonne, le camp fortifié de Moinho da Moura.

XV. *Autres retranchements*. — On dit qu'il faut encore attribuer aux Néolithiques les retranchements en

Fig. 51. — Reconstitution des habitations lacustres suisses.

tertres circulaires de la Basse-Vistule, les retranchements de terre des points culminants des vallées torrentielles de la Roumanie et même ces véritables maisons retrouvées dans les fouilles de Santorin.

Comme on le voit, les Néolitiques, suivant les temps et les circonstances, eurent des modes d'habitation très variés.

XVI. *Exploitation du silex.* — Les Néolithiques ont fait de véritables exploitations minières dans la craie et la marne à la recherche du silex qui leur servait surtout de matière première pour la confection de leurs outils et de leurs armes. Tantôt ils travaillaient en tranchée, tantôt ils creusaient des puits et des galeries d'extraction. Ils abattaient la craie à l'aide de pics en bois de cerfs. On a retrouvé à Obourg (Belgique) l'un de ces mineurs préhistoriques écrasé par un éboulis dans une de ces galeries.

XVII. *Ateliers de fabrication.* — Les Néolithiques établissaient souvent au milieu des carrières d'exploitation ou à proximité de celles-ci de véritables ateliers de taille. On connaît un grand nombre de ces ateliers en France, en Belgique, en Italie, en Allemagne, en Angleterre, en Norvège.

XVIII. *Instruments en pierre et en os, et polissage.* — La grande majorité des instruments en pierre n'ont pas subi le polissage. Il en est dont le travail est merveilleux comme taille.

Les instruments dont ils se servaient pour le travail du silex étaient le percuteur ou marteau et le retouchoir ou écrasoir.

Les grattoirs sont des instruments très caractéristiques des temps néolithiques. Ils affectent le plus souvent la forme de disques retouchés sur la moitié du bord. Il y a aussi les perçoirs, les scies (fig. 52), les tranchets.

Ils fabriquaient aussi de fort belles armes en pierre, telles que les pointes de lances et de javelots (fig. 54, 55),

les poignards, les pointes de flèches (fig. 56 à 60) simples
et à tranchant transversal (fig. 62). Quoique le polissage des instruments en pierre n'ait pas été commun

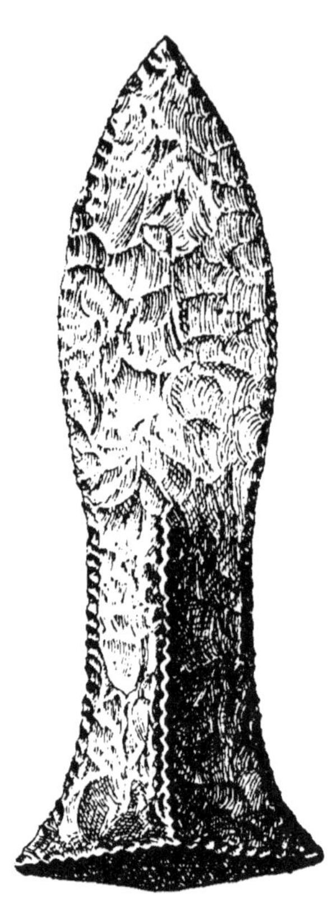

Fig. 52. — Scie en silex.   Fig. 53. — Poignard en silex
1/2 gr. nat. (musée de Copenhague).

pendant l'époque néolithique, la hache polie n'en est
pas moins l'outil caractéristique. Cependant beaucoup
de haches n'étaient que taillées (fig. 66), d'autres
avaient le tranchant poli ; d'autres enfin étaient polies

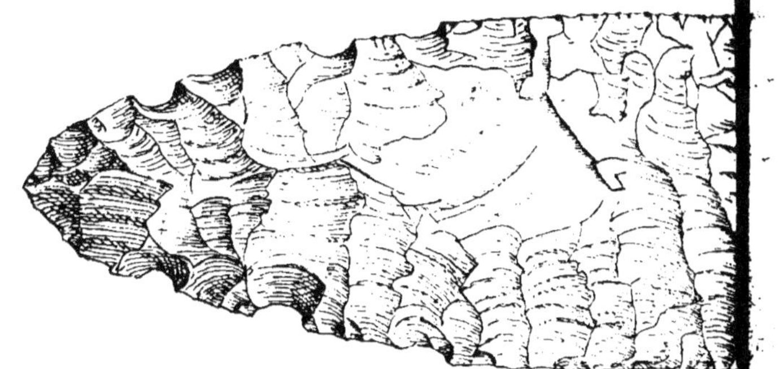

Fig. 54. — Pointe de lance

Fig. 55. — Pointe de lance

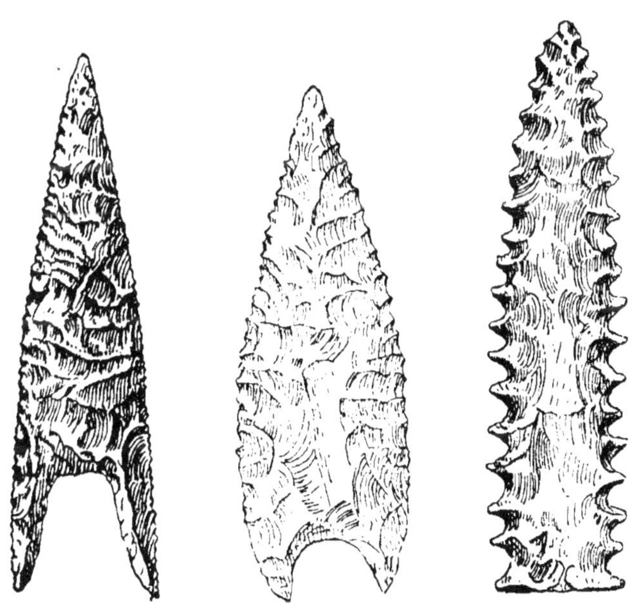

Fig. 56, 57 et 58. — Pointes de flèches en silex. 1/2 grandeur.
(Musée de Copenhague.)

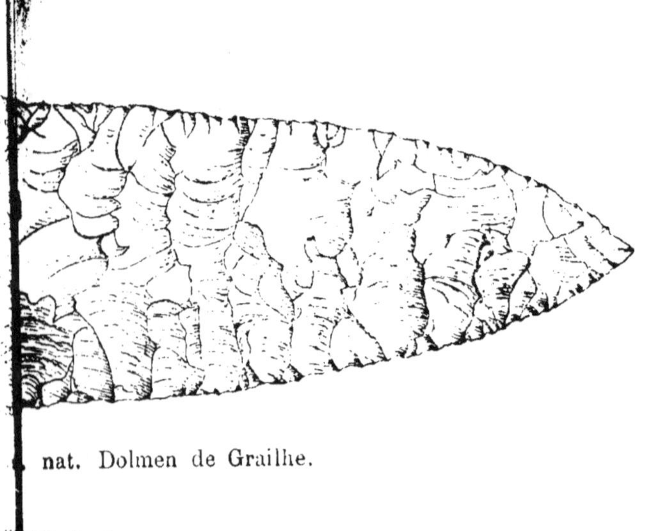

nat. Dolmen de Grailhe.

at. (Musée de Copenhague).

Fig. 59, 60 et 61. — Pointes de flèches losangées en silex.

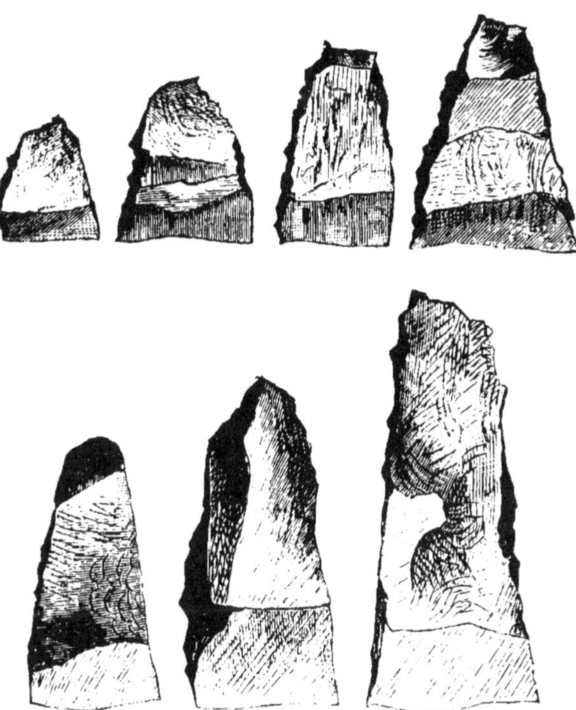

FIG. 62. — Pointes de flèches à tranchant transversal. Grottes artificielles de la Marne, coll. de Baye.

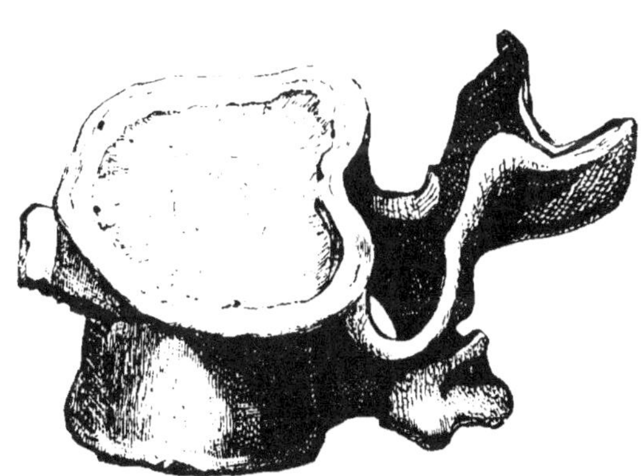

FIG. 63. — Une pointe de fleche à tranchant trans- versal enchâssée dans une vertèbre humaine.

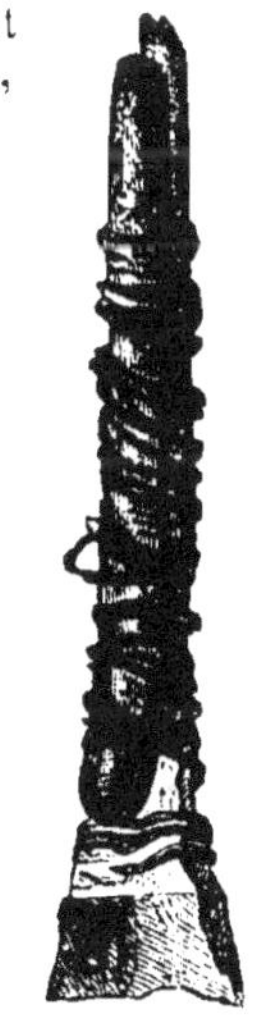

FIG. 64. — Flèche montée.

sur toute leur surface (fig. 65). Ces haches varient beaucoup par leur forme, leurs dimensions et leur composition. Leur emmanchure (fig. 67) était aussi variée.

XIX. *Instruments et armes en os et en corne.* — L'os et surtout le bois de cerf ont largement été utilisés par les Néolithiques. Les canons, les métacarpiens et métatarsiens, les cubitus d'ongulés étaient fendus en long et façonnés en poinçons, poignards, ciseaux, harpons, pointes de lance et de javelot. Le bois de cerf était surtout utilisé comme pic (fig. 68), comme gaine de hache et manche d'instruments divers.

XX. *L'art du potier et les poteries.* — S'il est vrai que les Primitifs savaient déjà façonner l'argile et la durcir au feu, il n'en est pas moins certain que l'art de la céramique, l'art du potier est d'une importation néolithique. On ne peut fouiller aucune habitation ou sépulture de cette époque qui ne contienne des tessons ou des vases entiers. Toutes ces poteries sont faites à le main, sans le secours du tour et de tout autre procédé mécanique. Leur forme est peu symétrique, mais très variée. Les plus petits sont à fond rond et les plus grands à fond plat (fig. 71). Souvent les bords portent des festons faits au pouce et des mamelons sont disséminés à la surface pour les tenir plus facilement à la main. Quand il y a des décors à la surface, ce sont presque toujours des lignes parallèles, des dents de loup faites à la main ou à l'ébauchoir. Il en est qui ne manquent pas de cachet artistique (fig. 69, 70). La pâte des poteries communes est très facile à reconnaître. Elle est grenue, mal cuite et contient des fragments de calcaire, des petits cailloux

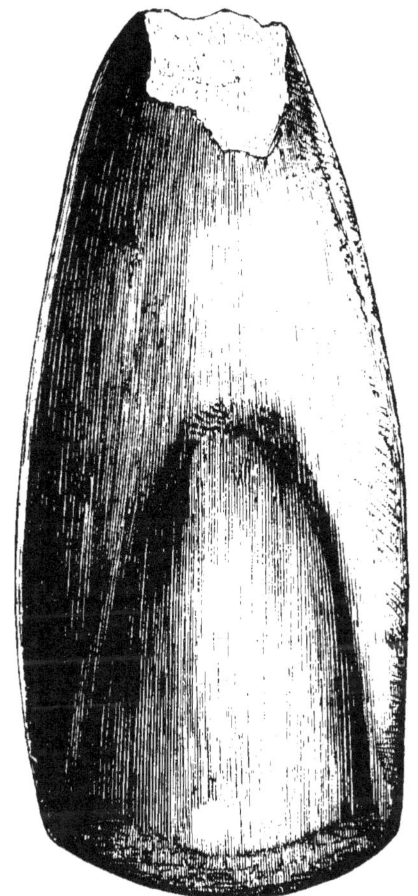

Fig. 65. — Hache polie.

de quartz, etc. Les Néolithiques déposaient souvent près de leurs morts de grands vases funéraires.

XXI. *Vêtements et parures*. — Nous avons peu de

données sur la façon dont s'habillaient les Néolithiques.

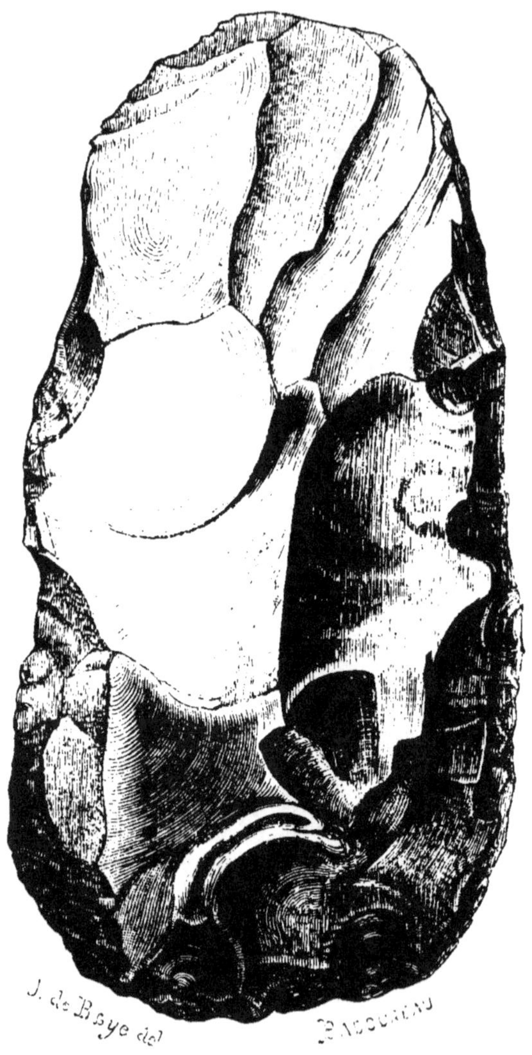

FIG. 66. — Hache ébauchée.

On a cependant recueilli à différentes reprises des morceaux d'étoffe en lin filé, tressé, ou tissé dans les fonds

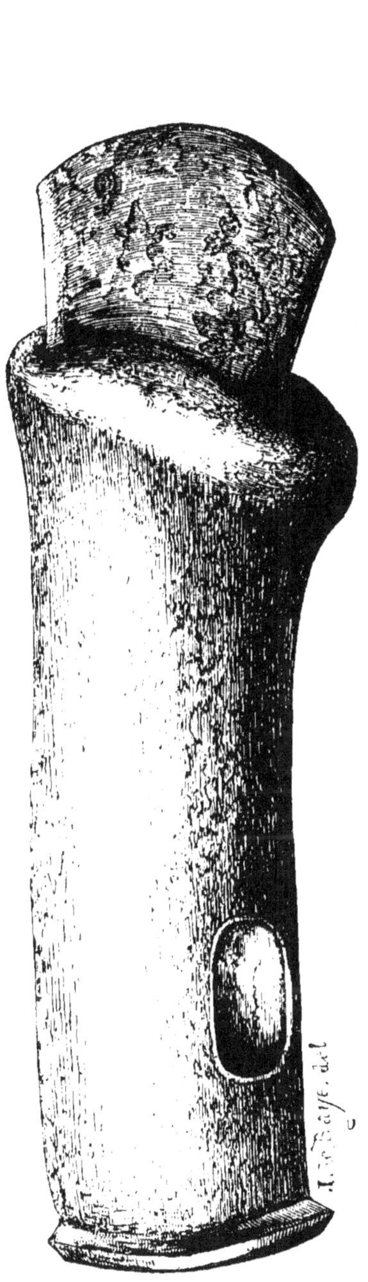

Fig. 67. — Hache emmanchée dans un fragment de corne de cerf.

Fig. 68. — Houe en corne de cerf (grotte du petit Morin, coll. de Baye).

tourbeux de cités lacustres. Les uns étaient très fins et ornés de broderies, les autres de tissu grossier.

Une ancienne trouvaille faite en Espagne aurait une grande importance au point de vue de l'histoire du

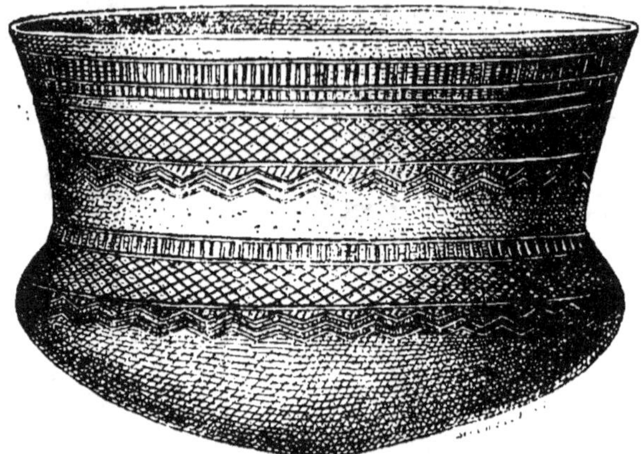

Fig. 69. — Vase funéraire de Palmella.

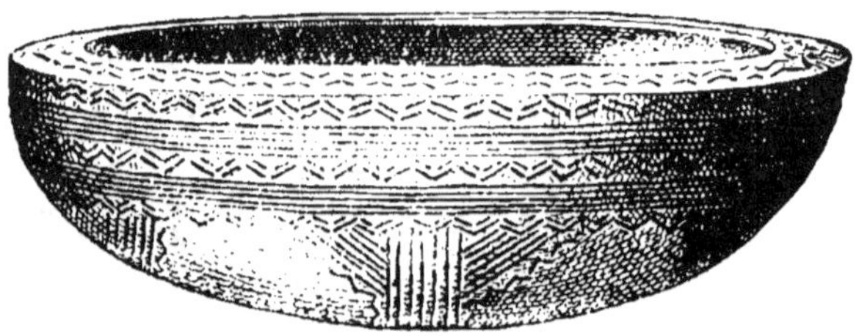

Fig. 70. — Vase funéraire de la grotte de la Palmella (Portugal).

costume chez les Néolithiques, si on pouvait la leur rapporter.

Il existe en Andalousie, au voisinage d'Abbunal, entre Grenade et la mer, une grotte située dans la montagne, connue sous le nom de *Cueva de los Murcielagos* (caverne des Chauves-Souris). En 1857, des travaux de déblaiement faits à l'entrée pour l'utiliser comme magasin mirent au jour trois corps momifiés. L'un portait un diadème d'or et était couvert d'une tunique de toile en sparterie. Plus loin on rencontra trois autres corps et un bonnet en sparterie et une sorte

Fig. 71. — Vase néolithique de la vallée du Petit-Morin.

de bourse de même tissu. On découvrit plus loin encore un certain nombre de squelettes et parmi ceux-ci celui d'une femme dont les vêtements étaient conservés. Elle avait autour du cou un collier de coquilles marines perforées et de dents de porc disposées en pendeloques. Il y avait avec ces squelettes des lames en silex, des nucleus, des haches polies, un lissoir plat, des os appointés, une cuiller en bois, quelques vases en terre. Enfin dans le fond de la grotte, cinquante individus avaient été inhumés. Il restait encore attaché

à leurs os des lambeaux de vêtements et des sandales.
En ce point il n'y avait ni silex, ni os travaillés. Presque
tout le produit de cette trouvaille fut saccagé par les
mineurs.

En 1867, don Manuel de Gongora [1] fit exécuter des
fouilles dans cette grotte. Il y recueillit soit à l'intérieur,
soit dans les remblais, des tessons, des anses et des
goulots d'âge peut-être récent, des fragments d'anneaux en marbre, des fragments de silex, une hache
triangulaire et surtout des fragments de tissus à
ornements très variés, quelques ossements humains.
Plus tard on y a encore trouvé des défenses de *Sus*
ornées. M. E. Cartailhac [2], auquel nous empruntons
cette analyse, est disposé avec M. de Gongora à voir
dans ce gisement une sépulture néolithique.

Etant donné l'époque (1857) de la première trouvaille
et la façon dont la grotte fut explorée et saccagée au
point qu'aucune couche n'était intacte quand M. de
Gongora la visita dix ans après, il se pourrait que les
ossements humains ne soient pas contemporains des
objets incontestablement néolithiques, mais d'une époque
plus récente. Rien ne prouve, paraît-il, qu'il n'y ait
pas eu là inhumation dans un sol néolithique, qu'il
n'y ait pas eu remaniement.

Les Néolithiques, ainsi que leurs prédécesseurs paléo-

---

[1] Don Manuel de Gongora y Martinez, *Antiguedades prehistoricas de Andalucia*, Madrid, 1868.

[2] E. Cartailhac, *les Ages préhistoriques de l'Espagne et du
Portugal*, p. 76 et suiv.

lithiques, portaient surtout comme parure des colliers
et des bracelets. Les colliers en canines de carnassiers
et de cerfs étaient encore fort recherchés, mais rares.
Les parures en incisives et canines de cochon étaient

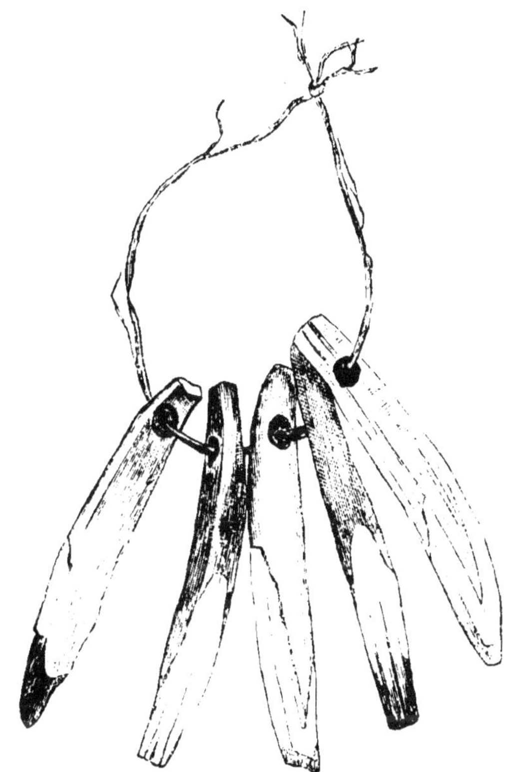

Fig. 72. — Incisives de porc perforées pour collier.

plus abondantes (fig. 72). Les coquilles marines perforées servaient beaucoup dans la fabrication de ces
bijoux (fig. 74). C'étaient surtout des pétoncles, des
Vénus, des Cythères, des Cardes. Elles étaient utilisées
entières ou débitées en rondelles (grottes sépulcrales

de la Marne, de la Treiche sur la Moselle, de la Cueva de la Muger, près Alhama, de Grenade (Espagne) Les colliers et les bracelets se faisaient aussi en perles de craie (fig. 73), de calcaire, de silex, d'ambre, de jais et même d'une sorte de turquoise, la callaïs. On a

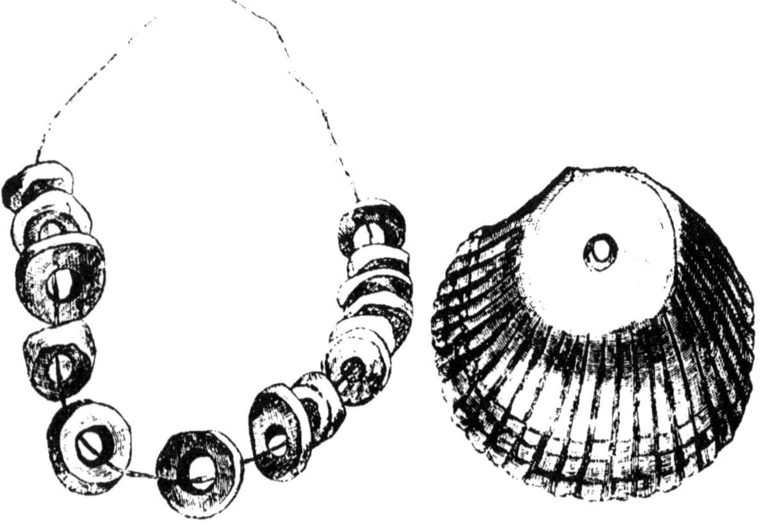

FIG. 73.
Grains de collier en craie.

FIG. 74. — Coquille perforée
pour collier.

retrouvé aussi des ornements en forme de pendeloques et d'anneaux en schiste, en calcaire et quelquefois en serpentine et en jadéide. Ils fabriquaient même des amulettes telles que des haches en miniature perforées pour pouvoir être suspendues (fig. 75). Certaines pendeloques (fig. 76) ont la forme de hausse-col d'officier en os ou en schiste. Les anneaux sont des arcs de cercle en pierre reliés entre eux.

XXII. *Nourriture.* — Les Néolithiques côtiers se nourrissaient surtout de coquillages. Ils mangeaient aussi tous les poissons et tous les mammifères dont ils pouvaient s'emparer (sanglier, cerf, chevreuil, loup, renard, chien, ours, lynx, rat, coq de bruyère).

On a recueilli parmi les débris de cuisine des Lacustres plus de 70 espèces d'animaux, de la faune actuelle : 30 espèces de mammifères, 30 espèces d'oiseaux, 10 espèces de poissons et 4 espèces de reptiles. Les restes du cerf élaph et d'une race particulière de cochon *(Sus scropha palustris)* y sont particulièrement abondants.

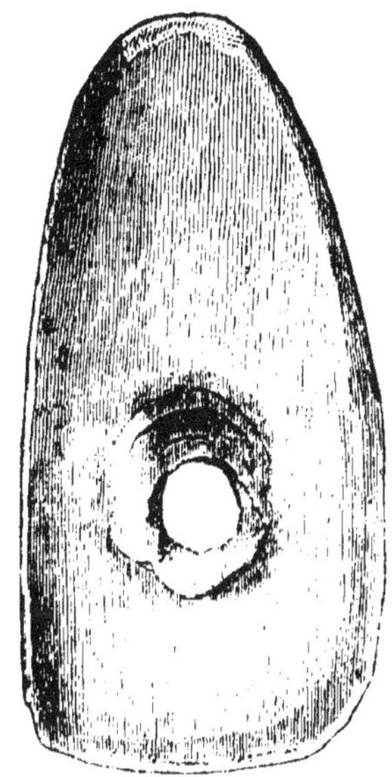

Fig. 75. — Petite hache perforée.

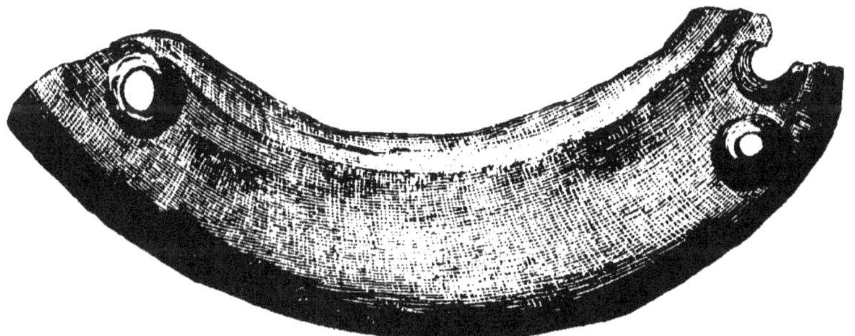

Fig 76. — Pendeloque en forme de hausse-col en schiste.

Les débris de cheval y sont très rares, ainsi que ceux

de mouton. Les habitants des lacs mangeaient aussi beaucoup de fruits sauvages tels que noisettes, prunelles *(Prunus spinosus)*, chàtaignes d'eau *(Trapa natans)*, cerises sauvages *(Cerasus avium)*, cornouilles, fraises, pommes, glands de chêne.

XXIII. *Animaux domestiques.* — Ce sont probablement les Lacustres qui ont importé les premiers animaux domestiques ; mais dans la suite les diverses tribus néolithiques asservirent les formes indigènes. C'est ainsi que nous pouvons faire dériver nos principales races domestiques des formes autochtones quaternaires. C'est ainsi que toutes nos races de bœufs proviendraient de l'Urus *(Bos primigenius)*. De celle-ci serait déjà dérivée cette forme de bœufs à cornes courtes, *Bos longifrons* ou *brachyceros,* si abondante chez les Néolithiques.

Nehring [1] pense que nos chevaux européens sont des variétés de l'*Equus caballus germanicus* domestiqué par les Néolithiques. Je crois d'autre part, que notre race chevaline descend directement du cheval sauvage quaternaire qui vivait dans notre pays. Cependant, le cheval, si abondant dans nos régions pendant l'époque du Mammouth et du Renne a dû émigrer en masse vers l'Asie ; car il est devenu très rare chez nous pendant l'époque néolithique.

M. Garrigou [2] a été frappé de la rareté du cheval

---

[1] Nehring, *Landwirtschaftliche Jahrbüche*, Berlin, 1884.

[2] Garrigou, *Etude comp. des alluvions anciennes et des cavernes à ossements*, 1865.

dans les cavernes pyrénéennes, à l'époque néolithique.
Il est si peu commun dans les débris des palaffittes néolithiques que Desor considère sa présence comme accidentelle. On n'est pas sûr de l'avoir trouvé dans les
kjökenmödings. Sir J. Lubbock[1] le dit exceptionnel
dans les dépôts néolithiques d'Angleterre. Je peux en
dire autant pour la Belgique.

XXIV. *Agriculture*. — Les Néolithiques, tout au
moins les Lacustres, cultivaient diverses variétés de
céréales, le *Triticum vulgare antiquorum* (Heer),
l'orge à deux rangs *(Hordeum distichon)* et l'orge à
six rangs (*Hordeum hexastichon*). Leurs successeurs
connurent le *Triticum vulgare compactum* (Heer) et
le *Triticum vulgare hibernicum* (Linné). Ils rédui-
saient le blé en farine au moyen de meules dormantes
en grès. Cette farine était pétrie, façonnée en galettes
et cuite en pain.

Les Lacustres savaient aussi utiliser, sinon cultiver
le lin à feuilles étroites *(Linum angustifolium)*. Il
filaient et tissaient les fibres du lin et en fabriquaient
des étoffes et des cordages.

Comme on le voit, les Néolithiques du bel âge de la
pierre polie devaient avoir une vie relativement con-
fortable. Ils se nourrissaient du pain de leurs céréales,
du lait de leurs troupeaux, de la viande de leur bétail
et de fruits sauvages. Ils ne se contentaient plus de se

---

[1] J. Lubbock, *Prehistoric times*, p. 162, 2ᵉ éd., 1869.

couvrir de peaux de bêtes, mais fabriquaient des vêtements en tissu de lin.

XXV. *Chasses et pêches.* — Quoique les Néolithiques fussent surtout agriculteurs et pasteurs, ils ne
dédaignaient ni la chasse, ni la pêche. L'urus, l'auroch, le cerf elaph, le chevreuil, le chamois, le bouquetin, le sanglier étaient leur principal gibier. Ils chassaient aussi l'ours brun, le loup, le renard, le lynx, le
castor, le grand coq de bruyère et les oiseaux aquatiques. Ils se servaient pour la chasse de l'arc, du javelot
et de la lance.

Les Néolithiques s'adonnaient aussi à la pêche à la
ligne et au filet. On a retrouvé des hameçons en os de
différentes formes, des harpons en bois de cerf, des
morceaux de filets à grandes et petites mailles. Ils
avaient aussi des pirogues, dont les plus anciennes sont
creusées en plein bois et d'une seule pièce dans des
troncs d'arbre[1]. Les Néolithiques des côtes devaient
déjà s'aventurer assez loin des côtes. C'est ainsi que
l'on trouve dans les kjökenmödings des coquilles,
qui ne se rencontrent que loin du rivage.

XXVI. *Coups, blessures et affections pathologi-*

---

[1] Voir sur ce sujet, notamment : G. de Mortillet, *Origine de la
navigation et de la pêche*, Paris, 1867. — V. Keller, *Pfahbauten.*
— Desor, *les Palaffittes ou constructions lacustres du lac de
Neuchâtel.* — Friedel, *Fuhrer durch die Fischerei Abtheilung.* —
J. Buchanam, *Ancient canoes of Glasgow* (*Brit. Ass.*, 1855) —
Dr Munio, *Ancient Scottish lake dwellings or crannoges*, Edin-
burgh, (*Proc. Soc. ant. of Scotland*, vol. III, 1882).

ques. — Les Néolithiques n'étaient pas très pacifiques. On rencontre dans les sépultures, bon nombre d'ossements portant des traces de blessures et de coups. Ce sont même des pointes de flèches en pierre que l'on trouve encore enchâssés dans des vertèbres (fig. 63 et 77) ou des

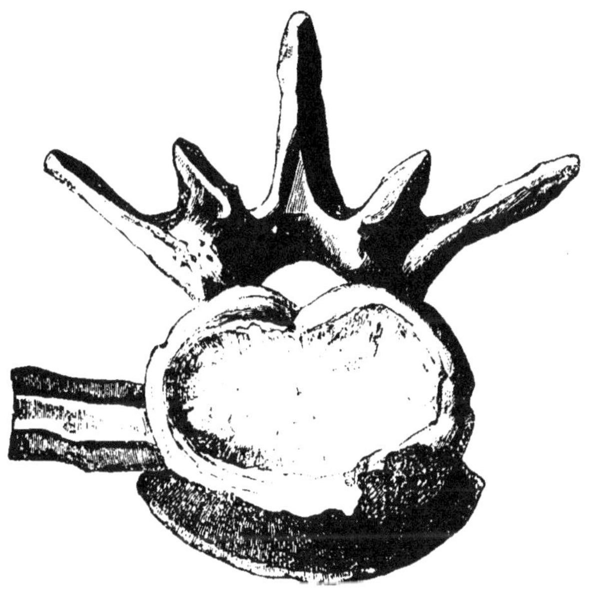

Fig. 77. — Pointe de flèche enchâssée dans une vertebre (coll. de Baye)

os longs. La plupart des blessures affectent toutefois la tête. Tantôt la victime a succombé, tantôt elle a survécu à sa blessure et dans ce dernier cas un cal osseux s'est formé en forme de bourrelet autour de la flèche.

On a signalé une quarantaine de blessures différentes observées sur des ossements de Néolithiques. M. Le Baron a observé 18 fractures parmi lesquelles 14 ont été suivies de guérison. Une des affections pathologiques les plus communes qui ait laissé des traces sur le squelette, c'est l'arthrite.

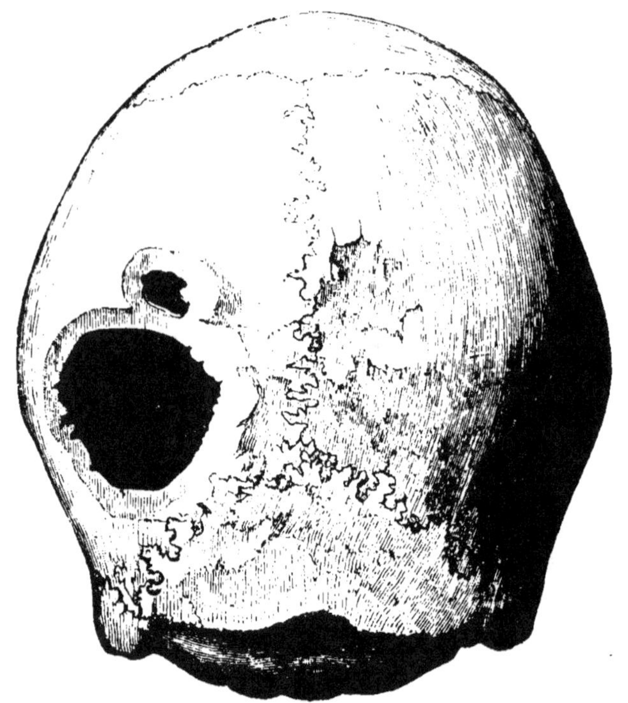

FIG. 78. — Crâne trépané (coll. de Baye).

La trépanation se faisait assez couramment chez ces hommes, tantôt sur le vivant et plus souvent sur le cadavre (fig. 78). On a retrouvé de nombreuses rondelles craniennes provenant de cette opération et conservées comme amulettes (fig. 79). Broca pensait que la trépanation sur le vivant était une opération chirurgicale et supersti-

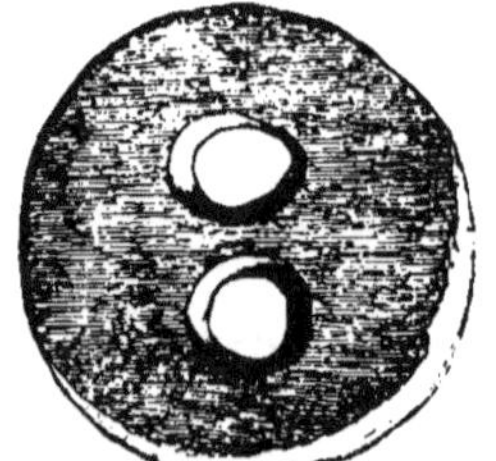

FIG. 79. — Rondelle crânienne percée.

tieuse et la trépanation posthume le résultat d'une autre superstition. MM. Cartailhac et Pigorini ne voient dans la trépanation posthume que le moyen d'enlever le cerveau lorsqu'on décharnait les cadavres [1].

XXVII. *Anthropophagies*. — Nombreux sont les auteurs qui ont cru reconnaitre des traces d'anthropophagie chez les Néolithiques [2]. Les cavernes auraient surtout été le théâtre de ces lugubres festins. Spring [3] a prétendu avoir reconnu des traces de repas de cannibales néolithiques dans la grotte de Chauvaux, près de Namur (Belgique). Il avait rapporté exclusivement à des femmes et des enfants les ossements exhumés de cette caverne. Plusieurs avaient été au feu et brisés suivant la longueur ; un fragment de crâne présentait une fracture opérée par un instrument contondant. Ces os étaient mêlés à des débris de cerf, de bœuf, de sanglier, de chien et de renard, à des charbons, à des tessons de poterie et des haches polies. Spring alla même jusqu'à dire que peut-être ces anthropophages engraissaient leurs victimes comme le font aujourd'hui les Battas à Sumatra, les Orang-Tudongues à Bornéo, et d'autres cannibales raffinés. Cette caverne fut considérée comme le type des stations d'anthropophages néolithi-

---

[1] Voir sur ce sujet : Broca, Sur la trépanation et les amulettes crâniennes à l'ép. néolithique *(Revue d'ant.*, t. VI, 1877). — De Baye, *l'Arch préhistorique*, p. 148 et 189. — Carthailhac, *la France préh.*, p. 280 et suiv.

[2] R. Andrée, *Die Anthrophagie*, Leipzig, 1887.

[3] Spring, *Bull. Acad. roy. de Belgique*, 1re série, t. XX, no 11, 12, 1853, *Ibidem*, 2e série, t. XVIII, 1864, et t. XXII, 1866.

ques. Elle a été fouillée à nouveau par M. Soreil[1], en 1871.
Il y a recueilli non seulement des ossements de femmes
et d'enfants, mais encore d'adultes et de vieillards, parmi
lesquels deux squelettes accroupis dont tous les os étaient
intacts. Il a trouvé aussi bon nombre d'autres ossements humains entiers ou brisés accidentellement,
tandis que les os d'animaux étaient fracturés intentionnellement. M. Soreil a conclu de tous ces faits avec
M. Ed. Dupont, que la grotte de Chauvaux fut une crypte
sépulcrale de la tribu des Néolithiques qui habitaient
le plateau, présentant des caractères de bouleversement
et de remaniement comme beaucoup d'autres. L'entrée
en forme d'abri sous roche a dû servir de refuge dans
les mauvais temps à des hommes de la peuplade qui
venaient y prendre leurs repas et tailler leurs silex,
comme le laisse supposer le grand nombre d'éclats qui
y étaient accumulés. Il est probable aussi, que des
festins s'y donnaient à l'occasion de funérailles. M. Ed.
Dupont[2], dans ses fouilles des cavernes des bords de
la Lesse, a rencontré aussi des ossements humains
associés à des reliefs de repas dans trois grottes. Il a
supposé que c'étaient des sépultures violées par des
renards et des blaireaux.

M. Regnoli a mentionné les débris de festins de cannibales dans une caverne de l'Apulie. La caverne de

---

[1] Soreil, *Cong. int. d'ant. et d'arch. préh.*, 6e session, Bruxelles,
p. 392 et suiv., Bruxelles, 1872.

[2] Dupont, *loc. cit.*, p. 134 et suiv.

Reggio, dans les Appennins aurait aussi été témoin de pareils festins, à la fin de l'époque néolithique [1].

Qu'il y ait eu des Néolithiques anthropophages, le fait est très possible et même probable, car il existe des cannibales encore aujourd'hui. Mais nous ne pouvons induire, en nous basant sur les faits connus jusqu'ici, que les Néolithiques faisaient des sacrifices humains ou étaient anthropophages. Il faudrait notamment que les ossements humains portassent les traces de coups faits dans l'intention formelle de les briser.

XXVIII. *Commerce.* — Il existait un véritable mouvement commercial parmi les tribus néolithiques.

Le **silex**, certains silex surtout, notamment le silex pyromarque de Grand-Présigny (Indre-et-Loire), était l'objet d'un trafic très étendu. Les instruments en jade auraient été importés de la Chine et de l'Inde, d'après certains auteurs. Quant au gisement de la callaïs, cette espèce de turquoise verte dont les Néolithiques se faisaient des perles, il est absolument inconnu. M. Cartailhac suggère deux hypothèses : ou bien les gisements de jadéites et de callaïs seraient aujourd'hui recouverts par la mer, ou bien ils seraient épuisés, tout comme les placers aurifères espagnols et gaulois [2].

XXIX. *Art.* — Les Néolithiques étaient beaucoup moins artistes que les chasseurs de rennes. Tout leur temps était absorbé par des travaux manuels. On ne

---

[1] Chierici, *Cong. int. d'ant. préh. de Bruxelles*, 6e session, *Compte rendu*, p. 363, 1872.

[2] Cartailhac, *la France préhistorique*, p. 264.

leur connaît guère d'objets gravés. A peine ont-ils laissé

Fig. 80. — Représentation humaine de la sépulture de Collorgues.

quelques grossières sculptures dans les mégalithes, et

dans les grottes sépulcrales (fig. 80). Un certain nombre de dolmens et de pierres levées portent des signes et des inscriptions aussi énigmatiques que la date même de leur facture. Plus intéressantes sont ces ébauches de représentations humaines des grottes sépulcrales de la Marne et de certains monuments mégalithiques des environs de Paris [1]. La représentation la plus caractéristique est celle de la hache isolée ou emmanchée (fig. 49).

Il faudrait voir les origines de la peinture dans ces galets peints en rouge ou ornés de taches symétriques et de lignes croisées, appliquées au pinceau, que nous a fait connaître M. Piette [2]. Il les a recueillis dans les niveaux de transition immédiatement supérieurs aux couches de l'époque du Renne, à Arudy et au Maz d'Azil (Pyrénées).

Les Néolithiques ont été de vrais barbares en matière d'art, sauf en céramique. Mais pourquoi les survivants des autochtones n'ont-ils pas continué à cultiver la gravure et la sculpture? Parce qu'ils ont subi l'action des envahisseurs et qu'ils n'ont pas tardé à adopter leur mœurs.

XXX. *Religiosité. Fétichisme. Culte des morts.* — Le culte des morts devint une véritable religion

---

[1] Baron J. de Baye, *Arch. préh.*, p. 290. — Adrien de Mortillet, *Bull. Soc. d'ant. de Paris*, année 1893, p. 657.

[2] Piette, *Cong. int. d'ant. et d'arch. préh.*, 10e session, Paris, 1889, *Compte rendu*, p. 205, Paris, 1891.

à l'époque néolithique. Ce culte doit avoir pour origine la croyance à une vie future.

L'ethnographie comparée ne nous permet pas d'expliquer autrement le soin qu'ont eu les Néolithiques d'orner leurs morts de parures, de déposer à côté d'eux des armes de prix, des outils, des vases. Ils consacrent la plupart des cavernes naturelles à la sépulture de leurs morts. Et, là où elles sont trop peu nombreuses ou absentes, ils creusent à grand'peine dans la roche tendre des cryptes souterraines, ou bien ils élèvent de gigantesques monuments en pierre. Tous ces soins et ces honneurs rendus à leurs morts impliquent la croyance à l'existence d'une autre vie au delà du tombeau. C'est tout ce que l'on peut dire de positif au sujet de la religiosité de l'homme néolithique.

Je sais qu'on a voulu voir déjà, parmi les chasseurs de rennes, des adorateurs du soleil. M. Piette ayant trouvé dans la grotte du Gourdan une espèce d'amulette, consistant en une plaque percée d'un trou au centre d'où partent des rayons divergents et une autre figure analogue répétée trois fois sur un bâton de commandement, a voulu y voir l'image du soleil adoré par les Troglodytes des Pyrénées [1].

En supposant, ce qui est très problématique, que ces gravures représentent le soleil, de quel droit M. Piette considère-t-il ces images comme celles du dieu solaire adoré plus tard par les Egyptiens et les Gaulois ? Pour-

---

[1] Cité par Joly, *l'Homme avant les métaux*, p. 306.

quoi ne pas dire aussi que ces mêmes chasseurs de rennes adoraient cet animal, et le cheval, et le bœuf, et l'ours, et le mammouth, et l'homme lui-même, puisqu'ils les ont représentés sur des os et des bâtons de commandement?

J'en dirai autant des croissants trouvés dans les palaffittes suisses, dont on a voulu faire la représentation de la lune adorée par les Lacustres.

M. Dupont et avec lui Quatrefages étaient tentés de croire que les Troglodytes de la Lesse (Belgique) fussent adonnés au fétichisme. M. Dupont avait rencontré dans le trou de Chaleux un tibia de mammouth placé sur une plaque de grès à côté d'un foyer. M. Dupont rapproche ce fait d'un autre puisé dans l'ethnographie comparée qu'il cite. Les Indiens de l'Ohio croient que les os de mastodonte sont ceux d'une race de géants. Ils recueillent ces os et les placent dans leur hutte pour bénéficier de leur protection [1].

M. J. de Baye [2], à la suite de Broca [3] et de Bellucci [4], veut voir, dans les grossières figures féminines des parois des grottes artificielles de la Marne, une divinité, une espèce de dieu lare de ces habitations ou de ces sépultures.

---

[1] Dupont, *l'Homme pendant les âges de la pierre*, p. 115 et suiv.

[2] J. de Baye, *l'Archéologie préhistorique*, p. 91 et suiv. (Bibl. scientifique cont.).

[3] Broca, *Bull. Soc. anthropologique de Paris*, 1874, p. 199, *Cong. int. d'ant. et d'arch. préh.*, p. 105, Budapest, 1876.

[4] Bellucci, *Cong. int. d'ant. et d'arch. préh. de 1874 à Stockholm, Compte rendu*, p. 72 (italien).

Il en serait de même des représentations de haches polies emmanchées que l'on remarque sur les parois des cavernes sépulcrales, dans les dolmens et les allées couvertes. Le culte de la hache [1] aurait été très répandu, à entendre certains auteurs, pendant l'époque néolithique, comme il le fut plus tard chez les Chaldéens, les Egyptiens et les Grecs, comme le fut encore le culte de l'épée chez les Scythes [2]. Encore une fois c'est possible, c'est même probable, mais les faits ne sont pas jusqu'ici suffisamment probants, pour qu'il soit permis de tirer de telles conclusions.

La trépanation préhistorique chirurgicale est aujourd'hui un fait avéré. Elle a été mise en lumière par les nombreux travaux du Dr Prunière et surtout par ceux de Broca publiés dans les *Bulletins de la Société d'anthropologie de Paris* et les comptes rendus des Congrès internationaux d'anthropologie et d'archéologie préhistorique. Mais Broca et d'autres ont été plus loin. Ils considèrent la trépanation sur le vivant et surtout les trépanations posthumes, qui sont les plus nombreuses, comme pratiquées souvent sous l'influence d'une inspiration morale et religieuse. Ce serait là un rite funéraire, impliquant aussi la croyance à une autre vie [3].

---

[1] Evans, *les Ages de la pierre*, p. 63. Paris, 1878. — De Longperier, *Œuvres complètes*, t. I, p. 170, 220.

[2] Hérodote, IV, 62.

[3] Broca, *Bull. Soc. ant. de Paris*, t. IX, p. 554. — J. de Rialle, *Nos ancêtres*, p. 218, Paris, 1883.

Beaucoup de rondelles crâniennes provenant de trépanations posthumes ont été portées comme amulettes. Beaucoup ont été usées et polies par un usage prolongé ; d'autres présentent des trous de suspension ; d'autres étaient introduites dans des crânes par une ouverture artificielle lors de leur inhumation. Il s'agit donc bien là non pas de simples ornements ou de trophées, mais de véritables amulettes.

La coutume de porter des rondelles crâniennes comme amulettes a existé chez les Gaulois de la Champagne. M. J. de Baye et M. Morel en possèdent qui proviennent de la sépulture gauloise de Wargemoulin et qui étaient suspendues à une torque [1].

Qu'un tel fétichisme fût en honneur chez les Néolithiques, cela n'a rien qui doive nous étonner, puisqu'il existe encore de telles superstitions [2] et de plus grossières encore dans nos campagnes et dans nos villes les plus civilisées, à la fin du XIX⁰ siècle.

XXXI. *Grottes naturelles sépulcrales.* — Nous avons vu que les cavernes naturelles avaient servi quelquefois d'habitations et souvent d'abris temporaires pendant l'époque néolithique. Bien plus souvent elles ont servi de sépultures. Presque toutes les grottes qui n'étaient pas comblées alors ont été utilisées à cet effet.

---

[1] Voir l'excellent résumé sur la trépanation préhistorique et les amulettes crâniennes dans l'*Archéologique préhistorique* du baron J. de Baye (Bibl. sc. contemp.), p. 148 à 189, Paris.

[2] G. Bellucci, *Catalogo della collezione di amuleti inviata alla esposizione di Milano*, 1881, p. 22, Perugia, 1881, 1888.

M. G. de Mortillet, dans la deuxième édition de son beau livre : *le Préhistorique*, mentionne 117 cavernes naturelles ayant servi de sépulture en France, 2 en Angleterre, 14 en Belgique, 2 en Suisse, 6 en Allemagne, 3 en Pologne, 1 en Autriche, 8 en Italie, 2 en Sardaigne, 2 en Espagne, 1 en Algérie. Depuis cette date le nombre est encore augmenté. Ainsi, en Belgique, il est doublé depuis six ans. Je ne ferai que citer quelques-unes de ces grottes sépulcrales.

L'une des plus célèbres est la petite caverne d'Aurignac, près de Saint-Gaudens (Haute-Garonne), dont il a déjà été question. Cette anfractuosité de rocher fut d'abord un repaire d'hyènes, pendant la période quaternaire. Puis elle fut une station de l'homme de l'époque du mammouth (Moustérien). Enfin elle servit de sépulture aux Néolithiques. Dix-sept cadavres furent déposés sur les couches paléolithiques avec des poteries et des disques de *Cardium* percés. L'entrée fut ensuite fermée à l'aide d'une grande dalle. Edouard Lartet avait considéré comme contemporains le gisement paléolithique et la sépulture néolithique.

La grotte Duruthy (Sordes) dans le département des Landes fut habitée et servit peut-être de sépulture déjà à l'époque du renne. Elle fut utilisée comme crypte funéraire par les Néolithiques. Trente-trois individus de différents âges et de différents sexes y furent inhumés. Avec leurs restes on a retrouvé quelques superbes armes en silex (poignards et pointes de lances), des poinçons en os, des rondelles d'os percées. Le type ethnique de ces hommes rappelle celui des chasseurs de renne quaternaires.

Il y a, encore en France, la caverne de l'Homme mort, dans le hameau de Saint-Pierre-des-Trépieds (Lozère). On y a recueilli les restes de plus de cinquante squelettes, parmi lesquels le type de la race de Cro-Magnon est largement représenté. L'entrée était fermée par un mur en pierres sèches. Il existe dans la même vallée, mais sur l'autre versant, d'autres grottes dites de Saint-Georges-de-Levejac, qui contenaient aussi beaucoup d'ossements néolithiques.

Les grottes supérieures de Baumes-Chaudes furent longtemps habitées par les Néolithiques qui avaient transformé la plus inférieure d'entre elles en ossuaire. Celle-ci contenait les restes de trois cents individus disséminés dans le plus grand désordre. Les crânes étaient placés contre la paroi et isolés des autres parties des squelettes.

La grotte sépulcrale de Saint-Jean-d'Alcas (Aveyron) et la Baume-des-Morts, à Durfort (Gard), appartiennent comme mobilier funéraire à la fin de l'époque néolithique. On a recueilli dans la première des haches en serpentine, une en jade, des pointes de lances et de flèches en silex, des disques percés faits de rondelles de *Cardium*, des perles et pendeloques en jais, des dents percées de loup, de renard, de sanglier, des os travaillés, des urnes grossières ; le tout associé à des os de cerf élaph, de renard, de chien et de blaireau. A Durfort, les cadavres avaient été ensevelis à 4 mètres de profondeur dans le limon de la caverne. Ils étaient accompagnés d'un mobilier funéraire semblable à celui de Saint-Jean-d'Alcas. Il y avait en plus des perles en albâtre et quelques menus objets en cuivre. La grotte sépulcrale de Rousson[1], à 10 kilomètres d'Alais, contenait aussi le même mobilier funéraire que la Baume-des-Morts, avec trois perles en cuivre, un poinçon et un morceau d'épingle également en cuivre rouge.

La grande caverne sépulcrale de l'Ombrive à Ussat (Ariège) contenait des ossements entiers, ayant ordinairement conservé leurs connexions anatomiques.

Dans la caverne de l'Herm, qui fut un repaire d'ours et d'hyènes, visité quelquefois par l'homme paléolithique, le Dr Noulet découvrit en 1862 les restes d'une trentaine de squelettes humains associés à des poteries, des haches polies en jadéite, des os travaillés, quelques grains de collier et même une bague en cuivre ou en bronze. Il est avéré que dans le midi de la France surtout, en Portugal et dans les Cévennes, les Néolithiques utilisèrent déjà le cuivre ou le bronze en petite quantité bien longtemps avant ce que nous appelons l'âge du bronze.

M. E. Chantre[2] rencontra dans la grotte de Bethenas sous une couche de 30 centimètres de terreau, plusieurs cadavres accroupis, n'occupant pas plus de 60 centimètres carrés chacun.

On sait que M. G. de Mortillet considère les sépul-

---

[1] Cazalis de Fondouce, *Bull. Soc. ant.*, Paris, avril 1884.
[2] Chantre, *Ann. Soc. sc. et ind. de Lyon*, 1867.

tures de Cro-Magnon et des Baoussés-Roussés (Liguries), dites de Menton, comme néolithiques.

M. Cartailhac[1] cite encore en France les grottes sépulcrales de Pena-Blanque dans le massif d'Arbas (Haute-Garonne), situées à 800 mètres de hauteur au-dessus de la vallée et qui fut un ossuaire; les grottes sépulcrales de la vallée Jonte, aux environs de Meyrucis; celles de l'Hérault à Souvignargues, Lunel-Viel, le Pontil; celles du Gard, à Pondres et à Miolet; celles d'Aubussargues, de Congneyrac, de Labry, de Salindres; celles de Saint-Clair de Gemenas, de Saint-Marc près d'Aix, le Baou de Rassuen dans la Crau; les Baoumos de Louoï, du Derocs, du Chaumadou aux environs de Vallons, dans l'Ardèche; celles de Clausail et de Châteauneuf, dans la Drôme; celles de Creyst, de Brotel, de Bethenas, de Fontabert dans l'Isère; celle de Challes en Savoie sur la route de Chambéry à Montmélian, qui est aussi un ossuaire; enfin celle de Cravanche aux environs de Belfort, qui contenait de belles céramiques, de grands anneaux en pierre verte, quelques anneaux, quelques os travaillés, des coquilles marines et des perles[2].

En Belgique, le trou du Frontal, à Furfooz, décrit par M. Ed. Dupont comme sépulture de l'âge du Renne (Magdalénienne) semble de plus en plus devoir être considéré comme une sépulture de l'époque néolithique,

---

[1] Cartailhac, *les Ages préhistoriques en Espagne et en Portugal*, p. 91.

[2] Cartailhac, *la France préhistorique*, p. 150.

un ossuaire. Le trou du Frontal est un abri sous roche suivi d'une petite grotte. Les ossements dispersés pêle-mêle, sauf un avant-bras, étaient placés dans cette espèce de caveau. Ils appartenaient à seize individus dont cinq enfants et trois adolescents. Ces ossements se rapportent à deux types ethniques ; le type mésaticéphale ou brachycéphale rencontré dans la grotte d'Orouy par Broca, et le type dolichocéphale des chasseurs de renne très atténués et à face harmonique. Vers l'extérieur se trouvait une grande dalle de dolomie renversée, dont les dimensions correspondaient à l'ouverture. Elle devait servir, d'après M. Dupont[1], à fermer l'entrée. Comme on le voit, cette grotte sépulcrale montre dans ses grands traits la plus grande ressemblance avec la sépulture d'Aurignac. C'était très vraisemblablement la sépulture des Néolithiques qui vivaient et avaient établi un camp retranché sur le plateau de Furfooz. M. Dupont nous a fait connaître une autre sépulture néolithique dans la caverne de Gendron (vallée de la Lesse) ; les dix-sept squelettes étaient disposés sur six rangs avec de petits squelettes intercalés. Les grottes de Chauvaux et de Sclaigneaux, en Belgique, étaient aussi des ossuaires de Néolithiques brachycéphales métissés.

Les Néolithiques ont aussi habité longtemps les plateaux et la vallée de la Meuse, aux environs d'Hastière près de Dinant (Belgique). Les ravins des alentours sont creusés de grottes naturelles qui ont

---

[1] Ed. Dupont, *les Ages de la pierre*, etc., p. 109.

servi de refuges et de sépultures à ces hommes. Dans l'une d'elles, le trou de Jean Mourtin, un abri sous roche, M. de Pauw a recueilli les restes d'une quarantaine de squelettes de tout âge, avec des fragments de poterie, des silex taillés, une pointe de flèche, une hachette polie. M. le Dr Houzé[1], qui a étudié trente-trois crânes de cette sépulture, en a rapporté plusieurs au type néanderthaloïde, plusieurs au type de Cro-Magnon et le plus grand nombre au type brachycéphale de Furfooz. En somme, il y a là un fort mélange de trois types ethniques métissés.

Une autre grotte sépulcrale est le trou Sandron à Huccorgne sur la Mehaigne (Belgique) fouillé par M. le Dr Tihon et moi. C'est un abri sous roche, qui, après avoir été habité par l'homme de l'époque du Mammouth, a servi d'ossuaire à l'époque néolithique. Il contenait les restes d'une vingtaine de sujets appartenant à une race néolithique brachycéphale ici très pure, exempte de tout métissage, la race d'Orouy ou de Furfooz. Certains crânes avaient été placés à part contre la paroi comme aux Baumes Chaudes. Les ossements occupaient un autre endroit de l'abri. Il y avait avec ces os des silex taillés et de grands vases funéraires à pâte très grossière. Il s'agit bien ici d'un ossuaire.

A la Préalle (Chanxhe), près de Poulseur sur l'Ourthe (Belgique), il y avait aussi un ossuaire néolithique, dont on a retiré les restes d'une vingtaine de sujets

---

[1] Houzé, *Bull. Soc. ant. de Bruxelles*, t. VI, 3e fasc., p. 264.

occupant un espace beaucoup trop réduit pour avoir
pu y être introduits à l'état de cadavre. Ici le type
brachycéphale de Sandron est très net sur certains
crânes, et accuse un mélange déjà très avancé chez
d'autres.

Le trou « Al Wesse » à Modave, sur le Hoyoux
(Belgique) renfermait 6 mètres de dépôts contenant les
restes de la faune de l'époque du Mammouth et les
débris de l'industrie de l'homme fossile. Indépendamment de son entrée principale, elle communiquait avec
l'extérieur par une crevasse de plusieurs mètres de profondeur, ouverte à mi-côte. Les Néolithiques qui habitaient le plateau utilisèrent cette cheminée comme crypte
sépulcrale. Ils y laissaient glisser leurs morts et y jetaient
des vases funéraires. Nous y avons recueilli avec M. Ivan
Braconier les restes d'une dizaine de sujets.

Nous avons déjà mentionné plusieurs grottes sépulcrales néolithiques en Italie. Il y a encore l'abri de *Cas-
tello*, au-dessus de Vecchiano, qui contenait des ossements humains, des pointes de flèches à pédoncules, des
coquilles perforées, des os appointés, des poteries, des
instruments de pêche, etc.; la grotte de l'*Onda*, au pied
du mont Matanna, celle de *Tamaccio,* sur le versant du
mont Cigoli et la grotte des *Goti* (Monte Colle Magiore).

En Espagne, une des cavernes sépulcrales les plus
célèbres est la *Cueva de los Murcielagos* (grotte des
Chauves-Souris), en Andalousie, entre Grenade et la
mer, au voisinage d'Albunol. Il en a déjà été question plus
haut à propos du costume chez les Néolithiques. Elle

contenait les restes de plus de cinquante cadavres habillés [1]. Il faut citer aussi d'après M. de Gongora d'autres grottes sépulcrales, notamment la grotte de *Moriguilla*, de *los Gitanos*, *del Puerto*, *Escritas*, de *Carchena* et de *Fuencaliente*; puis la *Cueva de Roca* et *Ladera de San-Anton* fouillée par le capitaine D. Santiago Moreno et Vilanova ; enfin les trois grottes de *Genista*, parmi celles de Gibraltar qui contenaient un très grand nombre de débris humains.

En Portugal, il y a les grottes de *Cesareda*, près du Tage, au pied de la Sierra di Monte–Junto, à 16 kilomètres de la mer. La principale est la *Casa da Moura* (maison de la Mauresque), dont le dépôt supérieur a donné, avec des ossements humains, un riche mobilier néolithique, une centaine de pointes de flèches, quelques pointes de lances d'un travail admirable, une centaine de haches polies, des plaques d'ardoise avec dessins gravés à la surface. Les débris humains se rapportaient à 150 individus dont 4 crânes complets. Du fait que les os larges étaient transversalement brisés en longueur et le canal médullaire vide, M. Delgado a conclu, que certains auraient été rongés et qu'il s'agissait dans l'espèce des reliefs de repas de cannibales. Un des crânes est intéressant parce qu'il montre comment se faisait la trépanation posthume. Le trou a été commencé par sciage de la table externe et du diploé ; la table interne est

---

[1] Don Manuel de Gongora y Martinez, *Antiguedades prehistoricas de Andalucia*, Madrid, 1888. — Cartailhac, *les Ages préhistoriques de l'Espagne et du Portugal*, p. 76.

encore intacte[1]. Il y a aussi la caverne de *Lapa Furada*, même localité, qui a donné à M. Delgado des ossements humains, des haches, des aiguilles en os et des poteries. La caverne de *Cascaes*, à l'embouchure du Tage, au pied des collines de Cintra, près de Lisbonne, est une autre sépulture néolithique de la fin de l'époque néolithique. Ribeiro y a recueilli un grand nombre d'ossements humains en partie brûlés et disséminés pêle mêle au milieu d'un riche mobilier funéraire. Il y avait des haches en pierre, une gouge, des rouleaux en calcaire, de belles pointes en silex, comme à la *Casa da Moura*, des perles, des pendeloques en ardoise, en talc, en calcaire, en pierre verte, en coquillage, des plaques en ardoise avec dessins géométriques, des poteries en abondance. Parmi celles-ci il en est de si petites que M. Cartailhac s'est demandé si ce n'étaient pas là « des jouets que la tendresse d'une mère avait placés près des restes de son enfant ». Ces pots auraient pu servir aussi de godets à poison ou à parfum. A côté de ceux-ci il y avait de grands vases funéraires ornementés. Il y avait aussi une imitation en marbre blanc d'une de ces haches aiguisées en biseau, si caractéristiques de l'époque néolithique en Portugal. Au milieu de ce mobilier essentiellement néolithique, on a rencontré deux têtes de poi-

---

[1] Delgado, *Estudos geologicos: Da existentia do homem no nosso, em tempos mui raimotos provada pelo estudo das cavernas. Noticia acerta das grutas de Cesareda* (*Com. géologico de Portugal*, Lisboa, 1867).

gnards ou de lance en cuivre. Sur le versant méridional
de la montagne de Cintra, existait une autre grotte
sépulcrale, celle de *Porto-Covo*.

M. Delgado nous a encore fait connaître une autre
sépulture, correspondant aux dépôts supérieurs de la
caverne de *Furminha* (Peniche). Il y a recueilli les
restes de cent cinquante individus, si on en juge par le
nombre de mâchoires inférieures. Du fait qu'il n'avait
recueilli que vingt-deux mâchoires supérieures, quatre
fois plus d'extrémités inférieures d'humérus que d'extrémités supérieures, plus d'os du tarse et du métatarse
que du carpe et du métacarpe, plus de phalanges des
mains que des pieds et quelques os longs brisés en longueur, M. Delgado avait de nouveau conclu à des reliefs
de repas d'anthropophages. Sans vouloir, encore une fois,
nier *a priori* que les Néolithiques aient été cannibales
d'habitude ou d'occasion, il me paraît avec M. Cartailhac que ces ossements sont dans les mêmes conditions
que ceux de beaucoup d'ossuaires et de sépultures dans
les grottes et les dolmens. Ils sont même dans le cas
des squelettes d'ours et d'hyènes des repaires qu'on ne
rencontre jamais complets. Les ossements de la Peniche
étaient accompagnés de lames de silex, de nucléus, de
pointes de flèches en silex, d'une trentaine de haches et
herminettes. Il y avait aussi des plaques de schiste gra-
vées, une épingle en os des grains de collier en callaïs
ou en serpentine, ou en os, une canine de chien et une
dent de sanglier perforées, deux petites poteries en forme
de coupes sans ornements, un grand vase ovalaire à deux

anses, et enfin de nombreux tessons ornés de pointillés ou de filets [1].

En Allemagne, il existe également un certain nombre de cavernes dont les dépôts inférieurs décèlent qu'elles ont été habitées par l'homme ou les fauves pendant le quaternaire, tandis que les couches supérieures ont servi de sépultures à l'époque néolithique. Les grottes de Gaylenreuth en Franconie, de Zahnloch, d'Erpfingen et de Witlungen, dans le Wurtemberg, sont dans ce cas.

La caverne de la Licorne près de Scharzfeld dans le Hartz était aussi un ossuaire de Néolithiques. M. Struckum dit que les Néolithiques de cette région avaient été cannibales, parce que les os en désordre étaient mêlés à des débris de poteries et d'ossements d'animaux et que l'un des os humains semblait avoir été brisé par l'homme.

En Angleterre, une des cavernes sépulcrales néolithiques les plus célèbres est celle de Burringdon, dans la chaîne des Mendips. Elle contenait un grand nombre de squelettes dont la disposition était très analogue à celle des cadavres dans les *barow*.

Nous avons déjà parlé précédemment des cavernes de Perthi-Chwareu. L'une d'elles avait été spécialement affectée à la sépulture des habitants voisins, à des époques différentes. D'après la position des os, les cadavres avaient dû être placés dans la position accroupie. Ils étaient associés à des débris de chien, de martre, de blaireau, de renard, de chèvre, de bœuf, de chevreuil,

---

[1] Cartailhac, *l'Espagne et le Portugal préhistoriques*, p. 115.

de cerf, de cheval et de grands oiseaux. Il y avait aussi
des morceaux de charbon de bois. M. Boyd-Dawkins a
signalé également dans la même localité, à une centaine
de mètres de cette grotte, quatre autres cavernes ayant
servi de sépultures néolithiques et dans lesquelles les
cadavres avaient été placés dans la position accroupie.
Dans l'une d'elles, située dans la commune de Rhosdigre,
il découvrit une superbe hache polie en pierre verte
n'ayant jamais servi. Le reste du mobilier funéraire consistait en éclats de silex et débris d'une poterie grossière,
faite à la main et à pâte contenant des morceaux de calcaire. Parmi ces ossements, il y en avait d'ours brun, de
loup et de chiens dont les os étaient brisés. La caverne
avait servi d'habitation, d'après Boyd-Dawkins, avant
d'être utilisée comme sépulture. Très probablement, dit-il
on enterrait le chef d'une famille ou d'une tribu dans
la caverne qui lui avait servi d'habitation et celle-ci
devenait ensuite le lieu de sépulture de ses parents et
de ses successeurs [1]. Cependant il me paraît que l'on
pourrait simplement voir dans ces ossements et charbons les reliefs de repas funéraires.

Les restes humains de la caverne sépulcrale de
Perthi-Chwareu aussi bien que ceux du dolmen de Cefn
appartiennent à un type ethnique d'hommes de petite
taille (1^m475 à 1^m675) de forme sub-brachycéphale, à
face orthognathe, ovalaire, à ossature peu saillante, à
tibia ordinairement plathignémique.

[1] Boyd-Dawkins, *Die Hohlen*, p. 121.

XXXII. *Grottes sépulcrales artificielles*. — Nous avons vu que les Néolithiques s'étaient creusé dans les roches tendres de certaines parties de l'Europe des habitations souterraines. Ils ont souvent utilisé une partie de celles-ci pour en faire des lieux de repos pour leurs morts. Ils en ont creusé un grand nombre pour en faire exclusivement des sépultures ou des ossuaires.

Dans l'arrondissement de Brives (Corrèze), on compte 220 grottes creusées de main d'hommes, ordinairement exposées au sud et à proximité de l'eau [1].

Les cavernes sépulcrales de la Provence présentent un haut intérêt. Elles constituent, dans les collines des environs d'Arles, de longues et larges fosses, précédées d'une avenue couverte de grands blocs placés à ras du sol pour en dissimuler l'entrée.

Les plus célèbres et les mieux connues sont celles du département de la Marne, arrondissement d'Epernay, étudiées par le baron J. de Baye. Elles sont creusées dans le banc puissant de roches crétacées, qui affleure en cette contrée.

Les Néolithiques à la recherche du silex, dans leurs travaux de carrière, eurent vite apprécié le parti qu'ils pouvaient tirer de cette roche, en matière d'habitation et de sépulture. A l'aide de leurs pioches en bois de cerfs et de leurs haches en silex, ils creusèrent avec beaucoup d'art et d'esprit pratique de véritables cryptes, composées souvent, comme nous l'avons déjà

[1] *Matériaux*, t. III, p. 521.

vu, de plusieurs chambres, de couloirs à murailles parfaitement égalisées et de voûtes.

Au point de vue de leur disposition, ces grottes artificielles de Petit Morin peuvent être classées en trois
catégories.

Une première section comprend des cavités peu
profondes, peu hautes, à parois grossièrement taillées et
rugueuses, indiquant qu'elles ont été peu fréquentées.
Leur voûte peu épaisse s'est souvent effondrée. L'entrée
est fermée par une dalle unique cimentée ; un tas de
pierres la recouvre à l'extérieur, au point d'en faire
disparaître toute trace. Ces grottes n'ont jamais servi
que de sépultures. Dans les unes, les cadavres ont été
apportés successivement au fur et à mesure des
décès. Ils sont disposés le long des parois, la tête
dirigée vers l'entrée ou vers le fond. Un étroit passage
est réservé au milieu. Les cadavres sont séparés entre
eux par des dalles et de la terre et ils sont superposés,
dans quelques-unes, jusqu'à la retombée de la voûte.
On en comptait jusqu'à 50 dans une seule grotte. Ils
appartenaient à des adultes (hommes et femmes), à des
adolescents, à des enfants.

Dans d'autres grottes appartenant à la même catégorie, tous les cadavres ont été apportés en même temps
et placés les uns sur les autres sans interposition de
dalles ou de terre. Ils se rapportaient à des hommes
robustes. Le sol était jonché de flèches à tranchant
transversal. Dans l'une d'elles, dix haches emmanchées
étaient plantées debout, entre la paroi et les squelettes.

Comme l'a fait très judicieusement remarquer M. J. de Baye, il s'agit ici de guerriers de la tribu, tombés en combattant ou morts après un combat des suites de leurs blessures. Les flèches à tranchant transversal, dont quelques-unes sont restées implantées tantôt dans une vertèbre, tantôt dans un os long, l'attestent Le plus grand nombre, ayant été engagé dans les parties molles, était tombé sur le sol, pendant la putréfaction. Ces faits démontrent de plus qu'il s'agit d'une inhumation et non d'un ossuaire.

Une deuxième catégorie est représentée par de longues grottes simples, mais plus hautes de plafond que les précédentes, à voûte solide, à paroi bien régulièrement taillée. Ces parois et le sol fortement usés témoignent d'un passage fréquent. Chacune de ces grottes renfermait de deux à huit morts. Elles contenaient plus d'objets funéraires que les premières, des instruments et jusqu'à des pierres meulières. Elles avaient vraisemblablement, servi d'habitation avant d'être transformées en sépultures.

La troisième catégorie constitue de vastes cavités divisées en trois parties successives : la *tranchée* encore appelée *avenue* ou *vestibule*, l'*anti-grotte* et la *grotte*. Il faut descendre plusieurs degrés pour passer de l'avenue dans l'anti-grotte et plusieurs encore pour pénétrer dans la grotte proprement dite. Tandis que l'avenue est largement ouverte à l'extérieur, l'entrée de l'anti-grotte est plus étroite et celle de la grotte plus petite encore. Quelquefois la grotte du fond est divisée partiellement dans le fond par une cloison verticale. Dans d'autres, il y a une cheminée d'aérage. Le vestibule était fermé par de grosses pierres (fig. 81). On voit aussi au niveau de la dernière entrée, les traces de l'application d'une porte. Nous avons déjà parlé des sculptures de figures féminines et de haches que l'on rencontre sur les parois du vestibule, de l'anti-grotte et de la grotte. Nous rappellerons aussi que l'on trouve, dans la troisième chambre de quelques-unes, des gradins et des étagères taillées dans la craie.

Quoique ces grottes montrent une usure de la paroi et du sol qui va jusqu'au polissage à l'entrée, elles contiennent peu de squelettes : ordinairement deux ou trois, quelquefois huit. Parfois le nombre est réduit à un seul. Chaque squelette repose étendu sur des dalles plates qui montrent qu'elles ont été chauffées fortement. En effet, la craie sous-jacente est altérée. Dans plusieurs sépultures, on a rencontré des squelettes dans le vestibule. Une fois même un squelette d'enfant a été trouvé dans l'anti-grotte. Dans un seul cas on a recueilli un squelette qui paraissait accroupi (Pierre Michelot).

M. de Baye a rencontré cinq crânes remplis d'ossements d'enfants ou d'adultes, de coquillages, de flèches ; un sixième contenait une pendeloque percée. On ne peut admettre le tassement fortuit de ces objets dans les crânes, car la plupart de ces chambres n'étaient pas obstruées et étaient vierges de tout remaniement, lors de

1. Fig 81. — Entrée d'une grotte sépulcrale de Petit-Morin fermée par de grosses pierres (de Baye).

leur découverte. Ils ont donc été bourrés intentionnellement à l'état de squelette.

On a constaté aussi plusieurs cas d'incinération. Ainsi la grotte sépulcrale de la Pierre Michelot était remplie d'os carbonisés accompagnés de haches craquelées par le feu. Dans une autre sépulture (station des Ronces) à Villevenard, il y avait, au milieu de nombreux squelettes, un vase en terre, contenant des fragments calcinés et des cendres. Ne faut-il pas considérer ces quelques cas d'incinération partielle ou complète comme étant postérieurs aux inhumations et comme représentant la période ultime de l'usage de ces grottes artificielles correspondant aux sépultures à incinération de certains dolmens de la fin de l'âge néolithique [1]. Enfin plusieurs crânes avaient subi la trépanation chirurgicale ou la trépanation posthume.

M. le baron J. de Baye a pu compter dans les grottes sépulcrales de la Marne les restes d'environ mille individus inhumés.

En général, le mobilier funéraire n'y est pas très abondant. Ce sont des haches, des poinçons en os, des pendeloques, des dents percées de sanglier, de renard, de loup, d'ours, de cheval, de bœuf, des perles en coquillages, en schiste, en calcaire, des hauts de col en arc de cercle faits en pierre. Les urnes funéraires

---

[1] Cartailhac, Incinération des morts à l'âge de la pierre *(Matériaux,* t. V, 1888). — Castelfranco, Tombes à incinération dans des fonds de cabane néolithiques de Reggiana *(Revue d'anthropologie,* 1887).

sont rares ; elles sont pétries à la main et faites d'une pâte grossière.

Je crois avec M. J. de Baye que ces grandes et belles grottes de la Marne ont servi d'habitation aux Néolithiques, avant d'être la dernière demeure de quelques privilégiés [1]. Telle n'est pas l'opinion de M. Cartailhac. Pour lui, il s'agit dans l'espèce uniquement de grottes sépulcrales. L'usure des parois, malgré le petit nombre des inhumations, proviendrait de ce que l'on venait souvent visiter le ou les morts en suite de prescriptions ritueliques. Il émet aussi l'hypothèse que l'on y amenait successivement des cadavres [2].

Ce n'est pas en France seulement que les Néolithiques se sont servi de grottes artificielles comme cryptes funéraires. Ribeiro nous a fait connaître les grottes artificielles de Palmella, près de Lisbonne, avec leur précieux mobilier funéraire. Ce sont des souterrains creusés dans la mollasse tendre et friable. L'entrée, semblable à celle d'un four, donne accès à l'extérieur par une galerie élargie et à l'intérieur dans une salle à sol horizontal et à plafond en forme de voûte hémisphérique. L'entrée était fermée par une dalle, devant laquelle étaient accumulés quelques mètres cubes de pierre, qui dissimulaient complètement la sépulture. Comme on le voit, les mêmes dispositions essentielles des cavernes de la Marne se retrouvent ici.

---

[1] De Baye, *Archéologie préhistorique*, p. 107 et suiv. (Bibl. sc. cont.).

[2] Cartailhac, *la France préhistorique*, p. 157.

Les trois grottes sépulcrales de la Palmella ont donné
un très riche mobilier funéraire. Il consistait en nombreuses haches polies et herminettes, des lames, des
pointes de lance, des nucléus, des flèches, des scies,
des gouges, beaucoup de perles triangulaires, cylindriques, en anneau, en olive, les unes en os, les autres
en divers minéraux. Parmi ceux-ci, citons la callaïs,
cette roche vert pomme de la couleur de l'émeraude,
que l'on regarde comme une variété de turquoise. Les
perles en callaïs sont assez abondantes dans ce gisement, comme dans le Morbihan. Les poteries y sont
représentées par des spécimens d'un travail d'ornementation très développé. Les plus beaux vases sont de
petite taille, à pâte fine, brune ou rougeâtre, bien cuite,
à paroi mince. Les dessins gravés à la surface sont si
bien exécutés que, de l'avis de M. Cartailhac, on croirait
qu'ils ont été faits à la roulette, alors que les Néolithiques n'avaient à leur disposition que leurs doigts,
des poinçons ou coches à estamper (fig. 69 et 70). A
côté de ces beaux produits de la céramique se trouvaient
des vases surbaissés à bords rentrants, percés de trous
de suspension et sans ornements.

Il y avait au milieu de tout ce mobilier franchement
néolithique quelques objets en cuivre ou en bronze,
notamment plusieurs aiguilles et des bouts de traits
analogues à ceux rencontrés à la *Casa da Moura*, à
Porto Cavo et en d'autres points [1].

---

[1] Cartailhac, *l'Espagne et le Portugal préhistoriques*, p. 123 à
128 et 134.

Citons encore les grottes artificielles de l'île Pianosa, dans la Méditerranée, et celles de *San Covas*, dans l'île Majorque, près de Polenza [1].

Il y a aussi les grottes artificielles de *Beth-Saour*, en Palestine. M. Cazalis de Fondouce nous apprend qu'elles contenaient des silex, des os appointés, des vases remplis d'os d'animaux et des objets en bronze [2]. Ce sont donc des sépultures de la fin de l'époque néolithique ou qui ont servi encore à l'âge du bronze.

Voilà différents modes de sépultures pratiquées dans les cavernes par les Néolithiques. Tantôt ils inhumaient directement leurs morts, couchés ou accroupis. Tantôt ils se contentaient de les jeter ou de les laisser glisser dans une crevasse. D'autres fois, les cadavres étaient exposés ou inhumés temporairement, puis les ossements étaient recueillis et déposés dans des cavernes devenues des ossuaires [3]. Ces sépultures à deux degrés existent encore aujourd'hui en Bretagne et en Sicile. Un autre rite aurait consisté à décharner les cadavres avant de les déposer dans la terre. Cette interprétation fut émise en 1832 par Bruzelius au sujet des ossements trouvés dans le tertre sépulcral

---

[1] D. Francisco Martorell y Pena, *Apuntes arqueologicos,* Barcelone, 1879.

[2] Cazalis de Fondouce, *Matériaux,* t. III, p. 460, 1867.

[3] Cartailhac, Les Sépultures à deux degrés et les rites funéraires de l'âge de la pierre (*Ass. franc. pour l'avanc. des sciences,* Congrès de Nancy, août 1886. — *Matériaux,* t. III, p. 411, 1886.

d'Asa en Scanie. Elle fut reprise en 1863 par V. Boye[1]. En Italie, M. Pigorini[2] est arrivé aux mêmes conclusions. Il trouva, dans la tombe néolithique de *Sturgola*, territoire d'Anagni, un crâne humain dont la face avait été teintée en rouge avec du cinabre. D'autres crânes néolithiques colorés en rouge furent également découverts dans de petites grottes sépulcrales de la province de Palerme et de Pianosa. Le fait de dégarnir les os de leurs chairs, avant de les inhumer définitivement, se rencontre encore aujourd'hui à Otahiti, dans le royaume de Siam, et chez certaines peuplades de l'Amérique du Nord (Caroline).

M. Cartailhac a adopté cette opinion pour un certain nombre de sépultures néolithiques en France, sans toutefois la généraliser outre mesure. Il rappelle que la coutume de décharner les cadavres existait encore, en France, il n'y a pas bien longtemps. Aux IXe, X[e], XIe, XIIe et XIIIe siècles, c'était un honneur réservé aux grands. Une corporation appelée les « hanouards », porteurs de sel, possédait ce privilège de saler et de faire bouillir les rois de France. On enterrait séparément les chairs et le squelette. C'est ainsi que furent traités Louis le

---

[1] S. Nilsson, *les Habitants primitifs de la Scandinavie*, ed. franc., p. 170, Paris, 1868.

[2] Pigorini, Sur la coutume à l'âge néolithique de n'ensevelir que les os humains décharnés (*Matériaux*, 2e série, t. II, p. 299, Paris, 1880, *Acad. dei Lincei*, 3e série, t. IV, p. 187, *Boll, Palethn. ital.*, 8e année, p. 48, et *Arch. per l'ant. et la ethn.*, vol. VIII, p. 131).

Débonnaire, Charles le Chauve, saint Louis, Philippe le Hardi et sa femme Isabelle d'Aragon [1].

XXXIII. *Monuments mégalithiques*. — Ce sont ces mêmes Néolithiques qui ont élevé, dans toute l'Europe, ces grandes pierres dressées, que l'on nomme *menhirs*. On en connaît plus de 2000 en France, surtout dans le Morbihan et le Finistère. D'après beaucoup d'auteurs, ce sont là des monuments commémoratifs.

Ce sont encore eux qui ont érigé ces pierres en ligne que l'on appelle *alignements*, que l'on trouve dans une soixantaine d'endroits en France et dont les plus célèbres sont ceux d'Erdeven et de Carnac, dans le Morbihan, celui du Crozon, dans le Finistère.

Ils ont quelquefois disposé ces pierres en enceintes ou *cromlechs :* encore des monuments commémoratifs.

Ce sont toujours les mêmes Néolithiques qui ont construit ces gigantesques monuments de pierres, répandus dans toute l'Europe, dans une partie de l'Asie et de l'Afrique que l'on a appelés *dolmens, allées couvertes, tumulus,* en France, *cromlechs,* en Angleterre, *strazzona,* en Corse, *anta,* en Portugal, *Hünengraben* (tombeaux des géants), en Allemagne.

Ce sont des constructions composées de gros blocs de rocher, plus souvent de dalles en pierre, dressées verticalement et supportant d'autres dalles horizontales formant plafond. L'intérieur est divisé en une ou plu-

---

[1] Cartailhac, *la France préhistorique*, p. 299, d'après Legrand d'Aussy, *les Sépultures des rois de France.*

sieurs chambres. L'entrée peut être précédée d'un vestibule. Une ouverture circulaire, taillée dans une dalle, sert ordinairement de passage.

Le tout est le plus souvent recouvert de terre.

Les dolmens diffèrent entre eux d'après les matériaux employés et d'après les régions où ils se rencontrent. Rien qu'en France, on en connaît au delà de 3000.

Je partage l'opinion de ceux qui voient dans les *dolmens* des dérivés de grottes sépulcrales. Je vois dans ces constructions une imitation ultime des grottes naturelles ayant eu pour intermédiaire les cavernes artificielles.

« Il existe des monuments mixtes qui sont moitié dolmens, moitié grottes. Dans le Gard, M. Aures a signalé à Aubussargues une grotte sépulcrale naturelle, appropriée et fermée avec de grandes dalles à la manière des dolmens du pays. M. Lelièvre, à Magnoc-sur-Trouve (Charente), a indiqué des sépultures robenhausiennes sous des rebords de rochers, protégées sur le devant par une rangée de pierres debout. Voilà pour le passage du dolmen à la grotte naturelle.

« M. Verneau a fouillé à Bièze (Maine-et-Loire) une sépulture creusée dans la marne argileuse et la craie. Ce caveau de 4 mètres de longueur sur 1^m40 de largeur était recouvert de dalles en pierres analogues aux tables des dolmens.

« M. Cazalis de Fondouce nous a fait connaître des sépultures mixtes encore bien plus démonstratives, ce sont celles de Fontvieille (Bouches-du-Rhône). De grands caveaux sont creusés à ciel ouvert dans des grès tendres tertiaires. Comme les dolmens, ils sont recouverts de grandes tables de pierre, formant toit.

« Bien plus, comme les dolmens, ils sont précédés d'un vestibule et le vestibule est mis en communication avec le caveau mortuaire par une porte surbaissée en bouche de four, tout à fait semblable à celle de certains dolmens du midi de la France. Il est impossible d'avoir un intermédiaire plus complet entre la grotte artificielle et le dolmen [1]. »

Disons encore avec M. G. de Mortillet, qu'une autre preuve que dolmens et cavernes sépulcrales ont servi aux mêmes Néolithiques, c'est l'identité de mobilier funéraire dans les uns et les autres (haches polies, vases en terre, urnes funéraires à pâte grossière, pointes de flèches, pendeloques, grains de colliers en pierre, en coquillage, en ambre, en callaïs, rondelles craniennes). On y retrouve les mêmes rites, y compris la trépanation.

Enfin, l'anthropologie vient aussi confirmer cette manière de voir ; grottes naturelles, grottes artificielles et dolmens renfermant côte à côte les mêmes types ethniques et la même *multiplicité des types* [2].

---

[1] G. de Mortillet, *le Préhistorique*, p. 599.

[2] Il faut lire *période* néolithique au lieu d'*époque* néolithique dans tout le chapitre VI, pour nous conformer au plan exposé page 57.

CHAPITRE VII

Habitation des Cavernes pendant la période de l'introduction de l'usage des métaux.— Cuivre.— Bronze. — Fer. — (Age du cuivre. — Age du bronze. — Age du fer).

I. *Introduction du bronze en Europe*. — L'introduction de l'usage des métaux en Europe pour la fabrication des outils, des armes et des bijoux s'est faite de façons différentes d'après les régions. Il y a eu, de plus, diverses phases dans le développement de l'industrie des métaux, mais on ne peut les synchroniser pour l'Europe entière. Ces phases ne correspondent pas entre elles chronologiquement dans l'Europe centrale, dans l'Italie du Nord en Hongrie, en Scandinavie. La discordance serait même si grande qu'un éminent archéologue, M. Alexandre Bertrand, professe qu'il n'y a pas eu à proprement parler dans nos régions d'âge du bronze comparable à celui de la Hongrie ou de la Scandinavie. Ce que nous avons l'habitude d'appeler chez nous *le bel âge du bronze* correspondrait au premier âge du fer d'autres régions *(Hallstadtien)*. Les mœurs et l'industrie néolithique auraient persisté en Gaule jusqu'au premier âge du fer, recevant simplement par voie commerciale « ou à la suite d'essais de missions religieuses », des objets en bronze en plus ou moins grande quantité. Il n'y aurait eu que quelques points de nos régions, les côtes d'Espagne notamment, où les indigènes auraient appris le secret de la fabrication du cuivre et du bronze. Au contraire, le Danemark, la Hongrie ont eu leur véritable âge du bronze [1].

II. *Origine du bronze.* — L'origine du bronze est encore bien plus obscure, plus discutée que la chronologie de l'âge du bronze. Elle est loin d'être élucidée [2].

Beaucoup d'archéologues pensent qu'il nous est venu d'abord de l'extrême Orient, façonné de toutes pièces, importé par des colporteurs; puis les gisements de cuivre ayant été exploités en Europe, l'étain seul aurait continué à être importé sous forme de lingots, pour finir par être exploité lui-même dans nos régions.

III. *Introduction du fer en Europe.* — M. de Mortillet dit que c'est en Afrique que le fer aurait été utilisé. Il aurait été importé en Égypte dès les premières dynasties. Puis il aurait été introduit en Chaldée et en Assyrie, d'où il se serait répandu en Asie et jusqu'en Italie et, de là, dans le reste de l'Europe.

---

[1] Al. Bertrand, *la Gaule avant les Gaulois*, chap. **v**, *Introduction des métaux en Gaule*, p. 317, 2ᵉ édition, Paris, 1891.

[2] Voir notamment sur ce sujet: A. Bertrand, *la Gaule avant les Gaulois*, 2ᵉ édition, p. 222. — G. de Mortillet, *Ass. franç. p. l'av. des sc.* Congrès de Grenoble, 1885. — Worsae, *Cong. int. d'ant. et d'arch. préh.*, 7ᵉ session, p. 408, Stockholm, 1874. — Sophius Müller, L'origine du bronze en Europe et ses premiers développements éclairés par les plus anciens objets en bronze découverts dans le sud-est de l'Europe (*Matériaux*, t. III, 1886). — Nicolucci, *Atti Academia delle Scienze*, Napoli, 1886.

Tandis que M. de Mortillet fait remonter l'usage du fer en Egypte à 4 ou 5000 ans avant Jésus-Christ, M. Montelius fixe le xe ou le xve siècle avant notre ère. D'après ce dernier, le fer aurait été introduit en Europe environ 1000 ans avant Jésus-Christ. Les fouilles de Bologne et de Corneto indiqueraient que le fer a pénétré en Italie au ixe ou viiie siècle avant notre ère. Nous étions déjà dans l'Europe centrale à la période de transition de l'usage du fer remplaçant en partie le bronze (Hallstadtien), quand, dans l'Allemagne du Nord et surtout en Scandinavie, on était encore à la dernière période du bronze. Le fer n'aurait été introduit dans ces régions que vers le ve siècle avant Jésus-Christ [1].

Ce que les auteurs appellent le premier âge du fer ou période Hallstadtienne correspondrait entre le xve et le xe siècle avant notre ère [2].

M. Morgan nous montre le fer utilisé seulement pour les bijoux à titre de matière précieuse, dans les nécropoles de Warka et de Mougheïr en Chaldée, 3000 ans avant Jésus-Christ. Mais il nous le désigne déjà employé comme métal courant, dans l'Asie antérieure, chez les Assyriens, dix siècles avant Jésus-Christ. Dans le nord de l'Asie antérieure, le fer aurait servi à l'exclusion du bronze vingt ou trente siècles avant notre ère. M. de Morgan conclut que ce n'est pas en Afrique qu'il

[1] Montelius, *Matériaux*, t. II, 3e série, 1885, p. 108.
[2] Cartailhac, *Matériaux*, t. I, 3e série, 1884.

faut rechercher le foyer du fer, mais dans le nord de
l'Asie antérieure. C'est en Cappadoce et en Arménie
que la métallurgie du fer se serait d'abord développée[1].

M. E. Chantre nous dit qu'il ressort de l'étude des
tumulus, des nécropoles et de quelques palaffites, que
le fer n'a été utilisé que par
gradations successives. Son
introduction chez nous coïn-
cide avec une civilisation
nouvelle dont l'influence se
manifeste dans certains usa-

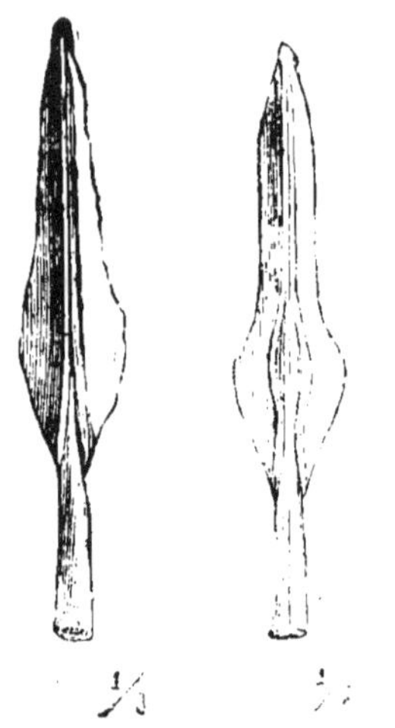

FIG. 82. — Pointes de lances
en bronze.

FIG. 83. — Rasoir en bronze
du lac de Neuchâtel.

ges funéraires et des motifs d'ornementation nouveaux. C'est à cette période de transition que correspond

---

[1] Morgan, *Cong. int. ant. et arch. préh.*, 10e session, p. 286 et
suiv., Paris, 1889.

l'introduction dans nos régions des rasoirs (fig. 83) ; des fibules des torques, des bracelets fermés et à enroulements, des ceintures faites en plaques minces de bronze laminé, des représentations animales, de la spirale, de la croix simple *(swastika)* de la verroterie. Les armes et les ustensiles en fer deviennent de plus en plus nombreux et de plus en plus variés, au fur et à mesure que l'on s'approche de l'époque gauloise.

Le fer, comme le bronze, nous serait venu de l'Orient, d'après M. Chantre, par le Caucase, la mer Noire et le Danube, pendant que l'Italie continuait à envoyer des produits métallurgiques nouveaux vers le nord[1].

IV. *Industrie du cuivre.* — Il est peu probable que l'industrie du cuivre ait précédé celle du bronze en Europe. C'est plutôt une industrie locale (grottes sépulcrales et dolmens des Cévennes, grotte d'Enguera, près de Valence, caverne d'Alcoy, grotte sépulcrale du Trésor, près de Malaga). C'est surtout en certains points de l'Espagne que le cuivre a été utilisé comme tel, après extraction sur place, notamment dans le Sud-Est de l'Espagne[2].

Les indigènes de la côte sud-est de l'Espagne auraient subi, d'après M. A. Bertrand, l'influence des Ibères ou des Ligures qui possédaient dès le Xe ou le XIIe siècle

---

[1] Chantre, *Etudes paléontologiques dans le bassin du Rhône,* un vol. in-4°, avec atlas in-folio de 52 pl., 1880.

[2] H. et S. Siret, *les Premiers âges du métal dans le Sud-Est de l'Espagne,* Anvers, 1887.

avant notre ère une longue bande de terrain entre les Alpes et les Pyrénées [1].

V. *Colportage du bronze.* — Dans un travail de synthèse sur l'origine de la métallurgie, M. G. de Mortillet nous montre des colporteurs métallurgistes parcourant l'Europe pour vendre leur bronze, acquérir les instruments cassés ou détériorés, les refondre et les vendre à nouveau. Ces colporteurs, étrangers, aux mœurs analogues à celles des Bohémiens actuels, s'en allaient de pays en pays faire le métier de chaudronniers et de fondeurs, sans se mêler aux populations autochtones. Mais ce ne fut pas toujours là un simple commerce de colportage, car dans ce cas, il eût existé une plus grande uniformité dans les outils et les armes de bronze. D'après M. G. de Mortillet, ces métallurgistes exotiques voyageaient avec leur matière première et la façonnaient suivant le désir et les habitudes des peuplades chez lesquelles ils se fixaient temporairement. On fabriquait sur place comme le démontre la découverte de nombreux moules [2].

VI. *L'habitation pendant la période de l'introduction des métaux. Le rôle des cavernes naturelles.* — On rapporte aux descendants des Néolithiques de « l'âge du bronze et du premier âge du fer », une partie des palaffites de la Suisse et du lac du Bourget, la plupart des cités lacustres italiennes et la plupart des terra-

---

[1] A. Bertrand, *la Gaule avant les Gaulois*, p. 199.

[2] G. de Mortillet, l'Age du bronze en France *(Cong. int. de Stockholm*, p. 410, 1874).

mares, des bourgades dont il reste des « fonds de cabanes », les terpens de Hollande et une partie des « crannoges » d'Ecosse.

Quels sont les éléments que nous a fournis l'étude des cavernes sur cette époque de l'introduction de l'usage des métaux dans nos régions ?

Dès 1876, M. Chantre mentionnait pour la France et la Suisse, 11 habitations dans des cavernes naturelles, 9 grottes sépulcrales, 200 dolmens, 39 palaffites, 50 stations en plein air, 67 fonderies, 30 cachettes de fondeurs.

Plusieurs grottes ont servi d'habitations temporaires ou de sépultures aux hommes d'alors dans les Pyrénées ariégeoises[1] : la grotte d'Ombrive à Ussat, dont il a déjà été question plus haut, qui fut utilisée comme fonderie et comme sépulture. On y a recueilli notamment des moules en stéatite pour haches, épingles, lances et quelques objets en bronze.

La grotte d'Alliat (canton de Tarascon) a fourni une aiguille ; celle de Bacher, un fragment de bracelet et une fibule ; celle de la Vache, une épingle, une hache à ailerons, un hameçon, des morceaux de bracelets ; celle de Massat, des fibules ; celle de Montesquier, des fragments de bracelets ; l'abri sous roche de Bethmale, une hache à ailerons[2].

---

[1] Garrigou, Sur l'âge du bronze et du fer dans les cavernes des Pyrénées Ariégeoises (*Bul. Soc. d'Ant.*, Paris, 1867).

[2] G. Marty, les Grottes de l'Ariège et en particulier celle de l'Ombrive, Toulouse, 1887 (*Matériaux*, t. III, p. 544, 1886).

La caverne de Saint-Jean d'Alcas (Aveyron), celle des Morts, à Durfort (Gard), celle de la Roquette, celle de Salindres, que nous avons considérées comme sépultures néolithiques, ont donné quelques objets en cuivre pur [1]. La grotte sépulcrale de Taurin, à Tournemire près de Roquefort (Aveyron), a donné dans le mobilier funéraire une tige apointée, une lame de couteau, deux lames de poignards, une épingle, le tout en cuivre, un bracelet en jayet, des perles en cuivre et en coquillage. Dans la grotte de Naut, à Cognieu, fouillée par Rubicon, des instruments en bronze étaient associés à des objets en pierre [2]. Une grotte de la Charente, le trou du Parc, contenait une pointe de lance, un poignard, deux bracelets et des agrafes en fer [3]. Les cavernes de Vallon [4] (Ardèche), qui furent habitées dès l'âge du Mammouth, ont fourni des urnes à pâte noire caractéristiques de l'âge du bronze. L'une de ces urnes contenait un véritable trésor, consistant en 286 pièces de bronze : 2 pendeloques, 13 bracelets dont un en lignite, 150 perles dont beaucoup enfilées dans une lanière de cuir,

[1] G. Cazalis de Fondouce, *Derniers temps de la pierre polie dans l'Aveyron*, Paris, 1867. — Cartailhac, *Revue arch. du midi de la France*, 1867. — Adrien Jeanjean, l'Age du cuivre dans les Cévennes (*Mém. de l'Acad. de Nimes*, 1884).

[2] G. de Mortillet, l'Isère préhistorique (*l'Homme*, *revue*, t. II, p. 467, 1885).

[3] *Matériaux*, t. III, p. 68, 1867.

[4] O. de Marichard, Découverte d'un trésor de l'âge du bronze au Devoc (*Matériaux*, 3e série, t. I, 1884). — G. Carrière, Découverte d'une cachette de l'âge du bronze dans l'Ardèche (*l'Homme*, *revue*, p. 595, 1884).

25 perles en ambre, 170 anneaux de bronze, 2 boules creuses en cuivre rouge, une dent d'ours perforée.

La grotte du roc de Buffens, Caunes (Aude), a fourni des traces d'habitation ou tout au moins de fréquentation pendant la période néolithique et à l'époque du bronze ou du premier âge du fer ; elle a servi aussi de sépulture. Les objets consistaient en deux lingots de bronze, un d'étain, un grand nombre d'épingles, des boutons, une moitié de torque, une pointe de flèche barbelée, deux rasoirs, des anneaux et bracelets, des morceaux de pendeloques et des plaques, le tout en bronze. Des fibules à ressort étaient déjà du type de la Tène. Les objets en fer étaient en mauvais état [1].

La grotte des Balmes [2] à Villereversure (Ain) servit d'habitation à l'homme de l'âge du Mammouth et tout au moins de refuge, à l'âge du bronze ou du fer, d'après un morceau de bracelet et une demi-épée en bronze. Enfin elle fut utilisée comme sépulture gauloise.

La grotte de Courchapon (Doubs), qui était une habitation à l'époque néolithique, fut consacrée à une riche sépulture à la fin de l'âge du bronze ou à l'âge du fer. Elle renfermait, outre des squelettes, des vases carénés en terre cuite jaune ou brune à pâte grossière, des coupes, des petits vases en terre fine ornés de dessins faits au doigt, au poinçon et à l'ébauchoir, une perle d'ambre rouge, des grains de collier en terre

---

[1] Sicard, *Matériaux*, 3ᵉ série, t. I, p. 245, 1884.
[2] Beroud et Tournier, *Matériaux*, 3ᵉ série, t. I, p. 451, 1884.

cuite, dix anneaux en bronze, des épingles, des bracelets, une agrafe, un bouton, un couteau, une fibule à
ressort, le tout en bronze, deux anneaux en or [1].

Les grottes de Nermont (Yonne), de Gigny, près de
Saint-Amour (Jura), de la Baume, à Gonvillars (Haute-
Garonne) ont donné quelques objets en bronze. Cette der-
nière servit d'habitation à l'époque du renne, pendant le
Néolithique, à l'âge du bronze et plus tard encore.

Citons encore l'abri sous roche de Vilhonneur (Charente), où il a été rencontré des épingles à cheveux,
deux haches à talon, un anneau, un tronçon d'épée,
des fragments de bronze, une grande quantité de scories
provenant de la fonde, une fusaïole en terre cuite, des
débris de poterie, un clou en fer. Il s'agit encore ici
d'une fonderie.

En dehors de la France, citons en Belgique la caverne
d'On (Luxembourg), ayant servi d'habitation ou de
refuge à l'âge du bronze ou à l'âge du fer. Elle contenait des fragments de poterie, parmi lesquels un cou-
vercle avec dessin caractéristique, deux pointes en os,
un marteau en os, deux canines de loup perforées pour
collier, deux épingles en bronze, des grains de froment
carbonisés, des reliefs de repas consistant surtout en
os de cochon et quelques os de bœuf, brisés. Il y
avait aussi quelques fragments que l'on pourrait rapporter au mouton, une demi-mâchoire de lapin et de
martre.

---

[1] Dr Girardot et A. Vaissier, *Mém. de la Soc. d'Emulation du
Doubs*, Besançon, 1884.

Plus importante par les objets qu'elle contenait fut la caverne sépulcrale de Sinsin (Namur). Les restes humains peu nombreux se rapportaient à des adultes et à deux enfants. Le mobilier consistait en cinq bracelets, cinq épingles à cheveux dont la tête était ciselée, une grande épingle, un rasoir, deux couteaux, un petit outil et un burin en bronze, deux pendants d'oreilles en or, un collier composé d'une canine d'hyène, de trois défenses de sanglier, d'une coquille fluviale, d'un morceau de schiste et d'une vertèbre de poisson. Il y avait encore trois fusaïoles en terre cuite, un manche en os à huit pans et quatre silex taillés. De nombreuses poteries, grossièrement décorées d'ornements faits au pouce, à l'ongle ou ornés de chevrons, étaient disséminées dans les cendres du foyer. Ce serait là la sépulture d'un chef de clan et de sa famille, d'après M. Bequet. M. Comhaire y voit plutôt celle d'un prêtre [1].

En Allemagne, nous pouvons rappeler la grotte d'Ith, près du village de Holzen, qui contenait une hache à ailerons, un bracelet en spirale, deux pointes de flèches en bronze, avec des poteries caractéristiques et des aiguilles en os poli [2]. Nous aurons encore l'occasion de parler de cette caverne.

M. Ossowski a recueilli des objets en bronze dans

---

[1] Alfred Bequet, Caverne sépulcrale du bel âge du bronze à Sinsin (*Ann. Soc. arch. de Namur*, t. XVI, 1884). — Comhaire, les Premiers âges du métal dans les bassins de la Meuse et de l'Escaut (*Bull. Soc. ant. de Bruxelles*, t. LXIII, p. 203, 1894).

[2] Wollmann, *Soc. d'ant. de Berlin*, nov. 1883.

plusieurs grottes des environs de Cracovie, notamment une plaque en bronze, dans la caverne de Pod-Slupami, près de Kobylany, des agrafes en bronze et un couteau de fer, dans celle de Beziemienna, près de Bolechowice. Ces objets dateraient du premier âge du fer.

En Angleterre, les cavernes qui nous ont fourni du métal sont rares. La principale, d'après Boyd Dawkins, est celle de *Heathey Burm*, près de Stanhope en Weardale, dans le comté de Durham. On y a recueilli, à une certaine place, sous une cuvette de stalagmite de 5 à 20 centimètres d'épaisseur, deux crânes humains avec des quantités d'os d'animaux, des écailles d'huîtres, des aiguilles en os, des débris de poteries, un morceau de bracelet en jais et plusieurs défenses de sangliers. Il y avait à une autre place, mais dans la même couche, un couteau de bronze, des aiguilles, des haches et un bracelet en fil contourné en spirale, aussi en bronze. A une troisième place, toujours dans la même couche, on découvrit cinq pointes de lances, sept aiguilles, trois anneaux, un rasoir, un disque, trois haches, un bracelet, le tout en bronze. Il y avait encore deux objets de toilette en forme de fer à cheval ou d'anneau constitués de minces lanières filées d'or et d'autres objets en bronze d'usage inconnu, enfin la moitié d'un moule qui avait servi à confectionner un des cols. Si la grotte a été utilisée comme sépulture, elle a servi aussi de fonderie.

La caverne du chat *(Cate-Hole)*, dans le Gower (Glamorgan), qui contenait plusieurs squelettes humains, a fourni une hache en bronze avec des éclats de silex, des os incisés et un polissoir en pierre.

Boyd Dawkins mentionne encore des restes du bronze dans la caverne de Kirkhead en Cartmell et dans la grotte de Thors en Staffordshire[1]. Une grotte à Burrington Combe près de Wrington (comté de Somersets) contenait quelques morceaux de fer.

Les cavernes ont été très peu fréquentées en Italie à l'époque du bronze et du fer. Citons cependant la grotte du Farné, près de Bologne, qui fut habitée par un fondeur. M. Brizzio y a rencontré deux haches en bronze avec un moule de hache en grès, des poteries analogues à celles des Terramares et des instruments en pierre[2]. La caverne de Frasassi (Ancone) présentait une couche contenant, au milieu d'un lit de cendres et de charbon, des baguettes de bronze, des silex et des poteries identiques à celles des Terramares. Citons encore les cavernes de Boissano et S. Pietrino au Loanais, de Ponte Vara, district de Pietra Ligure[3].

Rappelons en Espagne, la grotte d'Enguera près de Valence, celle d'Alcay, celle de la Cueva de la Muger, près d'Alhama de Grenade, celle du Trésor près de Malaga où furent trouvés des objets en cuivre. Ces

---

[1] Boyd Dawkins, *Die Höhlen und die Ureinwohner Europas*, p. 108 et suiv., Leipzig, 1876.

[2] Brizzio, *Soc. d'ant. de Lyon*, vol. II.

[3] Issel, *Bul. de pal. ital.*, t. XI, 1885.

grottes furent fréquentées à l'âge du bronze; elles servirent surtout de sépulture[1].

Dans la vallée du Tage en Portugal, citons les cavernes de Cesareda, la Casa da Moura, Lapa Furada, Cova da Maura[2].

VII. *Grottes artificielles*. — Il y a eu aussi des grottes artificielles qui servirent d'habitations ou de sépultures à l'époque des métaux.

Telles sont les cavernes artificielles de la Provence creusées dans les environs d'Arles dans les massifs calcaires tertiaires. M. Cazalis de Fondouce a recueilli dans l'une d'elles un poignard en bronze, des pointes de javelots en silex, un vase à pâte fine, portant sur le fond quatre impressions disposées en croix, comme on en trouve sur les poteries des Terramares d'Italie ; le tout reposant à côté d'ossements humains[3].

Le village de Cernay, près de Reims, est bâti sur la craie. De nombreux souterrains se trouvent creusés dans cette roche. Les plus anciens datent de la période néolithique. Les plus nombreux remonteraient à l'âge du bronze ou seraient plus récents[4].

---

[1] Vilanova y Piera, *Ass. franç. p. l'av. des Sciences, session de Nancy* et *Matériaux*, p. 470, 1886.

[2] Delgado, *Commissao geologica di Portugal*, 1807.

[3] Cazalis de Fondouce, Sépult. de l'âge du bronze dans le midi de la France (*Cong. int. d'ar. et d'ant. préh.*, 6e session, compte rendu, p. 494, Bruxelles, 1872, et 7e session de Stockholm, 1874).

[4] Bosteaux, *Ass. franç. p. l'av. des sciences, session de Rouen*, 1884.

VIII. *Exploitations minières*. — L'usage du cuivre et du bronze se généralisant de plus en plus, on vit se développer en Europe l'exploitation locale de véritables mines de cuivre et d'étain. Le cuivre fut surtout exploité en Espagne, dans les Asturies, en Angleterre, en France, dans les départements de l'Aude, des Pyrénées orientales, de l'Isère, de la Savoie, et de la Haute-Savoie [1].

Quoique l'étain ait continué longtemps à être importé chez nous à l'état de lingots, on peut faire remonter jusqu'à l'époque du bronze un certain nombre d'anciennes exploitations de ce métal. Elles sont tout au moins pré-romaines. Telles sont celles de la Haute-Vienne, de la Corrèze, du Morbihan et de la Loire-Inférieure, en France ; celles de la côte septentrionale de la Galicie, en Espagne (Cassiderides des anciens) et des provinces septentrionales du Portugal ; celles de l'ancienne Pannonie, et du banat actuel de Temesvar ; enfin celles de Cornouailles, en Grande-Bretagne, qui, d'après Evans, ont commencé à être mises en activité quinze siècles avant notre ère [2].

---

[1] Casiano di Prado, *Desc. géol. de la prov. de Madrid*. — L. et H. Siret, *les Premiers âges du métal dans le sud-est de l'Espagne*, Anvers, 1887. — A Dory, les Mines préhistoriques d'Aramo (Asturies) (*Revue un. des mines*, 3e série. t. XXV, p. 121, 1894). — Lubbock, *Preh. Times*, p. 73. — Daubrée, Aperçu hist. sur l'expl. des mines mét. dans la Gaule (*Revue arch.*, 1868, 1881.

[2] Daubrée, *Matériaux*, t. XII, 1881. — G. de Mortillet, Origines de la Métallurgie (*l'Homme*, t. IV, p. 361, 1885). — Howarth

IX. *Les principaux outils, armes et bijoux de cuivre et de bronze.* — Les différents types de haches qui dans toute l'Europe semblent marquer des étapes dans l'histoire du bronze sont : la hache plate, la hache à rebords droits, la hache à talon, la hache à ailerons et la hache à douille.

Citons ensuite les pointes de lances (fig. 82), de flèches, les couteaux, les poignards, les épées, les faucilles, les rasoirs.

Les principaux objets de parures étaient les bracelets, les colliers, les torques, les diadèmes, les bagues, les pendeloques, les épingles de cheveux, les fibules. Certains bijoux étaient déjà, au premier âge du fer, rehaussés d'argent et d'or; d'autres étaient entièrement faits de ces métaux précieux.

L'ambre, l'ivoire, le lignite, le jayet, le bois d'if, les coquilles, les dents, étaient aussi utilisées pour la fabrication des objets de parure.

X. *Les fonderies.* — Les grottes, nous l'avons vu, ont souvent servi aux fondeurs et métallurgistes colporteurs. Ils devaient entourer de mystère leur industrie, soit dans la crainte de la concupiscence des autochtones ou pour éviter de leur apprendre le travail du métal. Souvent ils cachaient dans les cavernes leurs

Cong. int. d'arch. et d'anth., préh., 7e session, p. 532, Stockholm, 1874. — Voir aussi les *Mém. de l'Ecole des Mines espagnole.* — Hans Hildebrand, *Cong. int. d'arch. et d'ant. préh.*, 7e session, p. 579. Stockholm, 1874. — Evans, *l'Age du bronze,* p. 321, Paris.

Fig. 84 et 85. — Vases en terre de l'âge du bronze.

produits de trafic ou de fabrication, dans des pots de terre. Il est arrivé quelquefois qu'un fondeur soit venu à disparaître sans avoir utilisé son butin. Telle est l'origine de ces « trésors » qui nous ont permis d'établir la contemporanéité de différents instruments, armes et bijoux. La caverne de l'Ombrive à Ussat (Ariège) et celle de Vallon (Ardèche) contenaient de semblables cachettes. A Grossenheim, un seul vase en poterie contenait 322 serpes, 88 morceaux de serpes, 10 haches, 10 fragments de haches, des morceaux d'épées, 5 pointes de lance, un bracelet, des fragments de torques, des épingles et 5 lingots de bronze.

XI. *Poteries.* — Les hommes de l'époque des métaux ne connaissaient pas encore l'usage du tour du potier. La pâte de leurs poteries est plus fine, mieux cuite, et souvent plus noire que celle des Néolithiques. La forme (fig. 84, 85) et les ornements sont plus compliqués et plus artistiques. Le dessin en forme de croix est des plus caractéristiques.

XII. *Mœurs.* — Les hommes de cette époque avaient les mêmes mœurs que les Néolithiques. Ils possédaient les mêmes animaux domestiques ; ils cultivaient les mêmes céréales ; ils chassaient les mêmes gibiers. Ils se livraient aussi à la pêche à la ligne et au filet. Leurs hameçons de bronze ressemblent tout à fait aux nôtres faits d'acier (fig. 86).

Fig. 86. — Hameçon en bronze du lac de Neuchâtel, gr. nat., coll. Mortillet.

Ils se livraient à la navigation et ils étaient devenus experts dans la construction de leurs embarcations, dont on a recueilli des exemplaires dans les lacs de Neuchâtel, de Bienne et de Genève, dans les stations de Morges et d'Estravayer, dans le lit de la Senne, dans les tourbières de Belgique et de Hollande.

Les Phéniciens, les Ligures, les Ibères, les Scandinaves, fretaient déjà à cette époque de véritables navires pour leurs expéditions commerciales et guerrières.

XIII. *Anthropophagie.* — On a cru reconnaître, dans certaines stations de l'époque du bronze et du fer, des traces d'anthropophagie, notamment en Portugal, dans la grotte de Cesareda, dans la grotte de Reggio à Modène, dans une caverne, près du village de Holzen (Allemagne) et en Westphalie [1].

XIV. *Art.* — Le goût artistique des hommes du bronze et du premier âge du fer l'emporte sur celui des Néolithiques, notamment dans l'ornementation et la forme des poteries, la fabrication des armes et surtout des bijoux. On attribue à ces hommes des peintures murales et les sculptures sur rochers des Alpes-Maritimes (monts Fontanalba), de la Scanie orientale et de la Norvège (fig. 87).

Ces dernières sont précieuses parce qu'elles nous

---

[1] Delgado, *loc. cit.*, p. 52. — Chierici, *Cong. int. d'arch. et ant. Bruxelles*, p. 363, 1872. — Boyd Dawkins, *Die Höhlen*, p. 113. — Wollman, *Soc. d'ant. de Berlin*, 4 nov. 1883. — Schaaffhausen, *Cong. int. d'arch. et ant. de Paris*, p. 159, 1870.

initient à la vie et aux mœurs des anciens Scan—
dinaves [1].

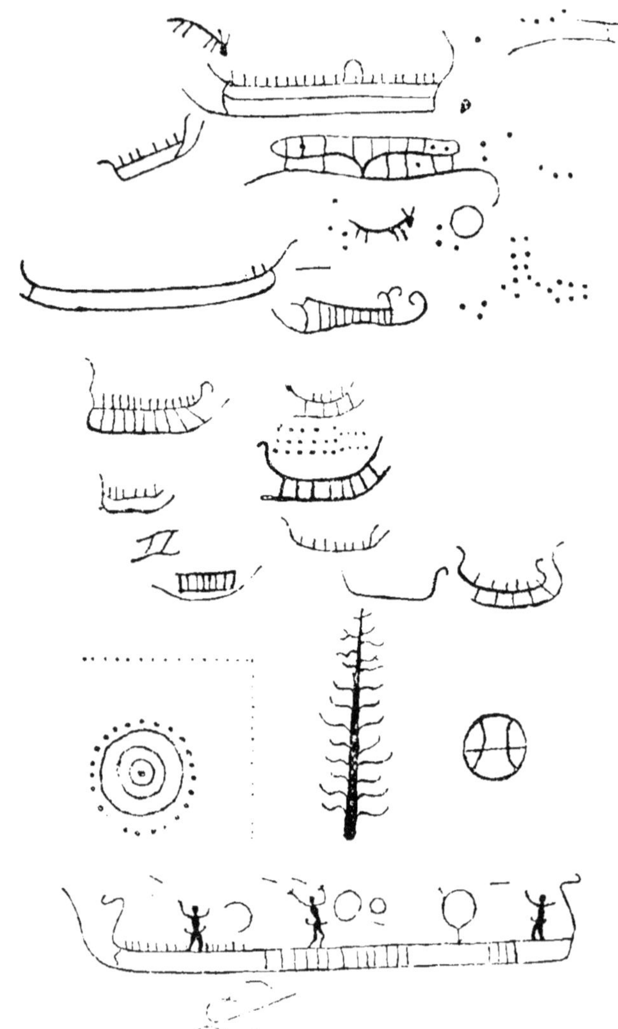

FIG. 87. — Sculptures sur rochers de la Norvege.

[1] Montelius, Bruzelius, Hildebrand, *Cong. int. d'arch. et ant.
preh.*, 7e session, p. 471, Stockholm, 1876.

XV. *Le culte des morts. Inhumations. Ossuaires Incinération. Nécropoles.* — Le culte des morts prend une extension plus considérable encore à l'époque qui nous occupe. On rencontre, tout au moins au début, les mêmes rites funéraires qu'aux temps néolithiques. Ce sont des sépultures à inhumations ou des ossuaires dans les cavernes naturelles ou artificielles, dans les dolmens, dans les fonds de cabanes.

Telles sont les grottes sépulcrales de Saint–Jean d'Alcas dont l'entrée était fermée par des dalles. Telle serait aussi la caverne sépulcrale de Taurin, à Tourne–mire (Aveyron) près de Roquefort. M. Puech y a rencontré des squelettes humains avec mobilier funéraire en bronze, plus nombreux que les objets en pierre [1].

La caverne sépulcrale de l'Ombrive (Ussat-les-Bains) contenait plus de 500 squelettes associés à des haches de pierre et des objets en bronze. Elle aurait servi aux Néolithiques et à leurs descendants. Telle est encore la grotte sépulcrale de Durfort (Gard). En Espagne, il y a la caverne d'Alcoy et du Trésor près de Malaga ; en Belgique, la grotte de Sinsin (Namur) dont il a été question plus haut (p. 262).

Dès 1872, M. Cazalis de Fondouce [2] nous faisait connaître les cavernes artificielles du calcaire tertiaire

---

[1] Cazalis de Fondouce, *Derniers temps de la pierre polie dans l'Aveyron*, Paris, 1867, *Matériaux*, t. IV, p. 158, 1887.

[2] *Cong. int. d'arch. et d'anth. préhist.*, 6e session, p. 194, Bruxelles, 1872.

des environs d'Arles. L'une de ces grottes avait son
entrée à moitié fermée par un mur de pierres sèches.
Le reste de l'orifice devait être fermé par une dalle.
A l'intérieur, des ossements humains reposaient sur un
lit de cailloux blancs provenant de la vallée du Gardon.
A côté des ossements, il y avait un poignard en bronze,
des pointes de javelots en silex et une poterie à impression en croix comme celles des Terramares.

A la coutume de l'inhumation a succédé progressivement, d'après certains auteurs, celle de la crémation,
au fur et à mesure de l'infiltration d'éléments étrangers
dans les populations néolithiques. Pour d'autres archéologues, certaines peuplades ont continué à inhumer leurs
morts même à l'époque du fer, à côté de tribus qui
avaient déjà commencé à pendant la période néolithique,
à prendre la coutume de l'incinération.

Plus de 250 dolmens, répartis dans 15 départements,
ont donné en France des objets en bronze et même du
fer [1]. Les dolmens de la Russie méridionale et ceux du
versant nord-ouest du Caucase contenaient aussi
du bronze.

En certains endroits on voit la coexistence de l'inhumation et de l'incinération dans la même sépulture.
Telle est la sépulture de la Moraine près de Saint-Prex,
en Suisse. Telles sont les tombes à inhumation à l'in
térieur des bourgades et celles à incinération dans
des urnes, dans le sud-est de l'Espagne.

[1] Bertrand, *la Gaule avant les Gaulois*, p. 196, note 2.

Un mode particulier d'inhumation dans de grandes jarres faites de trois pièces, a été découvert en Espagne par MM. Siret [1].

M. Pigorini dit que les Ibères déposaient leurs morts dans des cavernes ou des dolmens, avant le premier âge du fer; tandis que les Ombriens (Italiens) pratiquaient la crémation. Ce n'aurait été qu'au premier âge du fer que les Ligures ou Ibères auraient accepté le rite de l'incinération devenu de plus en plus général [2]. Beaucoup de tumulus datent de l'âge du fer.

De nombreuses nécropoles datent aussi de cet âge. La plus célèbre, celle qui a donné son nom au premier âge du fer, est celle de Hallstadt en Autriche [3]. Les uns la font remonter à cinq, les autres à dix et les autres à quinze siècles avant Jésus-Christ. Les nécropoles de Watsch (Autriche), de Villanova, d'Este et de Gola-secca (Italie) seraient de la même époque. Il faudrait encore rapporter à la même date la nécropole de Corneto (Tarquinia) près de Cività-Vecchia, avec ses puits cinéraires [4].

XVI. *Anthropologie. Les races de l'Europe pendant la période de l'introduction des métaux.* — Tout semble prouver jusqu'ici, et la plupart des spécialistes sont d'accord sur ce point, qu'il n'y a pas eu

---

[1] H. et S. Siret, *loc. cit.*, Anvers, 1887.

[2] Pigorini, *Nuova antologia*, 15 avril, Rome, 1885.

[3] Ed. von Sacken, *les Tombeaux de Hallstadt et leurs antiques*, Vienne, 1867.

[4] E. Chantre, *Matériaux*, 2e série, t. XVIII, p. 3, 1884.

apport de nouveaux éléments ethniques, au début de l'introduction des métaux dans nos régions.

Bien pauvres sont les données anthropologiques que nous possédons sur les races de l'Europe pendant la période correspondant à l'introduction des métaux. Deux raisons expliquent ce fait : 1° L'enchevêtrement des races déjà alors inextricable; 2° le rite de l'incinération. M. le Dr Jacques a étudié les soixante-dix crânes mesurables exhumés des treize cents sépultures du sud-est de l'Espagne par les frères Siret. Il les rapporte à trois types ethniques : 1° La race de Cro-Magnon, atténuée par le métissage, notamment en ce qui concerne la taille; 2° la race dite de Furfooz, se rapprochant des types de Grenelle (Carrère Helie), surtout pour les femmes, tandis que les hommes sont plus métissés; 3° un troisième groupe, aux tempes larges et bombées, au vertex aplati, à face non prognathe, type fréquent chez les Basques de Zaraus. Les plus nombreux sont les croisements entre le type Cro-Magnon et le type Furfooz, déjà marqué dans la race de Mugem [1].

En France, on trouve dans les grottes sépulcrales et les dolmens contenant du bronze ou du fer, les types de Cro-Magnon et les types multiples néolithiques surtout les brachycéphales d'Orrouy, fortement métissés entre eux. Aussi la race qui reposait dans les tumulus

---

[1] H. et S. Siret, *les Premiers âges du métal dans le sud-est de l'Espagne*, Anvers, 1887.

de la Lozère constituait, d'après le Dr Prunière [1], un mélange de brachycéphales, de mésaticéphales et de dolychocéphales.

En Angleterre, Huxley a rapporté les crânes de la sépulture de la caverne de *Heathetry Burn* au type des « *Longbarows* » du sud. Ceux-ci, d'après le Dr Thurnam, appartiennent à une race néolithique ibère ou basque [2].

On a retrouvé dans les palaffites suisses de l'âge du bronze les restes d'une race se rattachant aux Dolichocéphales néolithiques. Il faudrait y ajouter, d'après M. Hervé, une nouvelle poussée de brachycéphales venant renforcer l'élément brachycéphale néolithique, représentés par d'autres débris relativement plus récents [3].

En Italie, la plupart des archéologues et des anthropologistes rapportent les civilisations du bronze et du fer et même celle de la fin de la période néolithique à des peuples historiques : les Ibères, les Ligures et les Ombriens (Italiens), les Etrusques, les Osgnes, etc. [4].

---

[1] Prunière, *Ass. franç. p. l'avanc. des sciences*, **Congrès de Toulouse**, 1887.

[2] Boyd Dawkins, *Die Höhlen*, p. 110.

[3] Hervé, *Revue mens. de l'Ec. d'ant.* t. V, p. 138, mai, 1895.

[4] Pigorini, *l'Homme, Revue*, t. III, p. 186 ; *Matériaux*, 3e série, t. I. — Nicolucci, **Atti Ac. Scienze**, Napoli, 1886.

CHAPITRE VIII

Les Cavernes pendant les temps historiques.
(Période actuelle).

Les cavernes ont continué à servir d'habitation ou d'abri temporaire à l'homme, depuis les temps les plus reculés de l'Histoire jusqu'à nos jours.

I. *Textes anciens se rapportant à l'habitation des cavernes.* — Beaucoup d'anciens textes classiques nous parlent de demeures souterraines de Troglodytes dans diverses parties du globe. Il faut évidemment faire la part de la légende, dans beaucoup de ces récits.

Nous lisons dans l'*Odyssée* d'Homère que « les Cyclopes habitent le sommet des montagnes, au fond des cavernes [1] ». Thucydide [2], Platon [3] et Strabon [4] ont des textes qui confirment le dire d'Homère. Ce dernier écrit que les Cyclopes se nourrissaient des productions spontanées de la terre et habitaient dans les grottes sur le sommet des montagnes.

Eschyle [5] fait dire à Prométhée : « Les hommes ne

[1] Homère, *Odyssée*, IX, 115, 114.
[2] Thucydide, liv. VI, 2.
[3] Platon, *Lois*, III (t. II, p. 298 et suiv. de l'édition Didot).
[4] Strabon, p. 592, traduction Tardieu.
[5] Eschyle, *Prométhée enchaîné*, p. 458.

connaissaient ni maisons de briques ouvertes au soleil, ni constructions en bois, mais habitaient sous terre, comme les fourmis agiles, dans les réduits des cavernes. Je leur ai appris à construire des demeures commodes. Ils me doivent la charrue, le cheval attelé au char, la marine. »

Strabon désigne des troglodytes en Sardaigne[1]. « Les habitants de la Sardaigne sont partagés en quatre peuples : les Parates, les Sossinates, les Balans et les Aconites qui demeurent dans des cavernes. » Il rapporte qu'il existait aussi dans le nord du Caucase[2] des peuplades habitant des grottes pour se garantir du froid. Il signale aussi des troglodytes dans le Pont[3]. A un autre endroit, il dit que les habitants de la Dardanie[4], « quoiqu'assez sauvages pour habiter des grottes, au milieu d'un tas de fumier, font usage d'instruments de musique à vent et à corde. » Il cite encore des habitants de cavernes en Afrique[5] : « Les Troglodytes d'Éthiopie forment un véritable peuple, quoique nomades. La communauté des femmes et des enfants y est établie, sauf pour les chefs. »

Ce sont ces derniers et ceux de l'Arabie qui étaient les mieux connus des anciens. Ils sont mentionnés

---

[1] Strabon, p. 225, trad. Tardieu, t. II.
[2] Idem, p. 506.
[3] Idem, p. 489.
[4] Idem, p. 316.
[5] Idem, p. 776.

encore par Pline[1], qui dit : *Specus erant pro domibus,*
par Ptolémée[2], par Aristote[3], par Hérodote[4].

Diodore de Sicile[5], nous apprend que : « les habitants des îles Baléares, habitent le creux des rochers
ou le sommet fortifié des montagnes. Ils vivent de leur
chasse. » Il mentionne des Troglodytes en Crète. Il
nous dit aussi que, sur les côtes de Carmanie et de
Getrosie, les habitants étaient établis au voisinage de la
mer, dans des rochers remplis de cavernes. Ils se nour-
rissent de poissons, que la mer rejette dans les anfractuosités de ces rochers et qu'ils ont l'habileté d'y
emprisonner. »

Xénophon mentionne des Troglodytes en Perse. « Les
maisons sont creusées sous terre, et, quoique l'ouverture en soit étroite, l'intérieur est spacieux. Une entrée
est pratiquée pour les bestiaux, mais les hommes des
cendent par de petites échelles. Il y a dans ces espèces
de cavernes des chèvres et des brebis[6]. »

Virgile nous dit que les Scythes vivaient d'une façon
analogue :

Ipsi in defessis specubus secura sub alta
Otia agunt terra[7].

[1] Pline, I, V, c, 585; VI, 34, VIII, 8.
[2] Ptolémée, III, 10, 9; IV, 7, 27.
[3] Aristote, *Histoire des animaux*, VIII, 12.
[4] Hérodote, p. 183.
[5] Diodore, I, 30, — Diodore, III, p. 15, 19. — Diodore, V, 17.
— Diodore V, p. 65.
[6] Xénophon, *Anabase*, IV, c. v, § 24.
[7] Virgile, *Géorgiques*, III, 376.

Pomponius Méla les appelle Satarches [1].

Tacite dit qu'en Germanie des tribus habitaient dans des antres [2]. Juvenal, Lucrèce et Virgile disent que parmi les peuples anciens du Latium, il y en avait qui habitaient des cavernes [3].

L'historien Florus, qui vivait au IIe siècle de notre ère, raconte que les Aquitains traqués par César se réfugièrent dans des cavernes et que celui-ci ordonna à son lieutenant Crassus de les y enfermer : *Aquitani, callidum genus, in speluncas se recipiant; jussit includi* [4]. On sait aussi que les Sotiates, peuplades gauloises, furent enfermés par César dans des cavernes.

Une caverne située près de Maintenon, dans le village de Senantes, dans le département de Seine-et-Oise, aurait aussi servi de refuges aux Gaulois, traqués par les armées romaines.

L'archéologie est venue confirmer ces données de l'histoire écrite, qui, dans bien des cas, pourraient être

---

[1] Pomponius Mela, II, 1.

[2] Tacite, *Germania*, chap. XVI.

[3] Juvenal, Satire VI, V, 3. — Lucrèce, *De natura*, V, 930 1004. — Virgile, *Enéide*. VIII, 314. 318

[4] Florus, III, 10.

Voir au sujet de ces textes : Desnoyers article : GROTTES, dans le *Dict. d'hist. nat. de d'Orbigny*, Paris 1849. — Smith, Art. Troglodytæ dans *Dict. of greek and roman geography*, t. II. — D'Arbois de Jubainville, *Premiers habitants de l'Europe*, 2e éd. p. 3 à 15, — *Description raisonnée du Musée de Saint-Germain*, par Salomon Reinach, p. 100 et suiv., Paris, 1889. — Al. Bertrand, *la Gaule avant les Gaulois*, p. 113 et suiv. 2e édit., Paris, 1891.

considérées comme des fables ou des légendes rapportées par des historiens trop crédules, en ce qui concerne surtout les premiers temps de l'histoire. Ces trouvailles sont rares en France. Citons cependant dans la grotte du château d'Ebbou, à la Bastide-de-Virac (Ardèche), des poteries de forme étrusque ou grecque[1].

II. *Les Bretons-Gallois dans les cavernes d'Angleterre.* — Précieux sont les documents recueillis dans certaines cavernes de l'Angleterre. La bibliographie qui s'y rapporte est très importante[2]. Les cavernes les plus célèbres, pour l'objet qui nous occupe sont situées près de Selt, et ont été découvertes par J. Jackson en 1838.

L'une d'elles a servi d'habitation à des Bretons romanisés entre le IVe et le Ve siècle. On y a recueilli des monnaies romaines de Trajan (an 117), de Tétricus I et II (an 267-274), de Gallienus (an 268), de Constantin II (an 343), de Constans (an 353), des imitations barbares de monnaies de Tétricus (an 400-500), analogues à celles frappées sous Arcadius. A la surface du sol, se

---

[1] G. de Mortillet, *le Préhistorique*, 2e édition, p. 430.

[2] Roach, Smith et Jackson, *Collectanea antiqua*, vol. I, 1844. — R. et E. Smith, *Trans. Soc. of Lancashire and Chestshire*, 1865. — Denny, *Trans. geol. and polyt. Soc. of West. Riding*, 1859. — Farrer, *Proc. Soc. antiquaries,* vol. IV. — Boyd Dawkins, *Nature*, 1870, *Brit. Ass. Report*, 1870. — *Macmillan's Magas.* 1871. — *Journ. Ant. Int.*, 1871. — *Proc. Manchester Phil. Soc.*, 1873. — Boyd Dawkins et Tiddeman, *Brit. Ass. Rep.*, 1872. — Tieddeman, *Geol. Mag.*, 1873. — Brockbank, *Proc. Manchester Phil. Soc.*, 1873.

trouvaient aussi des ornements en bronze, des fibules, des débris de poteries romaines, des pointes de lances en fer, des clous, des poignards, des bagues, des bracelets, des boucles de ceinture. Les débris de cuisine sont très intéressants. On y rencontre en abondance les restes du bœuf celtique *(Bos longifrons)*, qui devait être alors le bétail ordinaire des Bretons-Gallois. Il y avait aussi les restes d'une chèvre, à cornes repliées en arrière, comme on en rencontre dans les tumulus et qui remplaçait le mouton comme bétail. Une variété de cochons à petites incisives et le cheval complétaient, avec le chien et la poule, la série des animaux domestiques de ces hommes. Comme gibier, on a recueilli : le cerf, le canard et l'oie sauvage.

Des documents historiques nous donnent l'explication de l'habitation des cavernes à cette époque.

Gildas raconte qu'en 447 les Bretons, fatigués des incursions des Pictes et des Scotes, abandonnèrent leurs habitations et leurs terres cultivées pour chercher un refuge dans les forêts et les cavernes. « *Britones de ipsis montibus, spelunculis ac saltibus dumus consertis continue rebellabant* » [1].

La caverne de Kirkhead, située sur le flanc de la falaise de Cartmell, au nord de la baie de Marecambe, a aussi servi d'habitation et peut-être de sépulture aux Bretons-Gallois vers la même époque. On a recueilli dans les dépôts superficiels une monnaie de Domitien,

---

[1] Gildas XVII, Baoda. *Hist. eccles.*, liv. I, CXIX.

une fibule romaine, une aiguille avec des émaux verts et les mêmes débris d'animaux qu'à la grotte Victoria.

Boyd Dawkins nous désigne encore la caverne de Poales, près de Buxton, et la grotte de Thors, près d'Ashbourne (Straffordshire), qui servit successivement d'habitation et de sépulture, pendant la période néolithique, de refuge à la fin de l'âge du bronze et à l'époque romano-celtique.

On a rencontré aussi, dans les dépôts superficiels de la caverne de Kent, des objets bretons-gallois. Mais dans cette région de l'Angleterre, l'habitation dans les cavernes par les Bretons-Gallois a dû se faire beaucoup plus tard. En effet, ce n'est que dans le commencement du ix\ siècle que le comté de Kent fut envahi par les Anglo-Saxons.

Boyd Dawkins conclut de tous ces faits qu'un peuple déjà civilisé, le Breton-Gallois, chassé de ses habitations et de ses cultures par les Anglo-Saxons, chercha un refuge dans les cavernes sur différents points de l'Angleterre, pendant le v\ et vi\ siècle après Jésus-Christ. Dans les grottes du pays de Galles, on ne trouve pas de traces d'habitation des Bretons-Gallois, datant du v\ et vi\ siècle, parce que les Anglo-Saxons n'étaient pas encore parvenus jusque-là et qu'ainsi les Bretons-Gallois n'avaient pas de motifs de se réfugier dans les cavernes [1].

---

[1] Boyd Dawkins. *Die Höhlen*, p. 5 et suiv., p. 75 et suiv.

III. *Habitation de cavernes pendant les temps modernes.* — On a recueilli sur le continent, dans un certain nombre de cavernes, des objets indiquant qu'elles servirent de refuges et d'abri temporaire, sous la domination romaine.

Il y a la Boîte aux Fées à Châtel-Perron (Allier) ; la grotte de la chèvre à Meyrueis (Lozère) ; où l'on a trouvé des monnaies et des poteries romaines engagées sous la stalagmite ; la grotte des Fées, à Brisson-Saint-Innocent (Savoie) ; la grotte de Nermont à Saint–Moré (Yonne), qui contenait une sépulture romaine ; celle du Saumon près de Saint–Jean de Lier (Landes), dont le mobilier funéraire répondait au IVe et Ve siècle après Jésus-Christ ; les grottes de la vallée de l'Erve, commune de Thorigné en Charnie, près de Saulges, qui servirent d'habitation, à l'homme quaternaire, à l'ours et à l'hyène, à l'homme pendant l'époque romaine et enfin aujourd'hui au loup et au renard[1].

Eginhard raconte que les habitants de l'Aquitaine, au VIIIe siècle, sous Waïvre leur dernier duc, se réfugièrent dans des cavernes où ils soutinrent de véritables sièges contre les soldats de Pépin[2].

Dans la suite, c'est surtout dans les temps troublés et notamment pendant les persécutions religieuses et les guerres de religion que nous voyons les cavernes servir d'habitation et de refuge.

---

[1] G. de Mortillet, *le Préhistorique*, p. 429, 430.

[2] Dom Bouquet, *Recueil des historiens de Gaule*, t. V, p. 201.

Telles sont les grottes des environs de Vallois, connues sous le nom de « Baoi de Louoi », de Derois, du Chaumadou, qui servirent de refuge aux protestants persécutés par Louis XIV [1].

La caverne-galerie du Mas d'Azil (Ariège), traversée par la route qui va de ce bourg à Saint-Girons, était un poste très important. A Sumène et à Saint-Laurent-le-Minier (Gard), deux cavernes sont encore connues sous le nom de *Grottes des Camisards;* une troisième à Seyne servit d'hôpital à ceux-ci. Les protestants des Cévennes se réfugièrent souvent dans la grotte de la Roquette, à Conqueyrac; le Conseil municipal de Saint-Hippolyte en fit fermer l'entrée, en 1701, pour empêcher les protestants de s'y réunir.

Il y a encore, dans l'Ardèche, aux environs de Vallon, la grotte du Colombier, encore appelée le Temple et la grotte de la Chaire, où se réunissaient des protestants pour entendre le prêche.

La grotte de Cayre-Creyt servit de refuge alternativement aux protestants et aux catholiques et en 1739 au seigneur de l'endroit [2].

Dans le département de l'Hérault, canton de Ganges se trouve la superbe caverne appelée dans le pays : « Baoumas de las Doumaïsallas », grotte de la Beaume, ou des demoiselles, des fées; elle servit de refuge aux Huguenots pendant les guerres de religion.

---

[1] Cartailhac, p. 151.
[2] G. de Mortillet, *le Préhistorique*, p. 431.

La grotte du Consulat et la grotte de la Citadelle à Caen (Lot) ont aussi servi de refuges, la première aux consuls de la localité, qui au moyen âge voulaient échapper à la pression du seigneur, la seconde aux populations, dans certains moments de panique [2].

G. Doré et Ch. Davillier racontent qu'entre Velez-Rubio et Boza (Murcie) se trouve un endroit appelé Cullars de Boza, habité encore aujourd'hui par des Troglodytes. « La plus grande partie des 5000 habitants qui composent la population, vivent dans des grottes pratiquées dans la colline, en sorte que toute la ville est souterraine, à part quelques maisons bâties en pierre et en pisé. L'existence de ces étranges habitations n'est signalée que par quelques cheminées coniques qui sortent de terre et d'où s'échappe en spirales un léger nuage de fumée. Ces nouveaux Troglodytes vivent comme des lapins dans leur terrier ou comme des ours dans leur tanière. Nous en avons vu plusieurs sortir de terre et comme ils étaient vêtus de peaux de moutons, des pieds à la tête, leur costume rendait encore l'illusion plus complète [2] ».

Un cantonnier du chemin de fer des mines de Bert a habité, pendant plusieurs années, une partie de la cave aux Fées à Chatel-Perron (Allier). Les cavernes de l'ancienne Castille, fouillées par L. Lartet, servirent

[1] G. de Mortillet, *le Préhistorique*, p. 429, 432.
[2] Davillier, Voyage en Espagne (*le Tour du Monde*, 2e semestre, p. 31, Paris, 1862).

d'habitations aux ouvriers qui travaillaient au chemin de fer et aux mines [1].

Près d'Hastière (Namur) en Belgique, il existe un abri sous roche, connu sous le nom de Trou de Jean Maurtin. « Ce Maurtin était un homme du pays, qui à la fin du XVIIᵉ siècle, avait abandonné le service du roi et s'était réfugié dans ce trou, jusqu'à sa mort. Il parvint à dissimuler sa retraite vivant en vrai sauvage, au milieu des taillis épais qui couvraient les flancs du vallon [2] ».

J'ai fouillé, avec le Dʳ Tihon, sur la Méhaigne, aux environs d'Huccorgne, un abri sous roche, connu dans le pays sous le nom de trou Sandron. C'était le nom d'un villageois, qui y était venu élire domicile pendant de longs mois.

Pallas [3] rapporte que les Baschkirs, qui habitaient près des sources du Sym en Sibérie, cachèrent leurs femmes et leurs enfants dans des cavernes, lors de leur révolte contre la Russie.

La grotte de Longara en Italie (Piémont) servit de refuge à deux mille paysans qui y furent enfumés par l'arrière-garde de l'armée de Bayard en 1510.

Les cavernes du Yorkshire, après avoir servi d'habitation aux Bretons luttant contre les Pictes et les

[1] Louis Lartet, *Revue archéologique*, Paris, 1866.
[2] Dʳ Jacques, *Bul. Soc. ant. de Bruxelles*, t. VII, p. 265, 1888, 1889.
[3] Pallas, *Voyages*, t. II, p. 452, 464.

Scotes, servirent de refuge en 1745 aux habitants, lors de l'invasion du prétendant Charles-Edouard[1].

Un abri de 7 à 8 mètres carrés, situé à 5 kilomètres au sud-est de Cherbourg et connu sous le nom de Table aux Fées de la Glacerie, servit de refuge pendant treize ans à un déserteur du nom de Risbec[2].

J'ai connu à Anseremme, près de Dinant-sur-Meuse, une petite grotte, située près de la berge même du fleuve. Elle avait servi d'habitation pendant dix ans à toute une famille composée du père, de la mère et de six enfants. La caverne, en forme de long boyau, avait été divisée en deux salles par une simple tenture. La partie du fond constituait la chambre à coucher et contenait plusieurs lits et chaises. Celle de devant était installée en débit de boissons. Cette grotte-cabaret était bien connue de tous les bateliers, qui, à cette époque, faisaient en grand nombre le trajet de Dinant à Givet et le retour ; ils ne manquaient pas de s'y arrêter. Détail piquant, la famille, qui habitait cette caverne, ne payait de location à personne pour l'usage de cet « immeuble », et ne payait aucune contribution ni à l'État ni à la Commune, la grotte se trouvant dans la zone comprise dans ce qu'on appelle le « franc bord ».

Les anciennes populations des Canaries étaient Troglodytes, comme le reconnaissent déjà les navigateurs

<hr>

[1] Badin, *Grottes et Cavernes*, p. 146.
[2] *Matériaux*, 2ᵉ série, t. XIII, p. 358, 1881.

du xve siècle et comme cela a été démontré depuis par des preuves matérielles[1].

En Espagne et en Italie, les cavernes ont servi encore, dans ces dernières années, de repaires à des brigands ou à des faux monnayeurs. Elles ont aussi été utilisées jusqu'à nos jours d'une façon intermittente par des vagabonds, des colporteurs, des chaudronniers nomades, presque toujours bohémiens.

Il n'est pas de pays en Europe, possédant des cavernes naturelles, ouvertes depuis un siècle ou deux, qui n'ait le nom de : grotte des Bohémiens ou des Sarrazins ou des Anglais, trou de l'ermite· ou de l'ermitage, etc., etc. Le plus souvent cependant ces grottes, dont l'entrée est connue depuis longtemps, ont reçu par les populations locales un nom auquel se rattachent une légende, une superstition, une tradition, une idée religieuse, comme nous le verrons plus loin.

Si nous sortons de l'Europe, nous voyons en Algérie des tribus entières habitant encore aujourd'hui des séries de cavernes et d'abris sous roches. On se souvient encore de la tribu des Ouled-Briah, qui habitaient les grottes de Dahra et qui s'y fortifièrent. Le général Pelissier ne put en venir à bout, en 1845, qu'en les enfumant dans leurs repaires.

Livingstone raconte qu'au centre de l'Afrique il existe

---

[1] Verneau, *Arch. des missions scientifiques*, 3e série. t. XIII, p. 185, Paris, 1887, et *les Races Humaines (Merveilles de la Nature* de Brehm) p. 490.

des peuplades entières qui habitent avec leurs troupeaux d'immenses cavernes.

Le Dr Pierre Mirande, médecin de la marine française, raconte dans un journal que dans la montagne
de Niu-long-nham dans la région des lacs Ba-bé, au
Tonkin, se trouvent creusées les deux grottes naturelles
de Pung. Leur entrée constitue d'énormes abris sous
roche, ayant plus de 50 mètres de surplomb. En cet
endroit, se trouvent trois villages, dont les habitants
avec leurs bestiaux habitent en partie ces deux
cavernes pour se soustraire aux pirates chinois.

On a encore mentionné des populations troglodytiques,
dans les temps actuels, au Maroc[1], en Tunisie et en Tri-
politaine[2], en Palestine[3] dans la Galatie et la Cappadoce[4].

En Amérique, certaines grottes ont pu servir de
refuge, de temple ou de sépultures à des peuplades
américaines. Des traces d'habitations troglodytiennes se
rencontrent encore aujourd'hui au Mexique, au Guate-
mala, dans le Salvador et le Nicaragua[5].

Les grottes artificielles ont longuement été utilisées
par l'homme au moyen âge et encore de nos jours.

Citons les villages creusés dans le grès, aux envi-

---

[1] Thevet, *Cosmographie universelle*, p. 15.
[2] Tissot, *Géog. comp. de la prov. romaine d'Afrique*, t. I,
p. 497, t. II, p. 713.
[3] Botta, *Mém. Soc. Géol.*, t. I, p. 148.
[4] Hamilton, *Researches in Asia Minor*, t. II, p. 286.
[5] Désiré Pector, *Cong. int. d'arch. et d'ant. préh.*, 10e scssion,
Paris, 1889, p. 220.

rons de Brive (Corrèze), les grottes de Rémonat en Franche-Comté. La grotte de Saint-Sulpice-le-Donseil (la Creuse), formée d'une série de galeries et de salles creusées de main d'hommes ; les grottes de la Chaud-de-Perrier, à l'ouest d'Issoire, sur les bords de la Creuse, qui ont jusqu'à sept étages superposés ; les grottes du village de Cangoireau, près de Bordeaux, qui servent encore aujourd'hui d'habitation aux paysans ; les grottes de Saint-Chamas, dans lesquelles sont établis des moulins à blé et à huile ; les grottes du Mont-Richard (Loir-et-Cher), qui ont l'aspect d'une ville souterraine ; toutes ces grottes connues dans le département de l'Aisne, sous le nom de *creutes*[1]. A Naples les grottes de Spagari, au pied de la colline San-Martino, étaient habitées, il y a encore quelques années, par des centaines de misérables qui y fabriquaient des cordes.

Les abris creusés à 4 mètres de profondeur dans la craie aux environs de Reims, ceux du Lot-et-Garonne et ceux de la Haute-Garonne, sont également d'origine récente. M. Cartailhac pense que toutes ces cavités artificielles datent du moyen âge et peut-être en partie de l'époque gallo-romaine ou gauloise[2]. Il en est de même des grottes artificielles de Troo, creusées en galeries dans la roche tendre. Quelques-unes portent les caractères de l'architecture du moyen âge. Plusieurs d'entre elles sont encore habitées aujourd'hui. D'autres

---

[1] Voir pour détails Badin, *Grottes et Cavernes*, p. 142 à 149.
[2] *Ass. franç. pour l'av. des Sciences* (Congrès de Blois, 1884).

analogues servent également d'habitations dans l'Aisne [1].

Citons aussi les grottes artificielles du canton de Mareuil-sur-Belle et commune de Martsec qui furent fréquentées dans l'antiquité romaine et plus tardivement encore [2].

Les grottes naturelles et artificielles ont souvent servi d'habitations aux solitaires et ermites, des premiers siècles du christianisme jusqu'au moyen âge. Les anciennes *Vies des Saints* parlent souvent de ces habitations souterraines des anachorètes sous le nom de « Balma ».

IV. *Anciennes carrières et catacombes.* — Un grand nombre d'anciennes carrières souterraines ont servi, à diverses périodes de l'histoire, d'habitations, de refuges, de sépultures, d'ossuaires ou de temples.

Telles sont les carrières de marbre du Pentelique au nord-est de l'Attique, dont on a extrait les matériaux pour la construction des monuments anciens de la Grèce.

Les catacombes de Rome seraient aussi, d'après certains auteurs, d'anciennes carrières abandonnées, tandis que, pour d'autres, elles auraient été creusées entièrement par les premiers chrétiens, pour s'y réunir, y prier et se livrer aux exercices de leur culte. Ils s'y réfugièrent fréquemment lors des persécu-

---

[1] *Matériaux*, année 1884, p. 524.
[2] *Matériaux*, année 1884, t. I, 3e série, p. 269.

tions. Pendant cinq siècles, ils s'en servirent comme lieu de sépulture [1].

Les catacombes de Naples étaient d'anciennes carrières, creusées dans des bancs de *pouzzolane* durcie. Elles sont distribuées en chambres, en carrefours et allées, dans lesquelles on a ménagé des piliers pour soutenir les voûtes. Elles auraient servi de sépultures païennes, avant de devenir des cryptes chrétiennes à partir du IVe siècle.

Les catacombes de Palerme avaient leurs nombreuses niches latérales où les cadavres étaient placés debout après avoir été desséchés. Il y a encore celles d'Agrigente (Girgenti) et celles de Syracuse antique. Les latomies de Sicile ou de Syracuse moderne sont célèbres par les cruautés de Denys le Tyran et de Verrès, qui y faisait enfermer les criminels et les victimes de son despotisme.

Les catacombes de Paris sont d'anciennes carrières, qui ont fourni en grande partie les matériaux utilisés à l'édification de cette ville. En 1787, elles furent transformées en ossuaires, lors de la désaffectation du cimetière des Innocents. Les victimes des combats révolutionnaires du 28 et 29 août 1788, du 28 avril 1789, du 10 août 1792, et des 2 et 3 septembre 1792, y furent aussi transportées. Plus tard encore, on y a accumulé

---

[1] Voir sur ce sujet les ouvrages spéciaux, notamment : Antonio Bosio, *Roma sotterranea*, publiée par Jean Severano en 1632 et par Aringhi en 1647. — J.-B. Rossi, *Roma sotterrana cristiana ed illustrata*, 1864.

les ossements exhumés d'un grand nombre d'églises désaffectées ou démolies. Ce gigantesque ossuaire renfermerait

Fig. 88. — Un ossuaire à Villanova.

aujourd'hui les restes de plus de 3 millions de cadavres.

Les carrières de pierre, de sable de la montagne Saint-Pierre, près de Maestricht (Hollande), et, en partie, celles de Cannes, de Sichen, d'Eben et de Sussen, dans le Limbourg belge, ont été exploitées en galeries souterraines depuis la conquête romaine jusqu'aujourd'hui. Ce sont de longues galeries horizontales soutenues par des piliers carrés. Leur hauteur est ordinairement de 3 à 6 mètres. Mais il est des galeries provenant des plus anciennes exploitations qui ont jusqu'à 15 mètres de haut avec des piliers en rapport. Ces galeries, en nombre immense, s'étendent sur l'espace de plusieurs kilomètres carrés dans une seule carrière.

Celles de la montagne Saint-Pierre sont au nombre de plus de mille et comprennent en ligne droite plus d'une lieue et demie d'étendue.

Ces carrières sont d'un aspect vraiment grandiose. Elles font penser aux nefs d'immenses cathédrales ou à des cloîtres colossaux (fig. 89). Elles ont servi à diverses époques de refuges aux habitants de villages entiers. Hommes, femmes, enfants, bestiaux, charrettes, mobiliers, récoltes, tout y fut transporté à certains moments, notamment lors du siège de Maestricht par les Français. Elles furent le théâtre d'un combat à la lueur des flambeaux, entre un détachement français de cavalerie légère et les assiégés du fort Saint-Pierre qui y étaient descendus par un escalier dérobé[1].

[1] Faujas-Saint-Fond, *Histoire naturelle de la montagne Saint-Pierre de Maestricht*, p. 46 et 50, Paris, an VII.

Les grottes de la basse Thébaïde qui s'étendent sur un espace de près de 20 lieues, dans les flancs d'une montagne, a proximité du Nil, sont de très anciennes carrières de pierre de sable. Elles furent exploitées par les Egyptiens et ensuite par les Romains pour la construction de pyramides, de temples et même de villes.

Hérodote raconte que le roi Cheops fit extraire de ces carrières des pierres pour la construction d'une pyramide au haut d'une colline où devait se trouver son tombeau. Cent mille Egyptiens furent employés à ce travail ; ils durent extraire les pierres, les traîner jus - qu'au Nil, les faire traverser le fleuve sur bateau, puis les transporter jusqu'à la colline et enfin les hisser au sommet. L'historien grec raconte qu'on passa dix ans à construire la chaussée cyclopéenne par où l'on devait traîner les pierres et vingt ans à construire la pyramide. Il ajoute que la fille de Cheops et son suc- cesseur et frère Chephrem en firent chacun bâtir une au même endroit [1]. Ces grottes servirent d'habitation dans la suite à des anachorètes chrétiens.

Nous arrêterons ici nos exemples il n'est pas de pays qui n'ait encore aujourd'hui ses Troglodytes per- manents ou d'occasion, soit dans des cavernes natu- relles, soit dans des grottes artificielles, soit dans d'anciennes carrières.

---

[1] Hérodote, trad. Larcher, t. I. *Euterpe*, liv. II. p. 214, 217, Paris, 1840.

Fig. 89. — Vue intérieure de la principale entrée de la caverne, sous le fort de la montagne de Saint-Pierre près de Maestricht (d'après Faujas Saint-Fond).

CHAPITRE IX

Les divinités dans les cavernes. — Cultes et sanctuaires
dans les cavernes.

I. *Rôle des cavernes au point de vue religieux chez les anciens*. — Les cavernes ont joué un grand rôle dans les croyances religieuses des anciens. Porphyre nous apprend que des grottes étaient consacrées à Jupiter, dans l'île de Crète, à Bacchus, dans l'île de Maxos, à Pan et à la Lune, en Arcadie [1]. C'est aussi dans les cavernes que Vulcain travaillait l'airain.

Les grottes furent souvent appelées « Plutonia » dans l'antiquité. L'entrée de diverses cavernes était considérée comme le seuil des enfers [2]. Pour les Grecs, cette entrée était placée dans les marais d'Acherusie, en Épire.

A chaque page de la littérature poétique des Grecs et des Romains, nous voyons que les grottes traversées par des eaux vives étaient le séjour des Nymphes et des Déesses, ou des sanctuaires voués au culte de toutes ces demi-divinités du paganisme.

Les cavernes étaient encore les lieux où les divinités

---

[1] Prophyre, *De Antro Nympharum*, c. 20.
[2] Virgile, *Enéide*, VI, 237.

du paganisme antique communiquaient leurs oracles aux humains.

Pausanias mentionne un grand nombre de grottes ayant servi aux exigences du culte hellénique, situées au voisinage des oracles les plus renommés tels que ceux de Delphes, de Corinthe et du mont Cytheron[1]. On voit encore aujourd'hui, sur les flancs de la colline d'Athènes, au-dessous du Parthénon, deux grottes jadis consacrées au culte.

L'un des oracles les plus renommés de la Grèce fut l'antre de Trophonius, situé près de Livadie *(Lébadée)*, chef lieu actuel de l'ancienne Béotie.

Trophonius, fils d'Apollon suivant les uns, fils d'Erginus suivant les autres, était avec son frère Aga-mède un constructeur célèbre de temples et de palais. Pausanias nous dit qu'il fut le constructeur du temple d'Apollon à Delphes. Le dieu en reconnaissance lui accorda le don de prédire l'avenir, à l'endroit où il fut englouti, après avoir assassiné son frère Agamène.

Ceux qui venaient consulter l'oracle étaient soumis à des épreuves effrayantes, sur lesquelles Pausanias nous rapporte de très curieux détails. Après avoir sacrifié des victimes à Trophonius et à ses enfants, à Apollon, à Saturne, à Jupiter, à Junon et à Cérès, apportées par

---

[1] Antre de la Pythie de Delphes, Urlichs, *Reisen*, t. I. — Virgile, *Enéide*, VI, 11, 98. — Bouché-Leclerq, *Histoire de la divination dans l'Antiquité*, t. II, p. 251 et suiv. — Pausanias, *Description de la Grèce*.

le patient, un prêtre consultait les entrailles des victimes pour savoir si Trophonius le recevrait avec bienveillance. Il était ensuite conduit à la rivière Hercyna pour être lavé et purifié. Il devait boire encore de l'eau de deux fontaines consacrées ; puis, revêtu d'une tunique de lin, il pouvait seulement pénétrer dans l'oracle.

Ces cérémonies préalables prenaient plusieurs jours.

La grotte était précédée d'un vestibule entouré d'une barrière de marbre blanc, surmontée d'obélisques d'airain. À l'intérieur se trouvait une ouverture d'environ 4 mètres de hauteur sur 2 de large, taillée au ciseau. De là on descendait dans l'antre au moyen d'une échelle. Au bas de celle-ci, se trouvait un orifice étroit. Dès qu'on y avait introduit les pieds, on était entraîné violemment au fond de l'antre secret. Là une voix grave et terrible prédisait l'avenir, ou bien encore on voyait ce qui devait arriver. Après quoi le patient remontait au jour, l'esprit profondément troublé de toutes ces épreuves. Pausanias ajoute naïvement : « On recouvre plus tard sa raison et la faculté de rire[1]. »

Nombreux sont les prodiges que les anciens attribuent à Trophonius. L'oracle était encore consulté et était encore en vogue deux siècles après Jésus-Christ.

Aujourd'hui, l'antre de Trophonius a été transformé en une chapelle.

---

[1] Pausanias, *Description de la Grèce.* — Lucien, *Dialogue des morts*, III. — Badin, *loc. cit.*, p. 52 et suiv. — *Dict. Larousse*, article ANTRE DE TROPHONIUS.

Il y a aussi l'antre de la Sibylle de Cumes, petite grotte près de Naples, célèbre dans l'antiquité par ses oracles et ses prodiges.

Nous voyons encore, dans les anciens auteurs, que les druides gaulois et bretons exécutaient leurs mystères dans des cavernes.

Les Persans célébraient dans des grottes le culte secret de Mythra et les cérémonies de ce culte furent introduites jusque dans les provinces les plus occidentales de l'empire romain.

II. *Grottes et sanctuaires chrétiens.* — Certaines grottes sont devenues célèbres et sont encore aujourd'hui l'objet de pèlerinages importants de la part des populations religieuses, du fait qu'elles ont été habitées jadis par de pieux anachorètes ou par tel saint ou telle sainte du culte catholique.

Telle est une grotte sur le mont Pellegrino (Ereta), près de la rade de Palerme, où les Siciliens, depuis 1624, vénèrent en grande pompe sainte Rosalie.

Parmi les 220 grottes creusées de main d'homme dans l'arrondissement de Brives, quatre auraient été habitées, d'après la tradition, par saint Antoine de Padoue. Elles sont encore aujourd'hui le but de pèlerinages [1].

La plus célèbre des grottes religieuses des temps modernes est assurément celle de Lourdes (Hautes-Pyrénées). Elle est formée de trois excavations irrégu-

---

[1] *Matériaux*, t. III, p. 521.

lières, creusées dans les roches Massabielles (vieux rochers) à proximité de la petite ville de Lourdes. Jusqu'en 1858, elles servaient de refuges aux pâtres et aux pêcheurs en temps de pluies ou d'orages. A cette époque, une enfant de quinze ans, Bernadette Soubirous, qui était allée ramasser du bois avec deux de ses compagnes, près de la grotte, eut une vision. Elle vit dans la grotte une femme entourée de lumière, vêtue de blanc et tenant entre les mains un chapelet (la Vierge Marie). L'enfant tomba en extase. A plusieurs reprises et à divers intervalles, Bernadette eut la même vision. On raconte qu'un jour sur l'ordre de la « Belle Dame », elle gratta le sol de la grotte et en fit jaillir une source. A partir de cette époque, la foule commença à affluer à la grotte de toutes les parties du pays, apportant des ex-voto, des cierges et de l'argent pour l'érection d'une chapelle. Puis on annonça des guérisons miraculeuses, obtenues en buvant de l'eau de la source ou en s'y plongeant. Bientôt cette grotte devint célèbre dans tout le monde catholique et ce fut par milliers que les pèlerins s'y rendirent.

Aujourd'hui au sommet des roches Massabielles se dresse une superbe basilique dédiée à Notre-Dame. Une grande route conduit à la grotte. Les eaux de la source sont conduites dans une piscine, entourée d'une construction fermée. Les pèlerinages à cette grotte ont pris une telle extension qu'on a fait faire un détour au chemin de fer des Pyrénées pour passer par Lourdes. Ces pèlerinages sont aujourd'hui régulièrement organisés. En toute saison, arrivent régulièrement à Lourdes des trains spéciaux venant des différentes parties de la France, de l'Italie, de l'Autriche, de la Belgique, de la Hollande et de l'Allemagne et amenant des milliers de pèlerins. On a même vu dans ces derniers temps des pèlerinages pour Lourdes organisés en Angleterre et même en Amérique[1].

III. *Temples souterrains de l'Inde.* — C'est ici le lieu de dire quelques mots des temples souterrains de l'Inde et de l'Egypte ancienne.

Dans l'Inde, ces monuments-cavernes se rencontrent surtout de l'Indus à Bamijan et dans les îles méridionales. L'antiquité de plusieurs de ces temples remonte à 500 ou 600 ans, avant Jésus-Christ.

Les grottes religieuses de Garapouri (ville des Antres) dans l'îlot d'Eléphanta ou Deva-Devi (île des Dieux) sont célèbres. L'île se trouve en pleine rade de Bombay. Les temples souterrains de l'île d'Eléphanta datent du XIe et Xe siècle de notre ère. Les Hindous de Bombay viennent encore à certaines fêtes y célébrer leur culte[2].

L'un des plus anciens est celui dédié à Siva. Il se trouve à l'intérieur d'une grotte creusée au haut d'une montagne. On y arrive par un escalier de 400 marches taillées dans le roc. On pénètre par trois portes dans une vaste salle mesurant 40 mètres de long sur

---

[1] Henri Lasserre, *Notre-Dame de Lourdes*, Paris, 1869. — Zola, *Lourdes*, Paris, 1894.

[2] Elisée Reclus, *Nouvelle géographie universelle*, t. V, *l'Inde*, p. 473, Paris, 1883.

37 mètres de large. Seize colonnes de 5 mètres de haut soutiennent le plafond. Les parois de la salle et les colonnes sont couvertes de sculptures en ronde bosse rappelant la vie de Siva. Dans le fond du temple, se trouve un énorme groupe taillé dans le rocher, représentant Brahma, Siva et Vishnou, entourés d'immenses gardiens de différentes formes [1].

Les temples souterrains les plus importants de l'Inde sont ceux d'Ellora, situés à 26 kilomètres au nord-ouest de Daouletabad, dans la province d'Aurungabad. Ils sont taillés au ciseau dans le tuf et représentent un travail vraiment cyclopéen, d'une importance et d'une majesté bien supérieures aux fameuses pyramides d'Égypte. Ils se succèdent sur une longueur de 3600 mètres. Ceux du sud, les plus anciens, ont été construits par les bouddhistes ; ceux du centre, caractérisés par leur splendeur, sont dus aux brahmanes ; ceux du nord sont les sanctuaires des Djaïna d'origine plus récente. L'un de ces temples, celui de Kaïlasa est taillé dans le roc et détaché complètement de la montagne. C'est un des plus beaux monuments de l'Inde ancienne. Les autres temples d'Ellora sont entièrement souterrains. Telle est la maison de Visouacarna (Brahma architecte) creusée à 40 mètres de profondeur dans la montagne. C'est une salle à trois nefs, soutenues par deux rangs de piliers octogones et dont le plafond est circulaire. Brahma est

---

[1] Burgess, *The Rock Temples of Elephanta, temples of India* — Fergusson, *Rock int.* — Badin, *loc. cit.*, p. 30.

assis dans une niche. A sa droite et à sa gauche, on voit deux serviteurs, dont l'un tient à la main un Lotus et un bâton et l'autre un triangle. Au-dessus, on voit un œil et un fil à plomb descendant perpendiculairement sur une ligne horizontale. Aux pieds du dieu, sont deux lions. Ce temple date de quelques siècles avant notre ère.

Un autre temple, le Para-Lauka, est intéressant par les fresques qui ornent son plafond et qui ont conservé leurs couleurs. On pénètre dans une galerie à deux étages pour arriver à ce temple. Il y a encore, à Ellora, le temple du Dher Wara et celui d'Indra.

D'autres temples-cavernes existent dans la péninsule de Salsette (Djhalta), au nord de l'île de Bombay. Le plus célèbre de ceux-ci est celui de Kennery.

Les temples d'Adjanta, situés près d'Aurungabad, sont aussi très réputés.

La plupart étaient des monastères constitués d'une salle, contenant une statue de Boudha, et tout autour des cellules. Il y a aussi des temples très riches. Des peintures assez bien conservées se remarquent sur les murs et les voûtes, leur valeur est unique au point de vue de l'histoire de l'Inde boudhiste, il y a deux mille ans (depuis deux siècles avant Jésus-Christ jusqu'au VIIe siècle de notre ère). Elles représentent des sujets religieux et symboliques, des chasses, des batailles, des processions, des cérémonies de mariages, d'enterrements, des travaux industriels et domestiques [1].

____

[1] Fergusson et Burgess, *Cave temples in Western India.* —

Citons encore les temples de Pandon-Lema près du fort de Nassouk, celui de Mhar ; les grottes de Panch-Padou près de Bang, province de Malva ; les grottes de Bamiyan dans l'Indou-Khou, près des sources du Surkhab, affluent de l'Oxus. Ces dernières très nombreuses servaient jadis, dit-on, d'habitations d'hiver aux habitants du pays. Ce serait dans l'une d'elles que Vyasa aurait composé les Vedas. Une autre aurait servi de retraite à Mani, célèbre hérésiarque de la fin du III* siècle [1].

IV. *Temples souterrains de l'Egypte et nécropoles*. — L'Egypte antique nous a laissé aussi de nombreux temples et cryptes souterrains.

Non loin de la dernière cataracte du Nil, entre Ouâdi-Halfa et Derr, se dresse l'entrée des deux temples d'Ibsamboul (Abou-Simbel). Voici ce qu'en dit M. E. Reclus : « L'un et l'autre sont creusés dans le grès rouge ferrugineux de montagnes qui se dressent au-dessus de la rive gauche. Entre les deux rochers, s'épanche une cataracte de sable jaune, amenée par le vent des déserts de Libye et formant au devant de chaque temple un talus grandissant : à diverses reprises, il a fallu déblayer l'entrée des portes et les statues. Le temple méridional ou grand temple, élevé en l'honneur d'Ammon-Ra, le dieu solitaire, est en entier taillé dans le roc.

Badin, *loc. cit.*, p. 36. — Reclus, *Géog. univ.*, t. VIII, p. 494, 496, 1883. — Grandidier, *Tour du Monde*, 2e semestre, 1860.

[1] Badin, *loc. cit.*, p. 48.

Au-devant de la porte siègent quatre colosses de 20 mètres de hauteur, représentant Ramsès II, à la figure impassible et superbe ; mais de l'une des statues gigantesques, qui fut décapitée par un voyageur anglais, il ne reste plus que la partie inférieure ; tous les colosses sont couverts d'inscriptions ; le grec et le phénicien ont trouvé place au milieu de ces hiéroglyphes. Dans l'intérieur du rocher, se succèdent trois grandes salles et douze plus petites, dont les parois sont revêtues de tableaux hiéroglyphiques et de sculptures encore éclatantes : une des compositions, qui ne comprend pas moins de onze cents figures, reproduit la bataille de Kadech, scène principale de l'Iliade égyptienne ; presque toutes les autres sculptures rappellent également la gloire de Ramsès, le vainqueur des Hittites. Sur le plafond d'une salle sont parfaitement figurées diverses espèces d'animaux qu'on ne voit plus dans la Nubie, mais seulement dans le Kordofan et le Sénaar[1]. Le petit temple consacré à la déesse Hathor a six colonnes de 10 mètres de hauteur devant sa façade et quatre de ces masses énormes représentent encore Ramsès II ; deux statues, la deuxième et la cinquième, reproduisent les traits de Nofreari, la « Beauté divine », et les enfants sont placés entre les genoux des époux[2] ».

La construction de ces deux temples date de la

---

[1] Russegger, *Reisen in Europa, Asien und Africa.*

[2] Elisée Reclus, *Nouv. Géog. univ.*, t. X, *Bassin du Nil,* p. 469 et figure, Paris, 1885.

19e dynastie, c'est-à-dire 1400 à 1339 ans avant notre ère.

« Après les sanctuaires grandioses d'Abou-Sumbel, combien d'autres temples se succèdent jusqu'à la première cataracte! Les archéologues en ont décrit quatorze, sans compter les grottes funéraires, les pylones et les tours. On dépasse le temple de Saboua, presque enfoui dans le sable, puis les débris de la ville antique de Mahendi, dont on voit encore les galeries passant en forme de tunnels sous les maisons; on voit ensuite les ruines romaines de Maharra-Kah, dressées sur un promontoire, d'où la vue s'étend au loin; Dakkeh, aux deux pylones gigantesques; Garf Hossaïn, noire caverne taillée dans le roc calcaire, refuge des chauves-souris, comme tous les édifices abandonnés de l'ancienne Egypte. Au delà, se montrent des débris d'un autre temple superbe, bâti par Ramsès II, celui de Kalabcheah, où l'on a trouvé une inscription grecque, racontant les victoires du roi nubien Silco sur les Blemmys; près de là, s'ouvre le fameux *spéos* ou réduit funéraire de Beït el Oualli, dont les sculptures figurant des processions triomphales, des assauts, des scènes de cour et de batailles, ont été plus que d'autres popularisées par la gravure. Quoique ternies par les moulages, les couleurs des peintures de Beït-el-Oualli sont encore très brillantes. Le défilé de l'Egypte, tourné vers la Nubie, est précédé de temples et de nécropoles formant comme une longue avenue de tombeaux. Les hypogées sont plus nombreux que les demeures habitées et l'on y compterait peut-être moins d'hommes vivants que de dieux burinés dans les parois des temples ou sculptés dans le granit[1]. »

Si de la Nubie, nous passons en Egypte, nous rencontrons parmi les monuments qu'il faut citer ici : les célèbres hypogées de Thèbes aux cent portes. Ils sont creusés dans les rochers qui bordent les ravins de la Thèbes de la rive gauche, ou vallée des tombes royales.

« La gorge sinueuse et ramifiée qui contourne les rochers porte le nom de Biban el Molouck (porte des Rois), elle offre un aspect superbe par ses falaises nues et rayées de fissures verticales : de part et d'autre s'ouvrent les tombes royales. Vers l'extrémité de la gorge, on pénètre dans le caveau funéraire de Séti Ier, découvert par Belzoni en 1818; c'est l'un des plus curieux par des bas-reliefs peints dont l'un représente les « quatre races du monde », Retou, Amou, Naheson et Tamahou, c'est-à-dire Egyptiens, Asiatiques, Nègres, Libyens, marchant en procession aux funérailles de Séti. A l'ouverture des gorges, entre la colline de Kournah et celle d'Assassif, Mariette a découvert en 1859 la momie d'une reine Aahhotep, probablement la mère du roi Ahmes ou Amosis, dont les bijoux, déposés maintenant au musée de Boulaq, sont d'un art merveilleux : Les joaillers modernes déclarent même qu'ils ne pourraient plus les imiter. Il est probable que le papyrus

[1] Elisée Reclus, *Nouv. Géog. un.*, t. X, *le Bassin du Nil*, p. 460, Paris, 1885.

d'Ebers, le livre « hermétique », contenant la pharma-
copée des Egyptiens du temps des Thoutmès, provient
aussi d'une tombe d'Assassif. A l'ouest de la butte principale et non loin d'une autre colline Cheikh Abd-el-
Kournah, percée de galeries comme un terrier, une
chapelle funéraire, Deïr-el-Bahari, qui servit probablement d'église aux chrétiens, occupe une succession
de terrasses : sur ces murs ruinés, Mariette a mis à
jour de très intéressantes sculptures représentant divers
sujets historiques, entre autres l'expédition navale
envoyée par la régente Hatshopsiton dans le pays de
Pount, c'est-à-dire l'Arabie méridionale ou la région
des Somal. Dans une autre tombe, celle de Rekhmara,
sont figurées également des scènes ethnographiques relatives au pays de Pount. Une grotte voisine a récemment livré à MM. Maspero et Brugsh, qui la cherchaient
depuis longtemps, toute une série de momies royales,
parmi lesquelles, celles d'Ahmès Ier, de Thoutmès III, le
conquérant de l'Asie antérieure, de Ramsès II, le légen-
daire Sésostris des Grecs, de Séti Ier, le constructeur de
la salle hypostyle. Des collections entières que possèdent les divers musées de l'Europe proviennent des
hypogées de Thèbes[1]. »

Nous devons rappeler ici ces immenses souterrains
qui constituent la tombe du bœuf Apis, le *Serapeum*.
On sait que le dieu Sérapis ou Osor-apis, Osiris, était

---

[1] E. Reclus, *Nouv. géog. un.*, t. X, *Afrique sept.*, 1re part.,
Bassin du Nil, p. 548.

incarné sous la forme du bœuf sacré Apis. C'est en 1850 que Mariette découvrit le *Serapeum* dans la nécropole de Memphis. C'était une large galerie dans laquelle on enterrait après sa mort, le bœuf qui avait personnifié le dieu Apis ou Osiris. A droite et à gauche, se trouvaient des sarcophages dans toute la largeur du souterrain ; le fond était occupé par un énorme mausolée. Les sarcophages contenaient des peintures et des bijoux en or et en matières précieuses. mais presque tous avaient été violés [1].

Nous devons encore nous arrêter à la nécropole de Khmounou entre Siouah et le Caire, plus connue sous le nom de *grotte de Samoun* ou des *Crocodiles*. Elle est creusée dans la montagne, non loin de Monfalout. Elle est remplie de momies d'ibis, de cynocéphales, de crocodiles et d'hommes. Les momies proviennent vraisemblablement de l'antique *Hermapolis magna* des Grecs. L'entrée est un simple trou à fleur de terre. Un voyageur, M. Georges, a donné une relation d'une visite qu'il fit à cette nécropole en 1862, dont j'extrais quelques passages [2]. Il faut parcourir sous terre un long chemin avant de parvenir à la partie intéressante du souterrain. « On arrive, alors, sur des couches de bande-

---

[1] Mariette, *Mémoire sur les monuments des six premières dynasties.* — Badin, *loc. cit.*, p. 25. — E. Reclus, *Nouv. géog. un.*, t. X, *Bassin du Nil*, p. 566.

[2] *Le Tour du monde*, 3e année, 1er semestre, p. 166 et suiv.. *Excursion aux Grottes de Samoun (Haute-Egypte)*, par A. Georges, Paris, 1862.

lettes déchirées ; le bruit des pas est étouffé ; ce sol funè-
bre cède et rebondit sous les pieds comme la tourbe et
l'impression qu'on en ressent est celle d'une grande
épaisseur. A chaque mouvement, nous soulevons des
débris qui jonchent la voie, une poussière noirâtre,
âcre, nauséabonde, amère, comme composée de suif et
d'aloès. Ce qui frappe d'abord, c'est une énorme quantité
de crocodiles de toutes dimensions.

« L'échelle de la taille de l'espèce est au complet : les
uns noirs gigantesques, ventrus, les autres petits comme
des lézards. Le guide me montre une grande quantité
de paquets ficelés de cordelettes entourées de bandelettes. Ce sont des crocodiles grands comme la main ou
l'avant-bras. A côté, j'en soulève d'autres à grande
peine. Dans le ventre énorme de l'un d'eux, j'entends
rouler quelque chose, sans doute plusieurs de ces sca-
rabés chargés d'hiéroglyphes que l'on ensevelissait avec
les momies ; mais j'essaye en vain, avec le poignard du
guide, d'éventrer cette peau épaisse et plus dure que
la corne.

« Je me figurais d'abord que ces souterrains étaient
particulièrement réservés aux crocodiles embaumés ;
mais je vis bientôt d'innombrables momies humaines
entières, décapitées, mutilées, en tronçons ; tout cela
côte à côte, juxtaposé, superposé par lits que séparaient
des couches de feuilles de palmiers d'une remarquable
conservation. Les momies humaines soigneusement
entourées de bandelettes sont le plus souvent pressées
entre deux planches de sycomore, bois incorruptible

comme le cèdre. Ces momies sont faciles à éventrer, mais ne renferment rien [1]. »

Comme on le voit d'après ce qui précède, les cavernes tant naturelles qu'artificielles ont été largement utilisées au point de vue du culte. Les temples souterrains de l'Inde et de l'Egypte ancienne sont notamment des merveilles représentant un travail cyclopéen. Ainsi donc, il n'y a pas eu que les hommes préhistoriques qui creusèrent des grottes pour en faire des lieux de repos pour leurs morts ou des ossuaires.

CHAPITRE X

Les Légendes des Cavernes.

I. *Les cavernes ont de tout temps frappé l'imagination des hommes* — Les cavernes naturelles dès la plus haute antiquité historique ont été un objet de terreur dans les régions où elles se trouvent. Elles ont été jusque dans les temps modernes le sujet de nombreuses légendes.

« Leur obscurité mystérieuse, dit Desnoyers, leur profondeur incounue, certains bruits souterrains dont

---

[1] Georges, *loc. cit.* p. 169, 170.

les frayeurs populaires exagéraient la violence, et dont on ignorait les causes, les cours d'eau qui s'engouffraient dans ces cavités, pour ne reparaître qu'à de grandes distances, les sources qu'on voyait s'en échapper à des époques fixes avec une plus grande abondance, puis s'interrompre ensuite brusquement, la disparition subite des animaux qui s'approchaient de ces gouffres, les exhalaisons délétères qui souvent s'en dégageaient et d'autres circonstances non moins naturelles, mais difficiles à expliquer par le commun des hommes, contribuent à rendre les cavernes un objet de terreur et de superstition. Aussi les voit-on jouer un grand rôle dans les fables de la mythologie grécoromaine et dans les récits des poètes sous les noms de *specus, speluncula, spelæa,* σπέος, σπήλαιον, *antrum,* ἄντρον, *caverna.* On voit les poètes anciens prodiguer dans leurs descriptions de cavernes les épithètes d'*immanis,* d'*inferna,* d'*atra,* d'*obscura,* de *frigida,* et beaucoup d'autres, exprimant, soit des caractères naturels, soit des effets de l'imagination [1]. »

Citons à ce propos les vers bien connus de Virgile :

Hic specus horrendum et saevi miracula ditis
Monstrantur [2].....

Speluncula alta fuit vastoque immanis hiatu
Scupea tuta lacu nigro, nemorumque tenebris [3]

---

[1] Desnoyers, article GROTTE, dans le *Dict. un. d'histoire nat.* de d'Orbigny, t. VI, p. 343 et 344.

[2] Virgile, *Enéide*, I, 7.

[3] Virgile, *Enéide*, I, 6.

Certum est sylvis inter spelæa ferarum
Malle pati [1].....
Excisum Euboicæ latus ingens rupis in antrum [2].
Insonuere cavæ gemitumque dedere cavernæ [3].

II. *Le labyrinthe de Crète.* — C'est ici le lieu de rappeler la légende du Minotaure de la mythologie grecque. Ce monstre habitait une ancienne carrière située près de Cnosse, connue sous le nom de Labyrinthe de Crète. Tous les sept ans, les Athéniens devaient envoyer sept jeunes filles et sept jeunes garçons pour nourrir le Minotaure. Thésée, fils d'Enée, roi d'Athènes, pénétra dans le Labyrinthe, tua le Minotaure et put sortir de l'antre, grâce au fil conducteur que lui avait remis Ariane, fille de Minos, roi de Crète.

III. *Superstition des Indiens d'Areia.* — Elien [4] (Aelian) raconte que les Indiens d'Areia chassaient, chaque année, dans un gouffre profond, trois mille animaux, comme victimes expiatoires. Chaque habitant, dit-il, soit par terreur de ce gouffre, soit pour détourner un maléfice, s'efforçait, d'après l'étendue de ses moyens, d'assurer sa sécurité ou celle de sa famille en chassant dans l'abîme soit un mouton, soit une chèvre, soit un bœuf, soit un cheval. Il ajoute que bien souvent les bestiaux attirés par une force mystérieuse se précipi-taient dans le gouffre.

---

[1] Virgile, *Ecl.*, 10.
[2] Virgile, *Ecl.*, 10.
[3] Virgile, *Ecl.*, 1, 2.
[4] Elien, *De nat. an.*, liv. XVI, 16.

Il ne faut pas remonter très loin dans l'histoire pour trouver en pleine Europe des superstitions analogues.

IV. *La légende de la caverne de Bischofferode.* — *La légende des Maures. La légende de Frédéric Barberousse.* — A l'époque de la Réforme, on croyait qu'une caverne, près de Bischofferode, exigeait chaque année la mort d'un homme, à moins qu'on ne pratiquât un sacrifice public. Aussi, chaque année, à un jour déterminé, les habitants du pays se rendaient, accompagnés de leur pasteur, à une chapelle bâtie sur une montagne en face de la caverne. De là on se portait processionnellement à la grotte. Le prêtre laissait descendre dans le gouffre une croix, l'en retirait, puis, s'adressant au peuple il disait :

> *Kommt und kucket in die Kelle*
> *So kommt ihr nicht in die Hölle.*

« Venez et regardez dans la grotte et vous n'irez pas en enfer [1]. »

Les descendants des Maures croient encore que, dans les collines de Grenade, repose le grand Boabdil et son armée endormie et qu'ils s'éveilleront le jour où un mortel courageux arrivera jusqu'à eux et alors ils sortiront de leur retraite.

Une légende analogue existe en Allemagne.

Elle a été popularisée par un poème célèbre de Rückert, intitulé : *Der alh Barbarossa.*

---

[1] G. H. Behrens, *Hercynia curiosa*, p. 82, Nurnberg und Altdorf, 1720.

L'empereur Frédéric Barberousse est enfermé dans une caverne des *Kuffhauser*, montagne de la Thüringe. Il y dort d'un sommeil magique, accoudé à une table de pierre. Sa longue barbe blanche a poussé à travers la pierre. Parfois, il se réveille et envoie un serviteur voir si les corbeaux qui tournoient autour de la montagne sont encore là. Et, comme ils y sont, son sommeil se prolonge à nouveau de tout un siècle. Lorsqu'enfin il sortira de la caverne, il rétablira l'empire allemand dans toute sa puissance, à la suite d'un grand combat.

D'après M. Vogt, le héros primitif de cette légende si populaire de l'autre côté du Rhin n'est pas Frédéric Ier, mais Frédéric II de Holenhaufen [1].

V. *Les noms donnés aux cavernes et les traditions populaires.* — Les noms sous lesquels ont été désignées, dans les temps modernes les cavernes dans toutes les parties de l'Europe, parmi les populations naïves et ignorantes, nous montrent les superstitions antiques sur les cavernes conservées à travers les âges, par la tradition populaire. On les désigne sous le nom de *grotte de Fées, du Diable, du Dragon, des Sorciers.* En Belgique et surtout en Espagne, on les nomme souvent : *trous des Sarrazins* ou *des Bohémiens*, ou encore dans le Luxembourg : *trous des Templiers.* Dans ces derniers pays, les croyances populaires attribuent aux Sarrazins ou aux Templiers tout ce qui est d'un certain âge et qui paraît étranger aux pays.

[1] *Historischer Zeitschrift von Sybel*, t. XXVI.

Les traditions populaires placent aussi des trésors dans nos cavernes naturelles. Ces trésors sont le plus souvent gardés par une chèvre d'or, ou par un loup, ou par un chien noir. D'où le nom : *trou de la Chèvre d'Or* (Gatt-d'Or), en Belgique. On prétendait au siècle dernier que la caverne de Baumans, dans les Hartz, était habitée par des spectres et qu'elle contenait un trésor gardé par un gros chien noir.

N'est-ce pas cette superstition altérée qui fit au xvi° siècle bouleverser les grottes d'Allemagne à la recherche de la « licorne fossile », l'*ebur fossile*, qui guérissait de tous les maux ?

V. *Les nains dans les cavernes ; leurs légendes.* — En Belgique, un grand nombre de cavernes des provinces wallonnes sont désignées sous les noms de : *trou des Lutons, des Nutons, des Sotais, des Massotaïs*. Je connais, pour ma part, une vingtaine de grottes qui portent ce nom.

Les Nutons sont les *Wichtelschen* (diminutif de *Wichtel*, esprit), du Luxembourg germanique, les *Tüten* ou *Teuten*, des environs d'Aix-la-Chapelle, les *Kaboutermannekens* ou *Halvermannekens* des pays germaniques, les *Brownies* d'Ecosse et les *Korigans* de Bretagne.

Nos vieux livres sont remplis d'histoires de Nutons et la tradition populaire en raconte plus encore. Les Nutons sont de petits génies, des nains, ordinairement bienfaisants comme les fées. Ils ont une vieille figure ridée, basanée, le corps velu, une longue barbe et de longs cheveux.

En Belgique, la tradition populaire les fait habiter des grottes, dont ils ne sortent que la nuit. Elle en fait de très bons ouvriers forgerons et cordonniers, quelquefois même fileurs et tisserands. Jadis, d'après les légendes du pays de Liège, les paysans allaient, le soir, déposer devant la grotte habitée par les Nutons des outils, des chaudrons, des souliers à réparer, ou la matière première destinée à fabriquer ces objets. Le lendemain ou le surlendemain, vers le soir, on retournait au même endroit, reprendre les objets parfaitement réparés ou confectionnés. En échange de ces bons services, il fallait déposer devant l'antre des Nutons un pain, des galettes, du lard, un pot de lait, des grenouilles dont ils étaient très friands ou quelques vêtements.

Dans nos régions montagneuses de Belgique, les vieilles gens, dans les villages, vous diront très sérieusement que leur père ou leur grand-père a vu un ou des Nutons ; cependant elles ne s'aventurent jamais à affirmer qu'elles-mêmes se soient rencontrées avec l'un de ces petits génies.

En Allemagne, en Belgique, en Angleterre, d'autres croyances encore circulent sur les habitudes des Nutons. On raconte qu'ici ils viennent aider les gens de la maison à porter de lourds fardeaux, là qu'ils aident le fermier à battre le blé en grange, le brasseur à fabriquer la bière, le meunier à moudre le grain, le boulanger à cuire le pain. On raconte encore qu'il arrive que l'un d'eux monte en croupe du voyageur ou conduit l'attelage. Il ne faut pas qu'on leur manque en quoi que ce soit, car alors il nuisent de toute façon. Une croyance très répandue, c'est que par des nuits claires, ils sortent en bandes, se réunissent dans des clairières et y dansent des rondes jusqu'à l'aube. Malheur à l'homme qui se hasarde au milieu d'eux; ils l'entraînent dans leur danse, jusqu'à ce qu'il tombe mort d'épuisement.

Une des traditions les plus universelles et les plus anciennes est celle du nuton métallurgiste clandestin. Elle se retrouve dans un texte grec d'un ancien écrivain voyageur, Pytheas. Celui-ci raconte que, si « l'on place du fer non travaillé, avec une pièce d'argent, sur le bord du volcan de l'île de Lipari, on retrouve le lendemain, à la même place, une épée ou tout autre article dont on peut avoir besoin. »

Knox disait en 1661 : « Quand les Veddahs de Ceylan avaient besoin de flèches, ils apportaient pendant la nuit de la viande, qu'ils suspendaient dans la boutique du forgeron et plaçaient à côté une feuille taillée, sur le modèle qu'ils voulaient donner à leurs flèches ; si le forgeron faisait ces flèches d'après ce modèle, ils lui envoyaient d'autres viandes [1].

Si nous tenions cette histoire de la bouche des Veddahs eux-mêmes, il est probable, dit sir J. Lubbock, qu'elle aurait pris la forme du vieux mythe Européen [2].

Cette tradition du nain métallurgiste a été recueillie

---

[1] Knox, *Relation hist. de l'île de Ceylan*, Londres, 1681, cité dans les *Transactions of the ethnological Soc.*, vol. II, p. 285.
[2] Lubbock, *l'Homme préhistorique*, éd. franç., t. I, p. 63, Paris, 1888.

en Belgique par tous ceux qui se sont occupés des cavernes [1].

Moi-même, comme je l'ai déjà dit plus haut, je l'ai recueillie dans différents villages de la vallée de la Meuse, de l'Ourthe et de la Mehaigne, où je faisais des explorations de cavernes.

Cette tradition existe aussi en Allemagne.

D'autres légendes, en très grand nombre, existent encore sur ces Nutons, mais elles sont plus locales que celle du nain métallurgiste.

Nous allons en rapporter quelques-unes, à titre d'exemples.

En Bretagne, on raconte que le joueur de biniou, Lao, avait fait le serment qu'il ferait danser les Korrigans. Il alla les trouver au milieu de leur ronde. Ceux-ci l'entraînèrent et le forcèrent à jouer du biniou jusqu'au jour. Le matin on le trouva mort d'épuisement.

Les légendes sur les Nutons pullulent en Allemagne [2]. En voici une :

Aux environs d'Elbingenode, dans le Hartz, lorsqu'il y a une noce dans le pays, les parents et les amis des fiancés se rendent aux environs de certaines cavernes et prient les nains de leur prêter des chaudrons de cuivre ou de laiton, des pots de fer, des assiettes et des

---

[1] Schmerling, *Rech. sur les ossements fossiles*, vol. I, p. 43, Liège, 1833. — Dupont, Rapport adressé au ministre de l'int. sur fouilles pratiquées dans la province de Namur, en 1864, etc.

[2] Wolf, *Beitrage zur deutschen Mythologie*, II, 309, 331. — Wuttke, *Der deutsche Volksaberglaube der Gegenwart*, § 46, 47.

plats de zinc, bref toute la vaisselle et toute la batterie de cuisine, puis ils se retirent un peu à l'écart. Immédiatement des masses noires apportent ces objets à l'entrée des cavernes. Alors on peut les emporter et lorsque la noce est terminée, on rapporte le tout et on y ajoute de la nourriture pour les nains [1].

Passons en Angleterre. Là aussi les Nutons sont en vogue dès le moyen âge.

Un chroniqueur du XIIIe siècle, Gervais [2], en fait déjà mention. Ce sont de petits hommes à l'aspect sénile, à la face ridée, dont la taille ne dépasse pas un demi-pied et dont les vêtements consistent en quelques chiffons ou loques.

Il nous les montre se mêlant à la vie simple des paysans. Le soir, ils entrent tout à coup, dans la chambre où sont réunis les gens, quoique la porte soit close. Ils vont s'asseoir au coin du feu, tirent de leur vêtement une grenouille qu'ils font rôtir sur la braise et qu'ils mangent. Ils se joignent volontiers aux travailleurs pour les aider dans de lourds travaux. Quoiqu'ils soient généralement bons, cependant il leur arrive quelquefois de tromper les hommes.

Le poëte Milton se fait aussi l'écho des légendes de son temps : « Le lutin diligent travaille pour gagner sa jatte de crème ; quand dans une nuit, avant l'aube du

---

[1] G. H. Behrens, *Hercynia curiosa*, p. 75, Nurnberg und Altdorf, 1720.

[2] Gervais, *Otia imperialia*.

jour, son fléau a battu plus de blé que n'auraient pu
en faire dix garçons de ferme, alors le démon laborieux
se couche et, étendu le long de la cheminée, il réchauffe
près du feu sa personne velue, puis il s'échappe avant
que le chant du coq ait annoncé le matin. »

Citons enfin une tradition populaire de l'Ecosse.
Lorsque les domestiques réunis autour du feu prolon-
gent trop la veillée, le brownie qui attend leur départ
pour prendre possession de l'âtre apparaît sur le seuil
de la porte et leur dit : « Allez vous coucher et ne faites
plus de bruit autour de mes cendres. »

Voilà donc ce mythe des Nutons commun à la plupart des pays de l'Europe centrale[1], depuis de nombreux siècles et qui persiste encore aujourd'hui au
milieu des populations arriérées de nos régions,

VI. *Origine du mythe des nains troglodytes.* —
D'où vient cette croyance aux Nutons, si uniforme dans
ses grandes lignes, et répandue dans la plupart des
régions de l'Europe centrale ?

Autant d'auteurs qui se sont occupés de la question,
autant, peut-on dire, d'opinions différentes.

Cependant la plupart admettent une origine matérielle à ce mythe et en donnent le plus souvent une
explication locale.

Sir John Lubbock[2] dit, à propos du récit de Pytheas,

---

[1] Wolf, *Beiträge zur deutschen Mythologie*, 2, 309, 331. —
Wuttke, *Der deutsche Volksaberglaube der Gegenwart*, § 46,
47. — David Mac, *The testimony of tradition*, London, 1890.

[2] Sir John Lubbock, *loc. cit.*, p. 63.

dont il a été question plus haut : « Ce mythe n'est qu'une explication, quelque peu modifiée, de ce qui a lieu, quand un peuple ignorant, vivant à côté d'une race plus civilisée, attribue la supériorité de cette dernière à la magie et tout en désirant profiter de la science des magiciens, craint de se trouver en contact avec eux. »

C'est peut-être exact, à condition que la race plus civilisée soit plus clair-semée et obligée de se cacher pour se maintenir et exercer tel ou tel métier inconnu par l'autre race.

D'après Nilsson, cette tradition concernant les nains remonterait à une époque ou une race primitive de petite taille, qui habitait le nord de l'Allemagne, fut forcée de chercher un refuge dans les cavernes, opinion qui serait confirmée par ce fait qu'en Scandinavie les Norvégiens de haute taille considèrent les Lapons et les Finnois comme des nains à pouvoir magique et comme encore, en Palestine, les peuples envahissants de petite race prennent leurs ennemis de grande taille pour des géants[1].

Cette race de petite taille du nord de l'Allemagne dont parle Nilsson, nous ne la connaissons par aucun document anthropologique, archéologique ou historique.

Monseur pense que la croyance aux nains, dont le trait le plus caractéristique est la métallurgie clandestine, date de la diffusion en Europe des populations aryennes.

---

[1] Nilsson, cité par Boyd Dawkins dans *Die Höhlen*, p. 2.

Celles-ci l'auraient apprise des populations antérieures
qu'elles auraient détruites ou absorbées. Ce serait le
souvenir de ces populations, probablement de plus petite
taille et de langue très différente qui se serait per-
pétué dans nos légendes sur les Nutons. « La croyance
européenne aux nains garderait, à côté de certains
éléments purement mythiques, le souvenir de populations anciennes forcées, à la suite de conquêtes, de se
réfugier dans des grottes et n'ayant avec les envahisseurs que des rapports clandestins [1]. »

En Belgique, un certain nombre d'auteurs, peu au
courant de l'anthropologie et de l'archéologie préhistorique, ont été jusqu'à dire que les Nutons de nos
légendes ne seraient autres que les hommes quaternaires, ou tout au moins les épaves de la population
quaternaire réduites par les envahisseurs aryens à se
cacher dans les cavernes. Cette thèse a été soutenue par
MM. van Elven [2], Leveau [3], Varenberg [4]. Cette hypothèse
est formellement en désaccord avec tout ce que nous
connaissons sur l'anthropologie et l'archéologie préhistorique. Aussi je ne m'arrêterai pas à la discuter ici.

---

[1] Monseur, *Congrès hist. et Arch. de Belgique*, 6ᵉ session,
compte rendu, p. 209, Liège, 1890.

[2] Van Elven, *Annales du cercle archéologique de Namur*,
t. XVIII, p. 188, 192.

[3] Leveau, *la Chantoir et les Nutons du Val Sainte-Anne*, p.
193, 213, Verviers, 1889.

[4] Varenberg, *Congrès arch. et hist. de Belgique : Congrès de
Bruxelles*, 7ᵉ session, Mémoires et documents, p. 61, Bruxelles,
1891.

Une autre opinion a encore été émise par Grandgagnage[1]. Pour lui, les Nutons auraient été les premiers apôtres chrétiens de nos régions. Cette hypothèse est encore plus dénuée de fondement et même de vraisemblance que la précédente.

Je suis disposé à attribuer à la légende du Nuton métallurgiste une origine préhistorique dans l'Europe centrale. Nous avons vu, dans un chapitre précédent, que le bronze fut importé longtemps dans nos régions par des colporteurs nomades qui cherchaient dans les cavernes un abri pour échapper à la concupiscence de leurs clients les descendants des Néolithiques, et qu avaient tout intérêt à se cacher pour fabriquer des objets en métal et éviter que les habitants ne confectionnent eux-mêmes leurs outils et leurs armes. Nous avons retrouvé dans les cavernes des ateliers de ces nomades de l'âge du bronze et des cachettes de fondeurs. Mais pourquoi faire du Nuton un nain? L'archéologie nous apprend que les premiers colporteurs, avant de fabriquer sur place et sur commande pour les populations qu'ils fréquentaient, importèrent des objets façonnés. Or les bracelets importés étaient si étroits, les poignées des poignards et des épées si courtes que M. G. de Mortillet nous dit qu'ils ne pouvaient être utilisés par les habitants de nos régions. Ces nomades furent obligés de confectionner dans la suite des instruments et des armes dont les dimensions étaient plus

---

[1] Grandgagnage, *Bull. Inst. arch. liégeois*, t. I, p. 261-288, 1852.

en rapport avec la taille de leurs acheteurs. Nous pouvons en conclure et on en a conclu que les colporteurs de l'âge du bronze appartenaient à une race *plus petite* que celle des habitants de l'Europe centrale. De là aux nains métallurgistes il n'y a qu'un pas. Je pense avec M. Roland [1], que l'on peut faire remonter l'origine matérielle du mythe des Nutons jusque-là, c'est-à-dire jusqu'à l'époque du début de l'introduction des métaux dans nos régions. Comme on le voit aussi, l'opinion de Nilsson et d'autres est en contradiction avec les faits et les données de l'archéologie. Ce ne serait pas les populations envahies, mais des colporteurs étrangers qui auraient par leur mode de vie donné naissance au mythe des Nutons.

Cette croyance s'est rafraîchie à travers les différentes périodes de l'histoire, à travers le moyen âge et jusque dans les temps modernes par les mœurs et coutumes des Tsiganes nomades, chaudronniers et cordonniers, qui parcourent en petites bandes l'Europe entière, allant de village en village, s'installant plus ou moins longtemps en chaque endroit suivant la marche de leur commerce, et choisissant souvent comme campement tantôt un abri sous roche, tantôt l'entrée d'une grotte. Ces Tsiganes, qui vraisemblablement sont originaires de l'Hindoustan et qui sont répandus aujourd'hui dans l'Inde, en Afrique et dans toute l'Europe, sont

---

[1] Roland, *Annales de la Soc. arch. de Namur*, t. XVIII, p. 28 et 29.

ordinairement, mais très improprement appelés Bohémiens. Ils sont de taille moyenne ou même de petite taille ; ils ont le teint basané, les cheveux et les yeux noirs de jais, le front étroit et fuyant, la bouche petite, le nez modérément saillant.

Il n'est pas sans intérêt de rapprocher de ces faits les noms donnés en Luxembourg et en Belgique à un certain nombre de grottes : *Trou des Bohémiens* et *trou des Sarrazins*.

Telle serait dans les régions de l'Europe centrale la part matérielle qu'il faudrait attribuer à l'origine de la croyance aux nains.

Pour moi, tout le reste des légendes sur les Nutons est le produit de l'imagination et d'ordre purement subjectif. Ces légendes multiples et complexes dont quelques-unes seulement auraient eu une origine matérielle ont la même valeur que la croyance aux fantômes, aux fées, aux sorcières, aux dragons, aux jeteurs de sort, au mauvais œil, à la bonne aventure, aux combinaisons de numéros dans les jeux de hasard et dans les loteries publiques, aux fétiches et aux amulettes. Ce sont ces attaches matérielles identiques dans un grand nombre de pays qui font l'universalité de cette croyance aux nains métallurgistes. La tradition nous aurait transmis le souvenir des colporteurs de l'âge du bronze, de petite taille, de race et de langue étrangère s'abritant dans les grottes ; elle aurait été ravivée par l'apparition de loin en loin des Tsiganes nomades, à mœurs analogues. Mais cette tradition se serait altérée des mille formes de la légende en passant de siècle en siècle par la bouche et surtout par l'esprit inventif des populations naïves et ignorantes.

Telle est, je pense, l'interprétation la plus logique et la plus conforme, aux données de l'anthropologie, de l'archéologie et de l'histoire, de cette croyance, presque générale dans l'Europe centrale, à l'existence de nains habitant les rochers, les montagnes et les cavernes.

FIN

TABLE DES MATIÈRES

PARTIE SPÉCIALE

FIN DE LA TABLE DES MATIÈRES

Lyon. — Imp. PITRAT AÎNÉ, **A. Rey** Successeur, 4, rue Gentil. — 10996

BARTHÉLEMY (F.). — **Recherches archéologiques sur la Lorraine** avant l'histoire 1889, 1 vol. gr. in-8, 302 p , 31 pl. et 1 carte. . . . . 10 fr.

BAYE (J. de). — **L'archéologie préhistorique**. 1888, 1 vol. in-16, 350 p., 50 fig. . . . . 3 fr. 50

— **Études archéologiques** : Epoques des invasions : *Industrie Longobarde*, 1887, in-4, avec 16 pl. . . . . 30 fr.

— *Industrie Anglo-Saxonne*. 1889, in-4, 133 p. avec 17 pl. 30 fr.

BERNHARDT (C.). — **Les peuples préhistoriques en Lorraine**, 1891, in-8, 163 pages. . . . . 3 fr

Congrès international d'anthropologie et d'archéologie préhistoriques à Bruxelles, 1873, 1 vol. gr. in-8 de 600 p. avec 90 planches . . . . 30 fr.

COTTEAU. — **Le préhistorique en Europe**. Congrès. Musées. Excursions. 1889, 1 vol. in-18 de 350 p., avec fig. . . . 3 fr. 50

CRANILLE (A.). — **Solutré ou les chasseurs de rennes** de la France centrale. Histoire préhistorique. 1872, 1 vol. in-8, avec figures . . . . 5 fr.

DEBIERRE (Ch.). — **L'homme avant l'histoire**. 1888, 1 vol., in-16, de xvi-304 pages, avec 84 fig.. . . . . 3 fr. 50

DUPONT (E.). — **Les temps préhistoriques en Belgique**. L'homme pendant les âges de la pierre dans les environs de Dinant-sur-Meuse. 1873, 1 vol. gr. in-8, avec pl. . . . . 7 fr. 50

FERGUSSON (James). — **Les monuments mégalithiques** de tous pays, leur âge et leur destination. 1878, 1 vol. gr. in-8, de lii-559 p., avec 230 fig. et 1 carte. . . . . 18 fr.

FONVIELLE (W. de). — **L'homme fossile**. 1865, in-8, 92 p. 2 fr. 50

FRAIPONT. — **La race humaine de Néanderthal** ou de Canstadt en Belgique. Recherches ethnographiques sur des ossements humains découverts dans les dépôts quaternaires d'une grotte, 1887, gr. in-8, 155 p., avec 4 pl. photogr. . . . . . . 10 fr.

— **Explorations des cavernes** de la vallée de la Mehaigne. 1889, in-8, 72 p. avec 1 pl. photogr. et 11 pl. noires. . . . . . 6 fr.

GAILLARD (F.). — **Les monuments mégalithiques**. 3e *édition* 1889, in-8, 56 p., avec 9 pl. et 1 carte. . . . . 1 fr. 50

GARRIGOU et FILHOL. — **Age de la pierre polie** dans les cavernes des Pyrénées ariégeoises 1868, in-4, 78 p. et 9 pl. 4 fr.

GAUDRY (Albert). — **Les ancêtres de nos animaux** dans les temps géologiques. 1888, 1 vol. in-16 de 320 p. avec 49 fig. 3 fr. 50

GIROD et MASSÉNAT. — **Les stations de l'âge du renne** dans les vallées de la Vézère et de la Corrèze. 1889-1890, fascicules. I à III avec pl. coloriées, in-4. Prix de chaque fascicule. 5 fr.

GODRON (A.). — **Les cavernes des environs de Toul** et les mammifères qui ont disparu de la vallée de la Moselle. 1879, in-8, 30 p. . . . . 1 fr. 25

GROSS (V.). — **La Tène** : un oppidum helvète. 1887, 1 vol. in-4, avec 13 pl. photographiées figurant 260 objets. Cart. . . . 8 fr.

HAMARD. — **Études critiques d'archéologie préhistorique** à propos du gisement du Mont-Dol (Ille-et-Vilaine). 1880, 1 vol. gr. in-8. 270 p., avec 3 pl. . . . . 3 fr. 50

— **Le gisement préhistorique de Mont-Dol** (Ille-et-Vilaine). 1877, in-8, 3 pl. . . . . 4 fr.

HAMY (E.-T.). — **Précis de paléontologie humaine.** 1870, 1 vol. in-8 de 372 p., avec 114 fig. . . . . 7 fr.

LARTET (Ed.) et **CHRISTY.** — **Reliquiæ Aquitanicæ**, being contributions to the archæology and palæontology of Perigord and the adjoining provinces of southern France. 1865-1875, 1 vol. in-4 de 506 p., avec atlas de 90 pl. lithographiées et 132 fig. . 72 fr.

LENHOSSEK (J. de). — **Des déformations artificielles du crâne** en général, et en particulier de celles des crânes macrocéphales trouvés en Hongrie. Budapest, 1880. 1 vol. in-4 avec pl., cartonné. . . . . 14 fr.

LORET (V.). — **L'Égypte au temps des Pharaons;** la vie, la science et l'art. 1889, 1 vol. in-16 de 320 p., avec 30 fig. 3 fr. 50

LYELL. — **L'ancienneté de l'homme** prouvée par la géologie, 3e *édition.* 1891, 1 vol. in-8 de 592 p., avec 68 fig. . . . 9 fr.

MEGRET (Ad.). — **Études de mensurations** sur l'homme préhistorique. 1894, gr. in-8, 16 p., avec pl. . . . . . . 1 fr. 50

PEREIRA DA COSTA. — **De l'existence de l'homme aux époques reculées** dans la vallée de Tejo. Lisbonne, 1865, gr. in-4, 40 p., avec 7 pl. . . . . 6 fr.

QUATREFAGES (A. de). — **Hommes fossiles et hommes sauvages.** 1884, 1 vol. in-8, 644 p., 209 fig. 15 fr.. — Cart. 18 fr.

  Les Pygmées des anciens d'après la science moderne, 1887, 1 vol. in-16 de 350 p. avec 51 fig. . . . . 3 fr. 50

QUATREFAGES (A. de) et **HAMY.** — **Crania ethnica. Les crânes des races humaines**, décrits et figurés d'après les collections du Muséum d'histoire naturelle de Paris, de la Société d'anthropologie et des principales collections de la France et de l'étranger. 1882, 1 vol in-4, de 528 p., avec 483 fig., et atlas. in-4, de 100 pl. cart. . . . . 160 fr.

RIVIERE (Émile). — **Paléoethnologie.** De l'antiquité de l'homme dans les Alpes-Maritimes. 1879-1887, 1 vol. in-4 de 250 p., avec 24 pl. chromolit. cart. . . . . 65 fr.

WATELET. — **L'âge de pierre** et les sépultures de bronze dans le département de l'Aisne. 1866. gr. in-4, 6 pl. . . . . . 6 fr.

ZIMMERMANN. — **Le monde avant la création** de l'homme ou le berceau de l'univers. 1857, 1 vol. gr. in-8, avec fig. noires et color. 10 fr.

Maladies et médicaments à la mode, par

le Dr DEGOIX, 1891, 1 vol. in-16 de 176 pages . . . . 2 fr.

La morphinomanie. La migraine. L'hypocondrie et la nostalgie. L'agoraphobie. L'épilepsie. Le délire de persécution. L'alcoolisme. La dyspepsie et la dilatation de l'estomac. L'obésité et la maigreur. Le rhume. Le coryza. L'influenza. Les complications de la grippe, etc. — L'antisepsie. Le naphtol et le lysol. L'acide salicylique. L'acide phénique. La cocaïne. L'exalgine. L'antipyrine. L'arsenic. Les eaux minérales, etc.

L'auteur a voulu présenter au lecteur un tableau aussi vivant que possible des maladies à la mode qui affligent notre pauvre humanité. Il a recherché avec soin les causes et les moyens de les prévenir, les effets et les moyens de les conjurer. Naturellement, le premier rang dans son livre appartient aux maladies nerveuses et aux maladies de l'estomac, mais les maladies infectieuses ne sont pas négligées, puisque des chapitres sont consacrés à l'influenza, à la pneumonie, au croup, etc. Les pages relatives à l'étude des médicaments nous parlent avec humour de la cocaïne, de l'exalgine, de l'antipyrine, du naphtol, etc. *(Un. méd.)*

Hygiène de la toilette, par le Dr DEGOIX, 1891,

1 vol. in-16 de 160 pages . . . . 2 fr.

Un membre de la docte Faculté qui prend la licence grande, à propos d'hygiène, de faire de l'humour, croyez-vous cela excusable ? Pour mon compte, je me hâte de dire audacieusement que je trouve cette manière fort louable. L'art de dorer la pilule est un grand art. D'aucuns, cependant, clameront plus haut que, quand on a l'honneur de représenter, l'illustrissime Hippocrate, on doit être très grave. Est-ce bien sûr ? Quant à moi, je vous déclare que je préfère infiniment un docteur gai à un docteur bourru.

Sur le fond, bien que je ne sois pas très grand clerc, je dirai tout bonnement : Ma foi, ce n'est pas d'aujourd'hui que nombre d'observations personnelles m'ont mis à même de voir les choses comme le docteur le juge lui-même pour les soins de la peau, des dents, des gencives, des oreilles, des cheveux; le vêtement où la mode est souvent en contradiction avec l'hygiène ; les parfums, poudres, cosmétiques, pommades qui se multiplient à l'excès, enfin pour l'hygiène de nos chambres à coucher.   *(Polybiblion.)*

Hygiène de la table, par le Dr DEGOIX, 1892, 1 vol.

in-16, de 160 pages . . . . 2 fr.

Tout le monde mange, mais tout le monde ne sait pas manger, M. le Dr Degoix a pris à tâche de donner à ses lecteurs quelques conseils sur ce qu'il faut faire et ce qu'il ne faut pas faire; il nous indique ses préférences raisonnées pour les divers aliments qui sollicitent notre appétit, le lait, les œufs, la soupe, les viandes de boucherie, la volaille et le gibier, les poissons, les légumes, les fruits, les boissons ; il termine par l'étude du régime alimentaire dans quelques maladies, en particulier dans la dyspepsie et dans le diabète.

Hypnotisme, états intermédiaires entre le sommeil et la

veille, par le Dr COSTE, médecin-major de l'armée, 1888, 1 vol. in-12 de 159 pages . . . . 2 fr.

Etats hypnotiques. Sommeil naturel. Impressionnabilité hypnotique. Jugement hypnotique. Mémoire hypnotique. Parole hypnotique. Volonté pendant l'hypnose. Veille hypnotique. Influence à l'état de veille. Veille passive et résultats. Auto-suggestion. Veille et sommeil. Différentes manières d'hypnotiser.

L'inconscient, étude sur l'hypnotisme, par le Dr COSTE,

1889, 1 vol. in-12, de 158 pages . . . . 2 fr.

Inconscient. Impressions de l'être inconscient. Actes indépendants de l'inconscient. Balance, équilibre des forces nerveuses. Hypnotisme latent, naturel, spontané. Massage et métallothérapie. Education.

Les préjugés en médecine et en hygiène, par le Dr FÉLIX BRÉMOND, 1892, 1 volume in-16 de 160 pages . . . . 2 fr.

Les psychologues contemporains prétendent que notre fin de siècle est essentiellement positive. Et cependant il y a encore, surtout en médecine, une foule de gens, non seulement au village, mais à la ville, qui croient une infinité de choses dont la vérité n'a jamais été démontrée, tout au contraire. Ce sont les *préjugés* de ces croyants bénévoles que le Dr Brémond, un vulgarisateur bien connu des saines doctrines de l'hygiène, a essayé de battre en brèche, en quelques causeries familières, dont nous citerons quelques titres : le rhume de cerveau, les envies, les vers intestinaux, les purgatifs, le bouillon, le café au lait, les cosmétiques, les taches de rousseur, les ongles, etc.

Ce livre, écrit pour les gens du monde, intéressera également les médecins par sa forme enjouée.

Les passions et la santé, par le Dr FÉLIX BRÉMOND, 1893, 1 vol. in-16 de 160 pages . . . . 2 fr.

Les passions ont avec la santé des rapports nombreux dont l'étude a été bien des fois entreprise par des médecins et des philosophes éminents. M. Brémond, s'est attaché spécialement au côté médical et ne se préoccupe à propos de chaque passion qu'à dire si elle est susceptible de faire du mal ou de faire du bien.

(Journal d'hygiène.)

Le tabac et l'absinthe, leur influence sur la santé publique, sur l'ordre moral et social, par PAUL JOLLY, membre de l'Académie de médecine, 1888, 1 vol. in-16 de 228 pages . 2 fr.

Le tabac. — Historique. — Variétés. — Tabac en poudre et en feuilles. — Nicotisme. — L'alcool et l'absinthe. — De l'alcoolisme aigu. — De l'absinthisme. — Physiologie pathologique. — Alcoolisme chronique. — Traitement de l'alcoolisme. — Renseignements administratifs. — Utilisation de la nicotine et des résidus.

Hygiène religieuse et scientifique, par le Dr ALLIOT, 1 vol. in-16 de 182 pages, avec figures. . . . 2 fr.

I. Etude de Dieu et de l'homme, but et sujet de l'hygiène. — II. Objet ou matière de l'hygiène : influences morbifiques, physiques, morales et intellectuelles qui font progresser chaque jour la dégénérescence de l'espèce humaine — III. Nature scientifique et hygiénique des préceptes de la religion et de l'église catholique.

L'éducation des facultés mentales, par le Dr J. NOGIER, médecin principal de l'armée, 1892, 1 vol. in-16 de 173 pages . . . . 2 fr.

Ce petit livre peut être considéré comme un précis de psychologie physiologique élémentaire à l'usage des instituteurs primaires et des professeurs de l'enseignement technique. Il mérite d'être signalé comme une manifestation des progrès que fait la nouvelle psychologie, dans le monde de l'enseignement, et comme un exemple du profit que la pédagogie peut tirer de la vulgarisation des données alimentaires de la physiologie somatique et psychique. En indiquant la destination qui nous paraît être celle de ce petit ouvrage, nous ne voulons d'ailleurs pas en diminuer la valeur, et nous pensons au contraire qu'il serait encore lu avec fruit, en ce moment, par nombre de personnes qui sont appelées à décider de nouveaux plans d'éducation. *(Revue scientifique.)*

La première enfance, Guide hygiénique des mères et des nourrices, par le Dr E. PÉRIER, 1891, 1 vol. in-16 de 212 pages, avec 29 figures . . . . 2 fr.

Hygiène de la femme enceinte. Hygiène de la femme en couches. Hygiène de la femme qui allaite. Premiers soins a donner au nouveau-né. L'habillement pendant la première enfance. Soins de propreté corporelle. La chambre du nouveau-né. La vie en plein air, exercices et promenades. Du lait, de l'allaitement. Sevrage et dentition. Des aliments après le sevrage.

Des soins maternels qui s'appliquent à la généralité des cas. Des soins maternels qui s'appliquent à chacun des cas les plus ordinaires.

La seconde enfance, Guide hygiénique des mères et des personnes appelées à diriger l'éducation de la jeunesse, par le Dr E. PÉRIER, 1888, 1 vol. in-16, de 236 pages. . . . 2 fr.

Rôle des parents, grands-parents, amis, du médecin, des maîtres, des étrangers, et des serviteurs.

Des soins de propreté corporelle. De la chambre des enfants. Des vêtements. De l'alimentation. La vie en plein air. Exercices et jeux. Gymnastique et arts académiques. Hygiène et éducation des organes des sens. Développement du corps. Croissance, puberté.

L'éducation à la maison. L'école. Le collège. Sédentarité et surmenage. De l'éducation des filles. Choix d'une profession.

Hygiène de l'adolescence, par le Dr E. PÉRIER, 1891. 1 vol. in-16 de 172 pages . . . . 2 fr.

M. Périer enseigne dans un style clair et agréable, comment il faut endurcir le corps par une éducation virile, au lieu de le laisser languir sous le régime des précautions exagérées. Il ne veut pas le surmenage de l'esprit ni du corps, mais un développement égal et parallèle de l'un et de l'autre.

M. Périer veut pour nos filles aussi une bonne santé et une instruction solide et sérieuse, quelle que soit leur condition de fortune. A propos du mariage l'auteur donne des conseils qui devraient bien trouver de l'écho chez les parents que le désir d'établir leurs enfants richement pousse souvent à leur faire contracter des *mésalliances hygiéniques*.

L'art de soigner les enfants malades, par le Dr E. PÉRIER, 1891, 1 vol in-16, de 215 pages . 2 fr.

Indiquer le rôle des mères et de leurs auxilliaires dans les maladies des enfants; montrer comment le petit malade doit être installé, comment la chambre doit être disposée, ventilée, chauffée et désinfectée ; décrire les petits soins nécessaires à un enfant malade, fixer le régime alimentaire pendant la maladie et la convalescence, montrer comment on peut préserver les enfants par une hygiène bien entendue, tel est le but que s'est proposé l'auteur, et qu'il a atteint.

Les maladies de la première enfance, Premiers soins avant l'arrivée du médecin, par le Dr E. JACQUEMET, médecin-inspecteur des enfants du premier âge, 1892, 1 vol. in-16 de 175 pages, avec figures . . . . 2 fr.

M. Jacquemet donne d'abord quelques conseils sur l'hygiène de la première enfance, en insistant sur l'alimentation. Il décrit ensuite les principaux phénomènes qui se passent normalement dans le développement de l'enfant. Puis il aborde l'étude des maladies. Dans une première partie, il donne la description des symptômes divers qui peuvent se présenter ; il distingue ceux qui sont bénins de ceux qui sont graves ; il indique à quelles maladies ils peuvent se rapporter et les premiers remèdes à employer. Dans une deuxième partie, il décrit avec plus de détails les principales maladies en les groupant par régions.

L'auteur ne s'est servi que de données commodes a observer, n'a indiqué que des remèdes, pouvant être administrés sans crainte de nuire.

La gymnastique à la maison, à la chambre et au jardin, par le Dr T. ANGERSTEIN et G. ECKLER, professeur de gymnastique, 1892, 1 vol. in-16 de 152 p , avec 55 fig.   2 fr.

La *Gymnastique à la maison* ne renferme que des exercices qui peuvent être exécutés sans instruments spéciaux ou avec des haltères et des bâtons.

Les exercices de la gymnastique de chambre ont avant tout pour but de conserver et d'affermir la santé, mais ils peuvent aussi améliorer et guérir diverses maladies, anémie, défaut de développement des organes respiratoires, engorgement des organes abdominaux, obésité, mouvements congestifs vers la tête et la poitrine, voussure du dos, déviation de la colonne vertébrale, etc.

La gymnastique des demoiselles, par T. ANGERSTEIN et G. ECKLER, 1892, 1 vol. in-16 de 158 pages, avec 55 figures. . . . . 2 fr.

Les exercices du corps, régulièrement exécutés, ont une grande importance pour la santé des femmes. La pauvreté du sang, la chlorose, les diverses formes du nervosisme, etc., toutes ces maladies seraient beaucoup moins fréquentes si la gymnastique jouait un plus grand rôle dans la vie de la femme. La fraîcheur de la santé, la vigueur, un maintien ferme et droit, la grâce et l'agilité des mouvements seraient alors des qualités beaucoup plus répandues chez les jeunes filles et chez les femmes.

Les dents de nos enfants, par A. BRAMSEN, 1889, 1 vol. in-16 de 140 pages avec 49 figures . . . . . 2 fr.

Les dents, leur structure, leur répartition, leur nombre et leur position dans les mâchoires. Eruption des dents de lait. Accidents causés par la dentition. Soins à donner aux dents de lait. Dents de six ans. Deuxième dentition. Dent de sagesse. Déviations. Moyens de les prévenir. Influence du régime alimentaire. Moyens d'empêcher la détérioration des dents.

Les enfants aux bains de mer, la Médication marine, les Bains de mer chauds, les Bains de sable, les Climats marins de la France, le choix de la plage, l'hygiène au bord de la mer, par le Dr MONTEUUIS, 1889, 1 vol. in-16 de 150 p.   2 fr.

La médication marine convient non seulement à l'enfant malade, mais surtout à l'enfant délicat, étiolé par le séjour trop prolongé dans les grandes villes. Mais si cette médication peut faire beaucoup de bien, elle peut faire aussi beaucoup de mal, quand elle est mal dirigée. Aussi est-il indispensable que le médecin sache l'action de l'air marin et celle du bain de mer, qu'il connaisse les différents climats marins, afin de pouvoir guider dans le choix des plages, lorsqu'il sera consulté à cet égard.   *(Bulletin de thérapeutique.)*

Hygiène de la jeune mère et du nouveau-né, par le Dr H. BINET, médecin-inspecteur des établissements scolaires de la ville de Paris, 1894, 1 volume in-16 de 144 pages . . . . 2 fr.

Ce petit livre, tout simple et tout modeste, traite d'un sujet trop important pour ne pas être lu par toutes les mères et par tous ceux qui demandent au médecin, à l'ami de la famille, des enfants, les conseils de chaque jour pour conserver les petits et les mettre à l'abri de tous les ennuis qui rendent si pénibles les premiers mois de la vie. Le Dr Binet, s'occupe d'abord de la mère. C'est à l'hygiène de la grossesse qu'il consacre ses premières pages. Sans exagérer les précautions que bien des accoucheurs multiplient à plaisir, il sait indiquer ce qu'il faut faire, et surtout défendre ce qui ne peut plus être permis. Ensuite il s'occupe de la « manière d'élever les enfants », et dans ce titre, il ne comprend pas seulement l'éducation physique, il envisage aussi l'éducation morale.

Guide de la garde-malade, conférences aux dames

de la Société française de secours aux blessés militaires, par le D^r
MONTEUUIS, 1891, 1 vol. in-16 de 176 p., avec 21 fig. . 2 fr.

Le microbe voilà l'ennemi ! le médecin aura beau faire, si les personnes destinées à approcher le malade et à lui donner leurs soins ne sont pas absolument convaincues de ce fait, le malade en pâtira. Il suffira de la plus minime imprudence pour compromettre le succès de toute une médication ; il suffira de la négligence en apparence la plus insignifiante pour mettre le malade en danger de mort. Il importe que tout le monde soit éclairé à ce sujet ; aussi ce livre peut-il rendre de réels services en faisant connaître le microbe lui-même ; l'hygiène qui permet de s'en préserver, autrement dit l'asepsie, et enfin le traitement qui le détruit ou le supprime, autrement dit l'antisepsie. Beaucoup de détails pratiques et grandement utiles sont rappelés ici sur la chambre, sur le lit et sur le régime du malade. (*Revue bibliographique universelle.*)

Premiers secours à donner aux malades et aux blessés, par le Dr S. OSBORN. Traduc-

tion française, par le Dr AIGRE, 1894, 1 vol. in-16, de 160 pages,
avec figures. . . . . 2 fr.

Moyens d'arrêter les hémorragies. — Symptômes et signes des fractures des membres et premiers secours à donner. — Traitement à employer en cas d'asphyxie, d'apoplexie, etc.

Premiers secours aux blessés, par le D^r H.

BERNARD, 1 vol. in-16 de 164 pages avec 79 figures . . 2 fr.

Pansements. — Enlèvement et transport des blessés. — Chirurgie d'urgence. — Plaies. — Hémorragie. — Fractures et luxations. — Hygiène des blessés et des opérés. — Ce qu'il faut éviter. — Ce qu'il faut faire.

La pratique de la chirurgie d'urgence,

par le Dr CORRE, chirurgien de la marine. 1 vol. in-16, de VIII-
216 pages, avec 51 figures . . . . 2 fr.

Opérations communes et pansements, traitement des luxations et des fractures, amputations et résections, hémostasie chirurgicale et ligatures d'artères, traitement des blessures des principales régions. Débridement des hernies étranglées, moyen d'évacuation des liquides contenus dans les grandes cavités, moyens d'extraction des corps étrangers des voies naturelles, moyens d'arrêter les hémorragies, nasales et utérines.

Les maisons d'habitation, leur construction et

leur aménagement selon les règles de l'hygiène, par W. COR-
FIELD, professeur de l'Université de Londres, 1889, 1 vol. in-16
de 160 pages, avec 54 figures . . . . 2 fr.

Situation et construction des habitations, ventilation, éclairage, chauffage approvisionnement d'eau. Enlèvement des ordures ménagères et des eaux vannes, égouts, chéneaux, water-closets, éviers et bains, disposition des tuyaux, soupapes, intercepteurs.

En dehors de l'autorité que cette intéressante traduction emprunte au patronage de M. E. Trélat, le savant architecte-hygiéniste, elle se recommande par le soin consciencieux qui a présidé à la conception de l'ouvrage. Ce manuel est fait pour intéresser non seulement les constructeurs, les ingénieurs, mais aussi les propriétaires, ou locataires soucieux d'éviter, le plus possible, les dangers qui nous entourent. (*Cosmos.*)

Premières notions d'homœopathie, à l'usage

des familles, par le Dr CLAUDE, 4e *édition*, 1894, 1 vol. in-16,
202 pages . . . . 2 fr.

Quels sont les avantages de l'homœopathie ? Quelles sont les maladies les plus communes, qu'il est utile de soigner dès leur début pour donner au médecin le temps d'arriver ?

Quels sont les médicaments à employer ? Comment agissent-ils, comment faut-il les administrer ? Quelles sont les règles hygiéniques à suivre, soit dans l'état de santé, soit dans l'état de maladie ?

Telles sont les questions auxquelles M. le docteur A. Claude a voulu répondre.

Son livre est destiné aux personnes qui désirent se faire une idée de l'homœopathie et à celles qui, éloignées du médecin, sont obligées de prendre quelquefois sa place.

L'homœopathie des gens du monde, par

le Dr Ach. HOFFMANN, 1 vol. in-16, de 142 pages . . 2 fr.

Hahnemann, fondateur de la médecine homœopathique. — Qu'est-ce que l'homœopathie ? — Etat actuel de l'ancienne médecine. — Supériorité incontestable de l'homœopathie. — Progrès de l'art. — Il n'y a point d'effet sans cause. — Maladies causées par l'état du moral. — Maladies des enfants. — Maladies des femmes. — Maladies réputées chirurgicales. — Maladies des yeux. — L'Académie de médecine et l'homœopathie.

Santé, formes et beauté, par le Dr SYLVIUS,

1893, 1 vol. in-16 de 164 pages . . . . 2 fr.

La goutte, moyen de s'en préserver et de s'en guérir par

l'homœopathie, par WEBER, 1 vol. in-16, de 124 pages. 2 fr.

Qu'est-ce que la goutte, études des causes de la goutte. — Anatomie pathologique de la goutte. — Pathologie de la goutte. — Hygiène des goutteux. — Moyens préservatifs de la goutte. — Prophylaxie générale. — Prophylaxie spéciale ou individuelle. — Influences atmosphériques. — Eaux minérales. — Moyens thérapeutiques. Goutte aiguë, chronique, anormale.

Manuel de l'herboriste, comprenant la culture, la

récolte, la conservation, les propriétés médicinales des plantes du commerce et un dictionnaire des maladies et des remèdes, par le Dr RECLU, 1889, 1 vol. in-16 de 160 p., avec 52 figures. 2 fr.

Les plantes médicinales, les simples, comme les appelaient nos pères, auront toujours une utilité incontestable dans le traitement des maladies, malgré l'invasion toujours croissante de la chimie dans l'arsenal thérapeutique. Ce livre renferme tous les renseignements désirables, sur le maniement des simples : il ne s'adresse pas seulement aux herboristes et aux médecins de campagne, mais encore à tous ceux qui aiment à avoir sous la main des remèdes de première nécessité, simples et économiques.

On passe en revue les procédés de culture, les époques de récolte, les méthodes de dessiccation et de conservation. Vient ensuite un tableau clair, précis, méthodique, résumant à propos de chaque plante, ses noms vulgaires, ses caractères de port, couleur, odeur, saveur, son habitat à l'état sauvage, ses propriétés médicinales, ses usages à l'intérieur et à l'extérieur, les doses à employer.

Enfin l'ouvrage se termine par un dictionnaire des maladies et des remèdes, expliquant la nature et le siège de chaque maladie, les signes qui la font reconnaître et les moyens d'origine végétale propres à la combattre. Le texte est accompagné de figures.

Le lait et le régime lacté, par le Dr GASTON
MALAPERT DU PEUX, 1891, 1 vol. in-16, de 160 pages.   2 fr.

Ce petit manuel comprend deux parties : dans la première l'auteur étudie la sécrétion lactée, les caractères physico-chimiques du lait, les influences physiologiques et pathologiques qui font varier sa composition et sa quantité ; le passage des médicaments dans le lait, la transmission des maladies par son intermédiaire, les altérations spontanées et les falsifications du lait, les différents procédés de stérilisation, etc. Dans la seconde partie, l'auteur étudie les principales indications du régime lacté, dans l'enfance à l'âge adulte, dans la vieillesse. On voit que les questions traitées dans ce manuel sont nombreuses et intéressent autant l'hygiène générale que l'hygiène thérapeutique.

(Progrès médical.)

La margarine et le beurre artificiel, par
CH. GIRARD, directeur du Laboratoire municipal de la préfecture
de police et de J. DE BREVANS, chimiste au Laboratoire, 1889,
1 vol in-16 de 172 pages avec figures . . . . 2 fr.

Préparation du beurre artificiel. — La margarine et le beurre artificiel au point de vue de l'hygiène. — Méthodes proposées pour distinguer la margarine et le beurre artificiel du beurre naturel. — Méthodes d'expertises. — Procédés rapides d'essai des beurres. — Documents législatifs et administratifs.

Les médicaments oubliés. *La thériaque*, par J.
BERNHARD, pharmacien de première classe, 1893, 1 vol. in-16,
de 150 pages . . . . 2 fr.

La thériaque, qui fut considérée dans l'antiquité et au moyen âge comme une sorte de panacée et à laquelle on attribuait mille propriétés bienfaisantes, est de toutes les préparations pharmaceutiques de l'antiquité la seule qui a laissé une trace dans notre Codex. Il est intéressant de suivre à travers les âges ce médicament extraordinairement complexe, dont la composition est loin d'avoir été invariable. M. J. Bernhard, dans son petit livre plein de documents et de judicieuses remarques, donne satisfaction à toutes les curiosités qu'elle peut susciter.

Mémoires d'un estomac, écrits par lui-même, pour
le bénéfice de tous ceux qui mangent et qui lisent, par le Dr
C.-H. GROS, 4e *édition*, 1888, 1 vol. in-16, de 186 pages.   2 fr.

L'auteur suppose un estomac écrivant sa propre biographie, avec toutes les péripéties de son enfance, de sa jeunesse et de son âge mûr, toutes les épreuves qu'il a eu à subir aux différentes époques de la vie du sujet auquel il appartenait.

Hygiène de la vue, par le Dr A. MAGNE, 1 vol. in-16
de 320 pages, avec 30 figures . . . . 2 fr.

Anatomie de l'appareil oculaire. — De la vision. — Causes tendant à affaiblir ou détruire la vue. — De la myopie ou vue courte. — De la presbytie ou vue longue. — Du strabisme. — Conseils hygiéniques aux personnes livrées aux travaux de cabinet. — Des soins qu'exigent les yeux des enfants et des vieillards. — Accidents de l'œil. — Des conserves, lunettes, lorgnons, etc.— De la cataracte. — Aperçu historique de l'étude des maladies des yeux.

Manuel du pédicure, ou l'art de soigner les pieds,
par GALOPEAU, 1 vol. in-16, de 132 p., avec 26 figures.   2 fr.

Structure, fonctions et hygiène. — Sueurs. — Durillons. — Oignons. — Cors. — Œils de perdrix. — Engelures. — Ongle incarné. — Arsenal du pédicure.

L'art des accouchements, par le professeur SIE-
BOLD, 1891, 1 vol. in-16, de 268 pages. . . . . 2 fr.

Médecine ancienne et médecine moderne. — Description de la clinique d'accouchements. — Examens pour le doctorat. — Ouverture de mes leçons. — Mon mariage. — Les sages-femmes. — L'histoire de l'art des accouchements. — Les maisons d'accouchements. — Qualités physiques et psychiques d'un accoucheur. — Rapports entre l'accoucheur et les sages-femmes. — État actuel de la science obstétricale. — Étude psychologique de la femme. — Passions de la femme.

La femme stérile, par le Dr P.-M. DECHAUX 1882,
1 vol. in-16, de 212 pages . . . . 2 fr.

Origine biblique de la stérilité — Causes de la stérilité. — Vices de conformation, déviations et flexions, leucorrhée ou fleurs blanches, causes diverses. — *De la conception humaine. — La stérilité a ses compensations. — La stérilité est une force.* — Rôle des femmes stériles dans la société. *Les stériles volontaires. — Statistique des femmes stériles.* — Fécondation artificielle. — *La stérilité de l'homme.* — Philosophie de la stérilité.

Ce petit livre intéressera vivement. Les uns y trouveront des vues neuves et ingénieuses sur la conception ; les autres y apprendront très avantageusement à se connaître à se renseigner et à diriger ceux qui les entourent dans leurs indispositions de femmes, sans la fréquente intervention du chirurgien.

La fécondation artificielle et son emploi contre
la stérilité de la femme, par JULES GAUTIER, 1889. 1 vol. in-16, de 142 pages, avec figures . . . . 2 fr.

Physiologie de la fécondation. — Rôle de la femme. — Rôle de l'homme. — Phénomènes intimes. — Causes de stérilité. — Rôle des spermatozoïdes. — Conditions de la fécondation. — Faits de fécondation. — Méthode opératoire (insufflation et injection). — A quelle époque doit-on pratiquer la fécondation ?

L'âge de retour, conseils aux femmes,
médecine et hygiène, par le Dr MAYER. 1 volume in-16, de 256 pages. . . . . 2 fr.

De la période de reproduction chez la femme. — De la puberté. — De la menstruation. — De l'âge critique ou de retour. — Phénomènes normaux ou physiologiques de l'âge de retour.

Des maladies de l'âge critique, maladie des organes sexuels. — Phtisie pulmonaire. — Affections du cœur, maladies du cerveau, maladies de la peau, du système nerveux. — Des hémorragies, des affections diathésiques.

De la ménopause au point de vue de l'hygiène. — Conditions qui modifient la ménopause — Influence de la ménopause sur la mortalité féminine. — Indications hygiéniques. — Hygiène morale de l'âge de retour.

La femme et la génération, par Mme GENSSE
sage-femme de première classe. 1 vol. in-16, de 120 pages. 2 fr.

Rôle de la femme. — La fonction maternelle et ses organes. — La menstruation. — La grossesse et ses accidents. — Les maladies de l'appareil génital. — Les suites de couches. — Les seins et l'allaitement. — La stérilité.

De l'onanisme, causes, dangers et inconvénients pour les
individus, la famille et la société, remèdes, par le Dr FOURNIER. 3e *édition*, 1893, 1 vol. in-16, de 216 pages . . . . 2 fr.

Définition, origine et historique — Causes. — Dangers et inconvénients pour les individus. — Signes de l'onanisme. — Dangers et inconvénients pour la famille et la société, prophylaxie et traitement de l'onanisme.

La prostitution à Paris, par le Dr CORLIEU,

médecin du dispensaire de la Préfecture de police, 1887, 1 volume
in-16 de 127 pages . . . . 2 fr.

La prostitution, les lprostituées. — La liberté et la réglementation, la statistique de la prostitution. — Le dispensaire de salubrité, les réformes urgentes.

L'hermaphrodisme, structure, fonctions, état psycho-

logique et mental, état civil et mariage, dangers et remèdes, par
le Dr Ch. DEBIERRE, professeur à la Faculté de Lille, 1891,
1 vol. in-16 de 160 pages, avec 23 figures . . . . . . 2 fr.

Ce petit ouvrage a pour but de montrer :
1° Que l'hermaphrodite au point de vue anatomique n'est pas une monstruosité,
mais un être seulement dévoyé du développement ordinaire ;
2° Qu'au point de vue physiologique, l'hermaphrodite est un être dégénéré, un
impuissant et infécond, un être dévoyé jusque dans ses penchants et sa psychose,
en raison même de sa sexualité mal établie et pervertie ;
3° Que l'hermaphrodite, devant les lois sociales est un être malheureux, il est
vrai, mais dangereux pour autrui et contre lequel il faut prévenir la société;
4° Qu'enfin devant la loi, comme il n'est ni homme ni femme, il serait bon
qu'on le laissât civilement neutre.

La folie érotique, par B. BALL, professeur à la Faculté

de médecine de Paris, 1893, 1 vol. in-16, de 158 pages. 2 fr.

La folie de l'amour chaste. — L'excitation sexuelle. — Formes hallucinatoire, aphrodisiaque, obscène. — Les exhibitionnistes. — Nymphomanie. —
Satyriasis. — La perversion sexuelle. — Les sanguinaires. — Les nécrophiles.
— Les pédérastes. — Les intervertis.

Les fétichistes, pervertis et invertis

sexuels, observations médico-légales, par le Dr Paul GAR-

NIER, médecin en chef de l'Infirmerie spéciale de la Préfecture de
police, 1896, 1 vol. in-16, de 192 pages. . . . . 2 fr.

Ainsi que l'a dit Tardieu, aucune misère physique ou morale aucune plaie,
quelque corrompue qu'elle soit, ne doit effrayer celui qui s'est voué à la science
de l'homme, et le ministère sacré du médecin, en l'obligeant à tout voir, à tout
connaître, lui permet aussi de tout dire.
Ce petit volume consacré à l'obsession fétichiste, qui se développe d'une façon
si inquiétante, passe successivement en revue le fétichisme des objets de toilette
féminine, le fétichisme de certaines parties du corps de la femme (coupeurs de
nattes, frotteurs, etc.) puis le fétichisme homo-sexuel de l'inverti.

Des fraudes dans l'accomplissement

des fonctions génératrices, par le Dr L.-F.

BERGERET, 14e édition, 1893, 1 vol. in-16, de 226 p. . 2 fr.

Causes qui produisent les fraudes : affaiblissement des idées religieuses.
accroissement de l'aisance générale, influence des doctrines malthusiennes, prétendus inconvénients des grossesses nombreuses. — Dangers et inconvénients
des fraudes pour la femme et pour l'homme : fraudes directes (accidents locaux
chez la femme, accidents locaux chez l'homme, accidents généraux communs aux
deux sexes), fraudes indirectes. — Dangers et inconvénients des fraudes pour la
famille : débauche et jalousie du mari, démoralisation de la femme, dégénérescence des enfants, extinction de la famille. — Dangers et inconvénients des
fraudes pour la société : démoralisation, arrêt dans l'accroissement de la population. — Moyens capables de prévenir ou d'atténuer les inconvénients des fraudes.

Les boissons hygiéniques, par ZABOROWSKI,
1889, 1 vol. in-16, 156 pages, avec 24 figures. . . . . 2 fr.

De l'eau comme boisson. — Le filtrage de l'eau. — L'eau glacée. — Les eaux minérales naturelles. — Les eaux gazeuses artificielles. — L'eau aromatisée. — Les infusions. — Les tisanes. — Le lait.— Les fruits. — Les boissons de fruits. — Le cidre. — Les boissons de raisins secs. — La bière.

La vigne et le vin dans le midi de la France, par A. de SAPORTA, 1 volume in-16, de 160
pages avec figures . . . . 2 fr.

Les vignobles du midi. — Le phylloxéra. — La submersion. — Les vignes américaines. — Les plantations de sable. — L'installation des caves et des celliers du midi.

La chimie des vins, les vins naturels, les vins manipulés et falsifiés, par A. de SAPORTA, 1889, 1 vol. in-16, de 160
pages, avec 14 figures . . . . 2 fr.

Les vins naturels. — Composition. — Méthode d'analyse. — Diversité de composition.
Les vins manipulés et falsifiés. — Plâtrage des vins. — Emploi du sucre et de l'alcool pour améliorer les vins. — Mouillage et vinage. — Falsifications de nature complexe.

Les vins sophistiqués, procédés simples pour reconnaître les sophistications les plus usuelles, par ETIENNE BASTIDE,
1889, 1 vol. in-16, de 152 pages, avec figures . . . . . 2 fr.

Coloration artificielle. — Réactifs. — Matières colorantes (fuchsine, caramel, dérivés de la houille, indigo, couperose, cochenille, baies de sureau, rose trémière, phytolaque, troène, etc.). — Essai de teinture des étoffes par le vin. — Examen microscopique. — Action des vins colorés artificiellement sur l'homme. — Vinage ou alcoolisation et mouillage. — Addition d'acide sulfurique. — Salicylage. — Addition d'acide oxalique et d'acide tartrique. — Plâtrage. — Alunage et salage.

La coloration artificielle des vins, par
MARIUS MONAVON, pharmacien de première classe, 1890, 1 vol. in-16, de 160 pages, avec figures . . . . 2 fr.

La coloration artificielle des vins est devenue un art si complexe que ce n'est pas trop de tout un volume pour exposer les procédés d'analyse permettant de la découvrir. Tous les chimistes ont apporté leur contingent à ces procédés, chacun a imaginé le sien et, comme l'ingéniosité des fraudeurs croissait avec l'habileté de leurs adversaires, il fallait tous les trois mois changer de méthode, trouver d'autres réactifs pour déjouer leurs artifices. De là est résulté un véritable encombrement de la chimie analytique appliquée aux vins, et un nouveau venu dans la science se fût trouvé fort embarrassé de trouver sa voie dans ce labyrinthe. M. Monavon s'est proposé de contrôler et de comparer toutes les méthodes et d'indiquer celles qui permettent d'arriver à un résultat hors de toute contestation.
Ce livre est écrit avec méthode et clarté, au courant des actualités, et rendra des services très appréciés aux chimistes spéciaux. *(Union pharmaceutique.)*

L'art de faire le cidre et les eaux-de-vie de cidre

au point de vue agricole et industriel, par PAUL HUBERT, 1895,
1 volume in-16, de 172 pages, avec 22 figures . . . . . . 2 fr.

M. Hubert a condensé en un petit volume tout ce qu'il est intéressant pour
le cultivateur et le distillateur de savoir sur la culture du pommier et la
fabrication du cidre. Voici le titre des principaux chapitres de son livre :
  Culture du pommier, variétés de pommes, récolte et achat. Fabrication du
cidre : diffusion, pression, fermentation, soutirage, logement, transport. Cidre
doux. Cidre mousseux. Maladies et falsifications. Composition et dosage du cidre.
Distillation, rectification, conservation des eaux-de-vie. Emploi des résidus.

Procédés pratiques pour l'essai des farines

caractères, altérations, falsifications, moyens de découvrir les fraudes, par D. CAUVET, professeur à la Faculté
de Lyon, 1888, 1 vol. in-16, de 95 p , avec 74 fig. . . 2 fr.

M. Cauvet, pharmacien principal de l'armée, a été appelé en maintes circonstances à déterminer la qualité des farines destinées à l'alimentation des troupes.
Il avait donc une compétence et une expérience toutes spéciales pour écrire ce
livre où il fait connaître : 1° les caractères de la farine de blé; 2° les causes
qui peuvent l'avarier ; 3° les matières inorganiques ou organiques qui peuvent
s'y trouver mélangées, soit accidentellement, soit frauduleusement. Ce petit
guide se termine par la méthode d'examen de la farine, pour déterminer ses
falsifications et le dosage de cendres, du gluteau et de l'amidon.

Le thé. Botanique et culture, falsifications et richesses en ca-

féine, par BIETRIX, 1892, 1 vol. in-16, 160 p., 27 fig. . 2 fr.

Ce volume est divisé en quatre parties : la première est consacrée à l'étude
botanique et culturale des diverses espèces de thé et à la fabrication, des thés
noirs et des thés verts ; la deuxième partie a trait aux falsications du thé les
plus communes ; la troisième renferme l'exposé des méthodes préconisées pour
le dosage de la caféine. La quatrième partie est consacrée à l'application de la
meilleure méthode de dosage de la caféine aux différents thés.

La rose. Histoire et culture, description de cinq cents variétés de

rosiers, par J. BEL, 1892, 1 vol. in-16, de 156 p., avec 41 fig. 2 fr.

On trouvera rassemblé et condensé dans ce petit volume, tout ce qui a trait
à la Rose, son histoire, la place qu'elle a occupée et le rôle qu'elle a joué chez
les peuples, anciens et modernes, — puis la description des variétés qui font
l'ornement de nos jardins. Plusieurs chapitres ont été réservés au côté pratique :
culture, multiplication, greffage, taille et entretien du rosier, insectes et plantes
nuisibles.

Les plantes oléagineuses et leurs produits,

et les plantes alimentaires des pays chauds (cacao, café,
canne à sucre, etc), par D. BOÉRY, 1889, 1 vol. in-16, de 160
pages, avec 22 figures . . . . 2 fr.

Éléments de géologie, par L.-R. LECANU, profes-

seur, à l'École de pharmacie de Paris. *Deuxième édition*, 1891,
1 vol. in-16, de 223 pages . . . . 2 fr.

Nouveau Dictionnaire des Plantes Médicinales

DESCRIPTION, HABITAT ET CULTURE, RÉCOLTE, CONSERVATION
PARTIE USITÉE, COMPOSITION CHIMIQUE,
FORMES PHARMACEUTIQUES ET DOSES, ACTION PHYSIOLOGIQUE
USAGES DANS LE TRAITEMENT DES MALADIES, MÉMORIAL THÉRAPEUTIQUE

Par le Dr A. HÉRAUD, Pharmacien en chef de la Marine

Troisième édition, revue et augmentée.

1 vol. in-18 jésus, de 652 pages avec 294 figures, cartonné . . . . 7 fr.
Édition in-8, avec 294 planches coloriées d'après les aquarelles de **Millot**. . 20 fr.

L'auteur a voulu être utile à tous ceux qui s'adonnent à l'etude des plantes, à la campagne, où l'on est souvent éloigné de tout secours médical ; ce livre leur permettra soit de substituer à une espèce absente une espèce analogue, soit d'enrayer la marche de la maladie en attendant l'arrivée du médecin, soit de distinguer les plantes actives ou vénéneuses, soit enfin d'indiquer aux pauvres gens, dont les ressources ne sont pas toujours en harmonie avec le luxe des pharmacies de la ville, des remèdes qu'ils ont pour ainsi dire sous la main.

Le livre est à la portée de tous par la clarté des descriptions, la précision des détails et l'abondance des renseignements.

Collection de Manuels à 3 francs
Par le Professeur Paul LEFERT.

La pratique journalière de la médecine dans les hôpitaux de Paris (Maladies microbiennes. — Intoxications — Affections constitutionnelles). 1 vol. in-18, 288 pages cartonné. . 3 fr.

La pratique journalière de la chirurgie dans les hôpitaux de Paris. 1 vol. in-18, 324 pages, cartonné. . . . . . 3 fr.

La pratique gynécologique et obstétricale dans les hôpitaux de Paris. 2 vol. in-18, cartonné. Chaques. . . . . 3 fr.

La pratique dermatologique et syphilligraphique dans les hôpitaux de Paris. 1 vol. in-18, 288 pages, cartonné. . 3 fr.

La pratique des maladies des enfants dans les hôpitaux de Paris. 1 vol. in-18, 285 pages cartonné. . . . . . 3 fr.

La pratique des maladies du système nerveux dans les hôpitaux de Paris. 1 vol. in-18, 285 pages cartonné . . . 3 fr.

La pratique des maladies de l'estomac et de l'appareil, digestif. 1 vol. in-18, 288 pages, cartonné. . . . . 3 fr.

La pratique des maladies des poumons et de l'appareil respiratoire. 1 vol. in-18, 288 pages, cartonné. . . 3 fr.

La pratique des maladies du cœur et de l'appareil circulatoire. 1 vol. in-18, 288 pages, cartonné . . . . 3 fr.

La pratique des maladies des voies urinaires dans les hôpitaux de Paris. 1 vol. in-18, 288 pages, cartonné. . . 3 fr.

La pratique des maladies des yeux dans les hôpitaux de Paris. 1 vol. in-18, 288 pages cartonné . . . . 3 fr.

La pratique des maladies du larynx, du nez et des oreilles dans les hôpitaux de Paris. 1 vol. in-18, cartonné. 3 fr.

La pratique des maladies de la bouche et des dents dans les hôpitaux de Paris. 1 vol. in-18, 288 pages, cart. . 3 fr.

ENVOI FRANCO CONTRE UN MANDAT POSTAL

DICTIONNAIRE DE MÉDECINE

DE CHIRURGIE, DE PHARMACIE, DE L'ART VÉTÉRINAIRE

ET DES SCIENCES QUI S'Y RAPPORTENT

Par É. LITTRÉ

17e Édition, mise au courant des progrès, des sciences médicales et biologiques et de la pratique journalière

1 vol. gr. in-8 de 1094 pages à 2 colonnes, illustré de 600 figures, cartonné. . 20 fr.
Relié . . . . 25 fr.

Le *Dictionnaire de médecine* de LITTRÉ, donne le moyen de comprendre toutes les locutions usuelles dans les sciences médicales; il permet, par la multiplicité de ses articles, d'éviter des recherches dont l'érudition la plus vaste ne saurait aujourd'hui se dispenser ; il forme en même temps une encyclopédie complète, présentant un tableau exact de nos connaissances.

Cette *dix-septième édition* contient beaucoup d'articles nouveaux, qui n'existaient pas dans les éditions antérieures, et que l'on chercherait vainement dans les dictionnaires les plus récents.

La Médecine et la Chirurgie, tant sous le rapport théorique que sous le rapport pratique, les maladies récemment décrites, les médicaments nouveaux, les opérations nouvelles, les microbes nouvellement déterminés, l'hygiène publique, la prophylaxie des maladies contagieuses, les procédés de désinfection, de stérilisation, d'antisepsie, ont été l'objet d'articles importants. Ce dictionnaire comprend en outre la Physique et la Chimie, l'Histoire naturelle, l'Anatomie la Physiologie, l'Art vétérinaire, dans leurs relations avec la médecine.

NOUVEAU DICTIONNAIRE DE LA SANTÉ

Comprenant :

LA MÉDECINE USUELLE, L'HYGIÈNE JOURNALIÈRE

LA PHARMACIE DOMESTIQUE ET LES APPLICATIONS DES NOUVELLES

CONQUÊTES DE LA SCIENCE A L'ART DE GUÉRIR

Par le Dr Paul BONAMI

Médecin en chef de l'hospice de la Bienfaisance
Lauréat de l'Académie de médecine

1 vol. gr. in-8 de 950 pages à 2 colonnes, avec 700 figures intercalées dans le texte. 16 fr.
Relié en toile rouge, fers spéciaux . . 18 fr.

L'attention et la curiosité des gens du monde se portent de plus en plus vers tout ce qui concerne les moyens de prévenir ou de guérir les maladies ; c'est à ce public soucieux de sa santé et désireux de connaître les plus récents progrès réalisés par l'hygiène, la médecine et la chirurgie que s'adresse le *Dictionnaire de la Santé.*

Voulez-vous savoir ce que vous devez manger et boire, comment il faut vous vêtir, l'exercice que vous devez prendre, la façon d'user avec profit et sans danger des bains, douches et autres pratiques d'hydrothérapie, la manière d'orienter, de distribuer, d'aménager, de chauffer, d'éclairer, de ventiler votre habitation, de faire servir à la prolongation de votre existence tous les agents du monde extérieur et de fuir tout ce qui peut vous nuire? Ouvrez le *Dictionnaire de la Santé.* La *maladie* a-t-elle fait son apparition? Un *accident* s'est-il produit? Etes-vous en présence d'un *empoisonné*, d'un *asphyxié*, d'un *noyé*, d'un *blessé* ? Consultez encore le *Dictionnaire de la Santé.* Il vous indiquera les *causes, les signes et le traitement des maladies.*

Ce livre sera le guide de la famille, le compagnon du foyer, que chacun, bien portant ou malade, consultera dans les mauvais jours.

BIBLIOTHÈQUE MÉDICALE VARIÉE
à 3 fr. 50 le volume

L'art de prolonger la vie, par le Dr HUFELAND,
1896, 1 vol. in-16, de 372 pages . . . . 3 fr. 50

Magnétisme et hypnotisme, exposé des phénomènes observés pendant le sommeil nerveux provoqué, pas le Dr
A. CULLERRE, directeur de l'asile de la Roche-sur-Yon, 3e
édition, 1892, 1 vol. in-16 de 300 p., avec 36 figures . 3 fr. 50

Nervosisme et névroses, hygiène des énervés et
des névropathes par le Dr A. CULLERRE, 2e édition, 1892, 1 vol.
in-16 de 352 pages. . . . . 3 fr. 50

Hygiène des gens du monde, par le Dr A.
DONNÉ, recteur de l'Académie de Montpellier. Deuxième édition,
1 vol. in-16 de 448 pages . . . . 3 fr. 50

Hygiène de la jeune fille, par le Dr A. CORI-
VEAUD, 1 vol. in-16 de 244 pages . . . . 3 fr. 50

Le lendemain du mariage, étude d'hygiène, par le
Dr A. CORIVEAUD, 2e édition, 1 vol. in-16 de 268 p. . . 3 fr. 50

La santé de nos enfants, par le Dr A. CORIVEAUD,
1890, 1 vol. in-16 de 288 pages . . . . 3 fr. 50

Hygiène des familles, par le Dr A. CORIVEAUD,
1890 ,1 vol. in-16 de 322 pages. . . . . 3 fr. 50

Hygiène de la vue, par le Dr X. GALEZOWSKI, professeur d'ophthalmologie, et le Dr A. KOPFF, médecin-major de
1re classe, 1 vol. in-16 de 328 pages, avec 44 fig. . 3 fr. 50

La goutte et les rhumatismes, Guide pratique des goutteux et des rhumatisants, par le Dr RÉVEILLÉ-
PARISE, membre de l'Académie de médecine, 1 vol. in-16, de
306 pages . . . . 3 fr. 50

BIBLIOTHÈQUE DES CONNAISSANCES UTILES

A 4 fr. le volume cartonné

Nouvelle médecine des familles, à la ville et à la campagne, à l'usage des familles,

des maisons d'éducation, des écoles communales, des curés, des sœurs hospitalières, des dames de charité et de toutes les personnes bienfaisantes qui se dévouent au soulagement des malades, par le Dr A.-C. De SAINT-VINCENT. *Onzième édition, complètement refondue* et mise au courant des derniers progrès de la science, 1894, 1 vol. in-16 de 452 pages, avec 129 figures, cartonné. 4 fr.

Remèdes sous la main ; premiers soins avant l'arrivée du médecin et du chirurgien ; art de soigner les malades et les convalescents.

Ce livre est le résultat d'une pratique de vingt ans à la campagne et à la ville. En le rédigeant, l'auteur a eu pour but de mettre entre les mains des personnes bienfaisantes qui se dévouent au soulagement de nos misères physiques, qui vivent souvent loin d'un médecin ou d'un pharmacien, et qui sont appelées non pas seulement à donner des consolations, mais encore des conseils, un ouvrage tout à fait élémentaire et pratique, un guide sûr pour les soins à donner aux malades et aux convalescents.

A la ville comme à la campagne, on n'a pas toujours le médecin près de soi, ou au moins aussitôt qu'on le désirerait; souvent même on néglige de recourir à ses soins pour une simple indisposition, dans les premiers jours d'une maladie. Pour obvier à ces inconvénients, l'auteur a donné la description des maladies communes ; il en a fait connaître les symptômes et les a fait suivre du traitement approprié, éloignant avec soin les formules compliquées dont les médecins seuls connaissent l'application.

Conseils aux mères, sur la manière d'élever les enfants nouveau-nés. par le Dr A. DONNÉ, *Huitième édition*, 1 vol. in-16 de 378 pages, cartonné . . . . 4 fr.

Premiers secours en cas d'accidents et d'indispositions subites, par E. FERRAND,

ancien interne des hôpitaux de Paris, et le Dr A. DELPECH, membre de l'Académie de médecine. *Quatrième édition*, 1 vol. in-16 de 339 p., avec 106 figures, cartonné . . . . . . 4 fr.

La pratique de l'homœopathie simplifiée, par A. ESPANET. *Troisième édition*, 1 vol. in-16 de 444 pages, cartonné . . . . 4 fr.